园林建筑材料实用教程

主　　编　何云晓　欧阳纯烈　朱　兵
编写人员　甘廷江　陈　娟　唐碧兰　宋晓霞
　　　　　杨锋利　梁明霞　蒙　宇　龙艳萍
　　　　　罗国容
参编人员　郭　英　韩周林　杨子宜　熊英伟

东南大学出版社
·南京·

内容提要

本教程是为风景园林专业编写的专业基础课教材，主要介绍园林建筑工程中的常用材料基本成分、技术性能、园林工程的应用选材等基础理论知识。本教程共分十三章，包括园林建筑材料基本性质、气硬性胶凝材料、水泥、混凝土、建筑砂浆、墙体材料、装饰石材及建筑陶瓷、金属装饰材料、木材、防水材料、园林建筑工程中常见其他材料、园林建筑材料美学原理及园林建筑材料应用案例等。

本书可作为风景园林、园林、城乡规划、工程管理等专业的教学用书，也可作为园林工程技术类师生辅助教材，还可用作在职培训或相关工程技术人员参考资料。

图书在版编目(CIP)数据

园林建筑材料实用教程 / 何云晓，欧阳纯烈，朱兵主编. —南京：东南大学出版社，2015.9

ISBN 978-7-5641-5834-7

Ⅰ.①园… Ⅱ.①何… ②欧… ③朱… Ⅲ.①园林建筑—建筑材料—教材 Ⅳ.①TU986.3

中国版本图书馆 CIP 数据核字(2015)第 116546 号

园林建筑材料实用教程

出版发行：东南大学出版社
社　　址：南京市四牌楼 2 号　邮编：210096
出 版 人：江建中
责任编辑：朱震霞
网　　址：http://www.seupress.com
电子邮箱：press@seupress.com
经　　销：全国各地新华书店
印　　刷：扬州市文丰印刷制品有限公司
开　　本：787mm×1092mm　1/16
印　　张：14.75
字　　数：360 千字
版　　次：2015 年 9 月第 1 版
印　　次：2015 年 9 月第 1 次印刷
书　　号：ISBN 978-7-5641-5834-7
定　　价：38.00 元

前 言

本书根据高等学校风景园林学科专业指导委员会编写颁布的《高等学校风景园林本科指导性专业规范(2013)》对“园林建筑材料”的能力要求为指导，结合我国最新修订的相关规范、标准编写而成。

国家教育部关于全面提高高等教育质量的若干意见中明确要求加大应用型、复合型、技能型人才的培养力度。进行风景园林设计和工程建设，必须掌握一定的园林建筑材料知识，因而园林建筑材料在风景园林建筑设计、园林规划设计、城市规划以及环境艺术设计、园林工程中均占有重要地位。

随着新结构、新构造、新技术、新材料在风景园林建筑设计中的不断推陈出新和广泛应用，许多建筑材料技术标准均已更新，为了适应新形势下我国园林建筑材料的发展要求，本书在编写过程中注重参考最新规范和标准。

全书由绵阳师范学院何云晓统稿，何云晓、欧阳纯烈、朱兵担任主编。其中欧阳纯烈(概述、第1章)、朱兵(第2章、第3章)、甘廷江(第4～10章中的材料“在园林工程中的应用”部分)、陈娟(第4章、第5章)、唐碧兰(第6章、第7章)、宋晓霞(第8章)、杨锋利(第9章)、梁明霞(第10章)、蒙宇(第11章)、龙艳萍(第12章)、罗国容(第13章)，本教程参编人员还有郭英、韩周林、杨子宜、熊英伟。本教程插图、电子文档整理由兰雪珍、郑秀、张鹏、邱林娜、罗彬等完成。

本教程是为园林、风景园林、环境艺术设计、景观设计等专业的园林建筑材料课程编写，也可作为建筑学、建筑工程等相关专业的参考教材，还可作为建筑设计与建筑施工相关技术人员的参考资料。

鉴于编者水平有限，书中不妥之处在所难免，敬请读者批评指正!

编 者

目　录

0　概论

0.1　园林建筑

建筑泛指生产性建筑物和非生产性建筑物的总称。生产性建筑又可细分成工业建筑、农业建筑；非生产性建筑又称民用建筑，包括居住建筑和公共建筑。园林建筑横跨生产性、非生产性建筑两大类，并隶属于公共建筑和农业建筑之小类。

尽管园林建筑在建筑的分类问题上相对统一。但长久以来，园林业界内对于园林建筑定义并不一致，总体来讲可概括为广义园林建筑和狭义园林建筑，前者将景观辖区内一切人工建筑物与构筑物都视为园林建筑范畴，是风景园林景观整体中的一个组成部分，或作为景观供游人观赏，或为游客提供休憩场所。后者认为园林建筑是指具备特定使用功能和相应建筑形象，包括兼具一般使用功能、特殊工程设施以及园林点缀小品的一类建筑。

狭义的园林建筑观点将园林建筑局限于园林营造四大要素，与造园构景的山石、水体、植物共体并论。更强调园林建筑与环境、造园景观在空间尺度、大小尺度范围、比例、色彩等方面的协调性。狭义的园林建筑把这类建筑的特点和作用仅限于点缀风景、观赏风景、围合园林空间和构建浏览路线。因此，狭义园林建筑也相应地分为四类，即风景游览建筑、庭院建筑、建筑小品和交通建筑。

不论上述广义概念还是狭义定义，园林建筑都具有如下的特点：首先，伴随园林现代化的发展与进步，园林建筑在形式上和内容方面愈来愈复杂化和多样化，它不仅仅涉及建筑学、城市规划、环境艺术、园艺，还与林学、生态学、人文科学等众多学科高度融合。它既是物质产品，又具有特定的艺术形象。其次，园林建筑必须与周围环境构成有机融合关系，并达到和谐统一的效果。在营造景观所运用的手段中最灵活、最积极的是园林建筑，所以要求这类建筑既能满足景观美学需要，又可维护风景园林的环境质量，同时也要受到景观及环境的制约。

0.2　园林建筑分类

本教程以上述广义园林建筑的定义为基础：将园林建筑类型分为两个大类，即民用公共建筑以及农业建筑。其亚类型见表 0-1。

表 0-1 园林建筑分类表

大类	亚类	建筑类型及设施举例
公共建筑	游憩建筑	科普展览建筑，如展室、展馆等
		文体游乐建筑，如露天剧场、康乐中心、娱乐中心等
		游览观光建筑，如亭、廊、阁、花架、码头等
		建筑小品，如景墙、栏杆、雕塑、座椅、宣传牌等
	服务建筑	餐饮建筑，如餐厅、茶室、酒吧等
		商业建筑
		住宿建筑
	管理建筑	大门、围墙
		其他管理设施
	公用建筑	公共厕所
		导游牌、路标
		停车场、存车处
		供电及照明设施
		供排水设施
农业建筑	观光农业建筑	塑料温室
		玻璃温室
		日光温室

0.3 园林建筑材料

依照上述园林建筑的涵盖内容，景观工程的区域内几乎所有建筑和硬质景观都隶属于园林建筑的范畴，因此，构成这些园林建筑的物质基础——园林建筑材料具有种类繁多、组分复杂的特征。

在我国历史上的园林建设所采用的材料比较单一，以木材和天然石材两大材料为主，这是由古代生产力水平的局限性造成的，材料的选择和利用依靠简单加工和就地取材方式。随着技术的进步和发展，现代仿古园林虽然某种程度上依然保留了传统材料的使用，但越来越多的园林建筑的结构工程材料被现代工程材料取代。结构工程材料更多地选择钢筋混凝土材料，石材和木材的应用逐步减少。

人工材料的开发和运用为现代园林建设提供了丰富的材料选择，包括形形色色的饰面和铺地的陶瓷砖及非烧结的混凝土铺装材料。结合天然材料的朴实，通过人工材料的靓丽和色彩，不仅仅实现了园林建筑的功能，同时大大提高了材料的景观表现效果。例如现代园林中，玻璃和金属被广泛应用，有的作为结构材料，有的制成园林小品；由于这些现代材料独特的质地、变化的形态、丰富的色彩等因素，在古代园林中极少看到，因此给人以焕然一新的感受。

在现代材料取代传统材料的进程中,绿色、生态和环境保护概念应始终贯彻其中,因此要注重园林建筑的环保性,要重点扶持和研发绿色园林建筑材料。

绿色园林建筑材料是指,采用清洁生产技术、少用天然资源和能源,大量使用工业或城市固态废弃物生产出的无毒、无污染、无放射性、有利于环境保护和人体健康的建筑材料。当前,绿色、环保混凝土研发成功,这些新型混凝土可能包括:利用工业废料、建筑垃圾生产的混凝土,高性能、自密实混凝土,等等。

0.4 园林建筑材料种类

现代园林建筑材料与建筑材料的种类相通用,某种程度上高度重合。

园林建筑材料品种丰富、种类繁多,其分类方法各异,例如按化学成分分类和按工程使用功能分类。

按化学成分分类:亚类包括无机材料、有机材料和复合材料。

无机材料可分为两类,即金属材料和非金属材料。金属材料包括黑色金属和有色金属:普通钢材、非合金钢、低合金钢、合金钢等均属于黑色金属范畴,有色金属类包括铝材、铝合金、铜材和铜合金等。非金属材料包括天然石材、烧土制品、玻璃及熔融制品、胶凝材料和混凝土类,其中,天然石材主要由岩性为岩浆岩、沉积岩和变质岩的岩石构成,烧土制品包括烧结砖、陶器、瓷器等。

有机材料亚类包括植物材料、高分子材料和沥青材料。其中植物材料:木材、竹板、植物纤维制品等;高分子材料:塑料、橡胶、胶黏剂等;沥青材料:石油沥青、沥青制品。

复合材料亚类包括金属-非金属复合材料、非金属-有机材料复合。其中金属-非金属复合材料:钢筋混凝土、预应力混凝土、钢纤维混凝土;非金属-有机材料复合:沥青混凝土、聚合物混凝土、玻璃纤维增强塑料等。

按工程使用功能分类:建筑结构材料、墙体材料、建筑功能材料和建筑器材四个亚类。

建筑结构材料是指构成基础、柱、梁、框架、屋架、板等承重系统的材料,例如:砖、石材、钢材、钢筋、混凝土、木材等。

墙体材料是指构成建筑物内、外承重墙体及内分隔墙体材料,例如:石材、砖、空心砖、加气混凝土、各种砌块、混凝土墙板、石膏板、复合墙板等。

建筑功能材料是指不作为承受荷载,且具有某种特殊功能的材料,包括:保温材料、吸声材料、采光材料、防水材料、防腐材料、装饰材料等。

建筑器材是指为了满足使用功能要求与建筑配套的各种设备,例如:电工器材及工具、水暖及空调设备、环保材料、五金配件。

1 园林建筑材料基本性质

1.1 材料的组成和结构

1.1.1 材料的组成

材料的组成是决定材料各种性质的重要因素，园林建筑材料组成应包括化学组成和矿物组成。

化学组成是指构成材料的各种化学元素和氧化物含量。化学组成为材料的某些性质提供初步判断的依据，如耐火性、化学稳定性等。化学组成不同的材料其性质不同，例如碳素钢中含碳量的变化，碳素钢的强度、硬度、塑性、冲击韧性等将发生变化；同时，化学组成相同的材料其性质也可能不相同，如金刚石和石墨。所以，建筑材料化学组成的分析中应避免采用化学元素的分析方法。

矿物是指非金属材料中具固定化学成分和结构特征的单质和化合物，包括天然矿物和人造矿物。研究材料矿物组成是要探究其构成材料的矿物种类与含量。在无机非金属材料中，各种矿物的相对含量就决定了材料的性质。如硅酸盐水泥中，若熟料矿物硅酸三钙含量高，则该水泥的硬化强度就高；若熟料矿物硅酸二钙含量较多，则水泥的水化速度较慢，为低热水泥。

1.1.2 材料的结构

材料的结构是指用肉眼或放大镜可以观察到或不能观察到的材料内部的组织状态，前者为宏观结构，后者为亚微观结构、微观结构。材料的结构是决定材料性能最重要的因素。材料的结构见表 1-1。

表 1-1 材料的结构

材料结构分类		定义	实例
宏观结构（用肉眼或放大镜能分辨的粗大结构。尺寸≥10^{-3}m）	致密结构	按材料孔隙特征分	钢铁、玻璃钢、塑料等
	多孔结构		泡沫塑料、加气混凝土等
	微孔结构		石膏制品、黏土砖等
	聚集结构	按存在状态或构造分	水泥混凝土、砂浆等
	纤维结构		木材、玻璃纤维等
	层状结构		胶合板、纸面石膏板等
	散粒结构		混凝土骨料、膨胀珍珠岩等

续表

材料结构分类		定义	实例
亚微观结构		$10^{-6}\sim10^{-3}$ m	木材组织内的木纤维等
微观结构		$10^{-10}\sim10^{-6}$ m	晶体、玻璃体、胶体

1.2　材料的物理性质

1.2.1　材料的密度、表观密度、堆积密度

材料的密度：材料在绝对密实状态下单位体积的干质量。按下列公式计算：

$$\rho=\frac{m}{V}$$

式中：ρ——密度，kg/m^3；

m——材料的质量，kg；

V——材料在绝对密实状态下的体积，m^3。

材料的表观密度：块体材料在自然状态下，单位体积的干质量。按下列公式计算：

$$\rho_0=\frac{m}{V_0}$$

式中：ρ_0——表观密度，kg/m^3；

m——材料的质量，kg；

V_0——材料在自然状态下的体积，m^3。

材料的堆积密度：散粒状材料在堆积状态下，单位体积的干质量。按下列公式计算：

$$\rho_0'=\frac{m}{V_0'}$$

式中：ρ_0'——堆积密度，kg/m^3；

m——材料的质量，kg；

V_0'——材料在堆积状态下的体积，m^3。

1.2.2　材料密实度、孔隙度

密实度(D)：是指材料体积内被固体物质充实的程度。按下列公式计算：

$$D=\frac{V}{V_0}\times100\%=\frac{\rho_0}{\rho}\times100\%$$

孔隙率(P)：是指材料体积内孔隙体积所占的比例。按下列公式计算：

$$P=\frac{V_0-V}{V_0}\times100\%=\left(1-\frac{\rho_0}{\rho}\right)\times100\%$$

可见，密实度与孔隙率的关系为

$$D+P=1$$

1.2.3 填充率、空隙率

填充率(D')：是指散粒材料在某堆积体积中，被其颗粒填充的程度。按下列公式计算：

$$D'=\frac{V_0'}{V_0}\times100\%=\frac{\rho_0'}{\rho_0}\times100\%$$

空隙率(P')：是指散粒材料在某堆积体积中，颗粒间的空隙体积所占的比例。按下列公式计算：

$$P'=\frac{V_0'-V_0}{V_0'}\times100\%=\left(1-\frac{\rho_0'}{\rho_0}\right)\times100\%$$

同样，填充率与空隙率的关系为

$$D'+P'=1$$

1.2.4 与水有关的性质

润湿角(接触角 θ)是气、固、液三相的交点沿液面切线与液相和固相相接触的方向所成的角。材料与水有关的性质见表 1-2。

表 1-2 材料与水有关的性质

润湿角	与水有关性质	润湿示意图	材料润湿实例
$\theta\leqslant 90^\circ$	材料表现为亲水性，该材料就称为亲水性材料	θ	木材、砖、混凝土、石材等
$\theta>90^\circ$	材料表现为憎水性，该材料被称为憎水性材料	θ	沥青、石蜡、塑料等

1. 吸水性和吸湿性

(1) 吸水性

材料与水接触吸收水分的性质，用吸水率表示。

质量吸水率：材料在水中吸水达到饱和时，吸入水的质量占材料干质量的百分率。

$$W_m=\frac{m_b-m_g}{m_g}\times100\%$$

式中：W_m——材料的质量吸水率，%；

m_b——材料在吸水饱和状态下的质量，g 或 kg；

m_g——材料在干燥状态下的质量，g 或 kg。

体积吸水率：材料在水中吸水达到饱和时，吸入水的体积占材料自然状态下体积的百分率。

$$W_V = \frac{m_b - m_g}{V_0} \times \frac{1}{\rho_w} \times 100\%$$

式中：W_V——材料体积吸水率，%；

m_b——材料吸水饱和状态下的质量，g 或 kg；

m_g——材料干燥状态下的质量，g 或 kg；

V_0——材料在自然状态下的体积，cm^3 或 m^3；

ρ_w——水的密度，g/cm^3 或 kg/m^3，常温下取 $\rho_w = 0.1/cm^3$。

质量吸水率与体积吸水率存在以下关系：

$$W_V = W_m \times \rho_0$$

式中：ρ_0——材料干燥时的表观密度，g/cm^3 或 kg/m^3。

材料的吸水率和孔隙特征决定孔隙率大小。材料的水分通过开口孔吸入，并经过连通孔渗入材料内部。材料连接外界的细微孔隙越多，吸水性就越强。水分不易进入闭口孔隙，而开口的粗大孔隙，水分容易进入，但不能存留，故吸水性较小。

园林建筑材料的吸水率差别很大，例如，花岗石由于结构致密，其质量吸水率为 0.2%～0.7%，混凝土的质量吸水率为 2%～3%，烧结普通黏土砖的质量吸水率为 8%～20%，木材或其他轻质材料的质量吸水率常大于 100%。

(2) 吸湿性

材料在潮湿空气中吸收水分的性质，用含水率表示。当较潮湿的材料处在较干燥的空气中时，水分向空气中放出，是材料的干燥过程。反之，为材料的吸湿过程。由此可见，在空气中，材料的含水率是随空气的湿度变化的。其含水率计算公式为

$$W_b = \frac{m_s - m_g}{m_g} \times 100\%$$

式中：W_b——材料的含水率，%；

m_s——材料在吸湿状态下的质量，g 或 kg；

m_g——材料在干燥状态下的质量，g 或 kg。

当空气中湿度在较长时间内稳定时，材料的吸湿和干燥过程处于平衡状态，此时材料的含水率保持不变，其含水率叫做材料的平衡含水率。

2. 材料的耐水性

耐水性是指材料长期在饱和水作用下而不被破坏，其强度也不显著降低的性质。材料的耐水性用软化系数表示，按下式计算：

$$K_{软} = \frac{f_{饱}}{f_{干}}$$

式中：$K_{软}$——材料软化系数；

$f_{饱}$——材料在吸水饱和状态下的抗压强度，MPa；

$f_{干}$——材料在干燥状态下的抗压强度，MPa。

软化系数的范围波动在 0～1 之间，当软化系数大于 0.80 时，认为是耐水性的材料。受水浸泡或处于潮湿环境的建筑物，则必须选用软化系数不低于 0.85 的材料建造。

3. 材料的抗渗性

材料的抗渗性是指材料抵抗压力水渗透的性质。抗渗性用渗透系数来表示，可通过下式计算：

$$K=\frac{Qd}{AtH}$$

式中：K——渗透系数，cm/h；

Q——渗水量，cm^3；

A——渗水面积，cm^2；

H——材料两侧的水压差，cm；

d——试件厚度，cm；

t——渗水时间，h。

园林建筑材料中势必存在孔隙、孔洞及其他缺陷，所以当材料两侧水压差较高时，水可能透过孔隙或缺陷由高压侧向低压侧渗透，即发生压力水渗透，造成材料不能正常使用，产生材料腐蚀，造成材料破坏。

材料的抗渗性可以用抗渗等级来表示。抗渗等级是以标准试件在标准试验方法下，材料不透水时所能承受的最大水压力来确定。抗渗等级越高，材料的抗渗性能就越好。

材料抗渗性的高低与材料的孔隙率和孔隙特征有关。密实度大且具有较多封闭孔或极小孔隙的材料不易被水渗透。

4. 材料的抗冻性

材料的抗冻性是指材料在水饱和状态下，能经反复冻融而不被破坏的能力。用冻融循环次数表示。

材料吸水后，在零下负温条件下，材料中毛细孔内的水冻结冰、体积膨胀所产生的冻胀压力造成材料的内应力，导致材料遭到局部破坏。当反复冻融循环时，破坏作用会逐步加剧，这种破坏称为冻融破坏。材料受冻融破坏表现在表面剥落、裂纹、质量损失和强度降低等方面。材料的抗冻性与其内孔隙构造特征、材料强度、耐水性和吸水饱和程度等因数有关。

材料抗冻性用抗冻等级表示，根据试件在冻融后的质量损失、外形变化或强度降低不超过一定限度时所能经受的冻融循环次数来标定。

材料的抗冻等级可分为 F15、F25、F50、F100、F200 等，分别表示此材料可承受 15 次、25 次、50 次、100 次、200 次的冻融循环。抗冻性良好的材料，对于抵抗温度变化、干湿交替等破坏作用的能力也较强。所以，抗冻性常作为评价材料耐久性的一个指标。

1.2.5 材料与热有关的性质

1. 材料的导热性

当材料两面存在温差时，热量从材料的一面通过材料传导到材料的另一面的性质。用导热系数表示。

导热性用导热系数 λ 表示。导热系数的定义和计算式如下所示：

$$\lambda=\frac{Qd}{FZ(t_2-t_1)}$$

式中：λ——导热系数，W/(m·K)；

Q——传导的热量，J；

F——热传导面积，m^2；

Z——热传导的时间，s；

d——材料厚度，m；

t_2-t_1——材料两侧温度差，K。

在物理意义上，导热系数为单位厚度(1 m)的材料、两面温度差为1 K时、在单位时间(1 s)内通过单位面积(1 m^2)的热量。

导热系数是评定材料保温隔热性能的重要指标，导热系数小，其保温隔热性能好。一般来说，金属材料的导热系数大，无机非金属材料适中，有机材料最小。例如，铁的导热系数比石灰石大，大理石的导热系数比塑料大，水晶的导热系数比玻璃大。这说明材料的导热系数主要取决于材料的组成与结构。孔隙率大且为闭口微孔的材料导热系数小。此外，材料的导热系数还与其含水率有关，含水率增大，其导热系数明显增大。

2. 热容量

材料在受热时吸收热量，冷却时放出热量的性质称为材料的热容量。单位质量材料温度升高或降低1 K所吸收或放出的热量称为热容量系数或比热容。比热容的计算式如下所示：

$$c=\frac{Q}{m(t_2-t_1)}$$

式中：c——材料的比热容，J/(g·K)；

Q——材料吸收或放出的热量，J；

t_2-t_1——材料两侧温度差，K；

m——材料的质量，g。

材料的热容量为比热容与材料质量的乘积。使用热容量较大的材料，对于保持室内温度稳定具有很重要的意义。例如，墙体、屋面等围护结构的热容量越大，其保温隔热性能就越好。在夏季户外温度很高，如果建筑材料的热容量大，升高温度所需吸收的热量就多，因此室内温度升高较慢。在冬季，房屋采暖后，热容量较大的建筑物，材料本身储存的热量较多，停止采暖后短时间内室内温度降低不会很快。

几种常用材料导热系数和比热容参见表1-3。

表1-3 几种常用材料导热系数和比热容

材料	导热系数λ [W·(m·K)$^{-1}$]	比热容c [J·(g·K)$^{-1}$]	材料	导热系数λ [W·(m·K)$^{-1}$]	比热容c [J·(g·K)$^{-1}$]
水	0.58	4.19	混凝土	1.8	0.88
铁、钢	58.15	0.48	木材	0.15	1.63
砖	0.55	0.84	密闭空气	0.002 3	1

3. 耐燃性和耐火性

耐燃性是指材料在火焰或高温作用下可否燃烧的性质。按照遇火时的反应将材料分为非燃烧材料、难燃烧材料和燃烧材料三类。

① 非燃烧材料。在空气中受到火烧或高温作用时，不起火、不炭化、不微烧的材料，称为非燃烧材料，如：砖、混凝土、砂浆、金属材料和天然或人工的无机矿物材料等。

② 难燃烧材料。在空气中受到火烧或高温作用时，难起火、难炭化，离开火源后燃烧或微烧立即停止的材料，称为难燃烧材料，如石膏板、水泥石棉板、水泥刨花板等。

③ 燃烧材料。在空气中受到火烧或高温作用时，立即起火或燃烧，离开火源后继续燃烧或微燃的材料，称为燃烧材料，如胶合板、纤维板、木材、织物等。

耐火性是指材料在火焰或高温作用下，保持其不破坏、性能不明显下降的能力。用其耐火时间(h)来表示，称为耐火极限。通常耐燃的材料不一定耐火，如钢筋，耐火的材料一般耐燃。

1.3 材料的力学性质

1.3.1 材料的强度

材料强度是指材料受外力作用直至破坏时，单位面积上所承受的最大荷载。有抗压强度、抗拉强度、抗剪强度、抗弯强度，见表 1-4。

表 1-4 材料试验强度分类

强度类别	公式	材料受力试验
抗压强度	$f_y=\frac{p}{A}$	p p
抗拉强度	$f_l=\frac{p}{A}$	
抗剪强度	$f_l=\frac{p}{A}$	p p
抗弯强度	$f_w=\frac{3}{2}\cdot\frac{pL}{bd^2}$	p p/2 L p/2 b

注：p——破坏载荷(N)；A——受荷面积(mm^2)；L——试验标距(mm)；b——断面宽度(mm)；d——断面高度(mm)。

影响因素：①内因：指组成、结构的影响。②外因：包括试件尺寸和形状、加荷速度、环境温湿度等。

1.3.2　弹性和塑性

弹性:材料在外力作用下产生变形,当外力取消后,能够完全恢复原来形状,这种完全恢复的变形称为弹性变形(或瞬时变形)。

塑性:材料在外力作用下产生变形,如果外力取消后,仍能保持变形后的形状和尺寸,并且不产生裂缝,这种不能恢复的变形称为塑性变形(或永久变形)。

1.3.3　脆性和韧性

脆性:当外力达到一定限度后,材料突然破坏,而破坏时并无明显的塑性变形的性质。

韧性(冲击韧性):在冲击、振动荷载作用下,材料能够吸收较大的能量,同时也能产生一定的变形而不致破坏的性质。

1.3.4　材料的耐久性

材料的耐久性是指材料在长期使用过程中,抵抗其自身及环境因素、有害介质的破坏,能长久地保持其原有性能不变质、不破坏的性质。材料在使用过程中,会受到多种因素的作用,除了受各种外力的作用外,还受到各种环境因素的作用,通常可分为物理作用、化学作用、生物作用三个方面。

物理作用是指材料在使用环境中的受冻融循环、风力、湿度变化、温度变化等破坏,导致材料体积收缩和膨胀,并使材料产生裂缝,最终使材料发生破坏。

化学作用是指材料受到酸、碱、盐等物质的水溶液或有害气体的侵蚀,使材料的组成成分发生质的变化而致破坏。

生物作用是指生物对材料的破坏,例如,昆虫或菌类对材料的腐蚀作用。

材料可同时受到多种不利因素的联合破坏,所以,材料在使用中受到的破坏作用可以不止一种。材料的耐久性直接影响建筑物的安全性和经济性,正确地设计、合理选择材料,正确施工、使用、维护,可以提高材料的耐久性,延长建筑物的寿命,降低使用过程中的运行费用和维修费用,从而获得较佳的社会效益和经济效益。

复习思考题

1. 什么叫做材料的组成？举例说明组成与材料性质的联系。
2. 什么叫做材料的密度、表观密度、堆积密度？
3. 什么是材料的空隙率和填充率？如何进行计算？
4. 什么是材料的吸水性？用什么技术指标表示？如何计算？
5. 什么是材料的含水率？在工程中有何实用意义？
6. 什么是材料的抗渗性、抗冻性和耐水性？各用什么指标表示？如何通过改善材料孔隙的构造来提高这些性能？
7. 材料的导热系数、比热容和热容量与建筑物的使用功能有何联系？
8. 材料理论强度公式的物理意义是什么？材料实际强度为什么与理论强度存在巨大

差异？

9. 影响材料强度的因素有哪些？
10. 在园林工程实践中如何对不同材料的强度进行合理利用？
11. 材料的弹性、塑性、韧性、脆性的定义各是什么？
12. 什么叫做材料的耐久性？影响材料耐久性的因素有哪些？
13. 高耐久性材料的应用对现代建筑有何意义？

2 气硬性胶凝材料

建筑材料中，凡是材料自身或与其他物质（如水等）混合后，经过一系列化学变化、物理变化或物理化学变化，能逐渐硬化形成人造石，并且能将散粒材料（如砂、石子等）和块、片状材料（如砖、石块等）胶结成具有强度的整体，这一类材料称为建筑用胶凝材料。

胶凝材料，又称胶结材料，是指在物理、化学作用下，从具有可塑性的浆体逐渐变成坚固石状体，并能将其他物料胶结为整体、具有一定机械强度的物质。胶凝材料的发展有着悠久的历史，人们使用最早的胶凝材料——黏土来抹砌简易的建筑物；接着出现的水泥等建筑材料都与胶凝材料有着很大的关系。胶凝材料具有一些优异的性能，在日常生活中应用较为广泛。随着胶凝材料科学的发展，胶凝材料及其制品工业必将产生新的飞跃。

胶凝材料按其化学组成，可分为有机胶凝材料、无机胶凝材料和复合胶凝材料；按其获得方式可分为天然胶凝材料和人工胶凝材料。目前，在建筑工程中使用量最大的是人工的无机胶凝材料。

无机胶凝材料通常是一些粉状的矿物质材料，其加水后可进行水化、凝结硬化而具有胶凝性能。无机胶凝材料按其硬化时的条件可分为气硬性胶凝材料和水硬性胶凝材料。

气硬性胶凝材料只能在空气中进行硬化，并且只能在空气中保持或发展其强度，如石灰、石膏、水玻璃等；水硬性胶凝材料不仅能在空气中，而且能更好地在水中硬化并保持、发展其强度，如各种水泥。

2.1 建筑石膏

石膏是单斜晶系矿物，主要化学成分是硫酸钙（$CaSO_4$）。石膏是一种用途广泛的工业材料和建筑材料。可用于水泥缓凝剂、石膏建筑制品、模型制作、医用食品添加剂、硫酸生产、纸张填料、油漆填料等。

石膏作为建筑胶凝材料，公元前2500年建造的古埃及胡夫金字塔就采用了石膏砂浆作为胶凝材料来黏结和砌筑石块。现代建筑中，石膏作为胶凝材料仍有着广泛的应用。石膏原料丰富，生产工艺简单，生产能耗低，价格低廉，不污染环境。石膏具有许多优良的性能，特别适用于现代建筑的室内隔断、装饰、装修工程。另外，石膏作为原材料还可应用于混凝土工程、硅酸盐制品和水泥工业等方面。总之，石膏作为一种环保型建筑材料已引起人们越来越多的重视。

2.1.1 石膏的原料和生产

生产石膏的原料有天然二水石膏（$CaSO_4 \cdot 2H_2O$）、天然无水石膏（$CaSO_4$）和化工石膏。

天然二水石膏质地较软，故又称为软石膏，是石膏胶凝材料的主要原料。纯净的二水石膏呈透明无色或白色状，天然二水石膏矿物因常含有砂、黏土、碳酸盐矿物以及氧化铁等各种杂质而呈灰色、褐色、赤色、淡黄色等颜色。天然二水石膏矿物晶形呈板状、叶片状、针状和纤维状，也有呈可见柱状晶形和燕尾形的双生连晶。天然二水石膏的密度介于 2.20～2.40 g/cm^3，莫氏硬度为 2。

天然无水石膏质地较硬，又称为硬石膏，其密度为 2.90～3.00 g/cm^3，莫氏硬度为 3～4。硬石膏一般呈白色或透明无色，因含有杂质，多呈浅蓝、浅灰或浅红色。

化工石膏是化工生产中的副产品或废料，主要化学成分是硫酸钙，常用作生产石膏的原料，如磷石膏、氟石膏、芒硝石膏等。

石膏胶凝材料经过原料破碎、加热和熟料磨细等生产工序加工而成。

在温度 120～180℃ 的加热条件下，天然二水石膏脱去 $1\frac{1}{2}$个结晶水成为半水石膏，称这种半水石膏通常为低温煅烧石膏。

低温煅烧的半水石膏在不同加热环境、压力下生成不同的品种：当二水石膏在蒸压条件下加热脱出液体结晶水后，生成 α 型半水石膏；当二水石膏在缺少水蒸气的干燥（常压）条件下加热脱出水蒸气后，生成 β 型半水石膏。加热化学反应式如下：

$$CaSO_4 \cdot 2H_2O \xrightarrow{125℃ \quad 0.13\ MPa} \alpha - CaSO_4 \cdot \frac{1}{2}H_2O + 1\frac{1}{2}H_2O$$

$$CaSO_4 \cdot 2H_2O \xrightarrow{107 \sim 170℃} \beta - CaSO_4 \cdot \frac{1}{2}H_2O + 1\frac{1}{2}H_2O$$

α 型半水石膏又称为高强石膏，加热的原材料要求为杂质含量较少的天然二水石膏。因 α 型半水石膏晶粒较粗大，在水中的分散度较小，用其制备成标准稠度的净浆时需水量较小，故其浆体硬化后孔隙率较低，强度较高。

β 型半水石膏又称为普通建筑石膏，在建筑材料上应用最多。β 型半水石膏的晶粒较细小，在水中的分散度较大，需水量较大，硬化时水化产物不能充分地占据浆体的原充水空间，其硬化浆体孔隙率较大，强度较低。

2.1.2 煅烧温度和石膏变种

随着煅烧温度的增高，石膏生成品的组成、结构会发生改变，从而形成不同的石膏变种。在石膏胶凝材料生产中，可通过改变煅烧温度来得到更多的石膏品种。

在不同的煅烧温度下，石膏的变种有可溶性硬石膏（$CaSO_4$ Ⅲ）、不溶性硬石膏（$CaSO_4$ Ⅱ）和高温煅烧石膏（$CaSO_4$ Ⅰ＋CaO）三种。

当煅烧温度升至 230～360℃时，生成可溶性硬石膏。该石膏变种已无结晶水，但石膏晶体仍基本保持原来半水石膏的结晶格子形式。因水分子的失去使可溶性硬石膏的结构比较疏松，它的标准稠度需水量比半水石膏多 25%～30%，所以硬化后强度较低。因此，在石膏生产中应尽量避免出现可溶性硬石膏这一石膏变种。

当煅烧温度升至 500～750℃时，能得到不溶性硬石膏变种。此时石膏晶体已不同于原来半水石膏的结晶格子形式，结构比较致密，难溶于水。由于溶解度较小，不溶性硬石膏水化反应能力降低很多，如没有激发剂，不溶性硬石膏几乎不能发生水化反应。生产中常将不溶性硬石膏磨成细粉并加入石灰等激发剂，使其具备一定的水硬胶凝性能，这些物质混合体称为硬石膏水泥或无水石膏水泥。

当煅烧温度达到800～1 100℃时，生成高温煅烧石膏。高温煅烧石膏除了完全脱水的无水石膏外，还有部分$CaSO_4$发生分解得到的游离CaO。此石膏变种较好地保持了硬石膏的结晶格子形式，由于分解出部分三氧化硫而导致其结构较疏松，在没有激发剂参与的情况下，也具有水化、硬化的能力。这一石膏变种凝结较缓慢，但耐水性、耐磨性较好，适用于制作地板，又称为地板石膏。

2.1.3 建筑石膏的水化、凝结与硬化

1. 建筑石膏的水化

建筑石膏加水后立即会与水发生化学反应生成二水石膏。反应式为：

$$CaSO_4 \cdot \frac{1}{2}H_2O + 1\frac{1}{2}H_2O \longrightarrow CaSO_4 \cdot 2H_2O$$

化学反应主要关心反应方向和反应速度，用溶解-结晶理论能够解释石膏化学反应的方向问题。

半水石膏加水后很快溶解，迅速形成半水石膏的饱和溶液。因二水石膏具有比半水石膏小得多的溶解度，该溶液对二水石膏来说呈高度过饱和状态，会很快析出二水石膏晶体。由于二水石膏晶体析出使溶液的浓度降低，打破了溶液的溶解平衡，半水石膏会进一步溶解以补偿溶液中减少的离子浓度。如此不断地发生半水石膏的溶解和二水石膏的析晶过程，直到半水石膏完全水化为止。

半水石膏的溶解度与同条件下二水石膏的平衡溶解度之比称为石膏溶液的过饱和度。石膏的水化反应速度取决于溶液的过饱和度；过饱和度越大，水化反应速度越快。工程上可采用增添外加剂的方法来改变半水石膏的溶解度，以此控制石膏溶液的过饱和度和水化速度，以满足施工需要。

2. 建筑石膏的凝结与硬化

石膏的凝结硬化过程为物理或物理化学变化过程，通常情况下，可采用一些重要的物理参数，如流动性、放热量、强度和时间参数的关系来进行研究。

研究结果表明，石膏浆体在不同的龄期有不同的结构特征，依据这些结构特征可将石膏浆体的凝结硬化过程划分为以下三个阶段。

第一阶段，对应于石膏浆体的悬浮体结构生成。石膏加水后因水的溶解与分散作用，致使细微的固体粒子悬浮在水中，水为连续相，固体为分散相。过饱和溶液中有少量晶体析出，浆体因快速溶解而有明显的放热现象，此时浆体的流动性和可塑性较好。此阶段发生时间较短。

第二阶段，对应于凝聚结构的生成。此时，随着水化的进行，虽然在半水石膏固体粒子表面水化产物不断析出，固相尺寸和比例不断增大，由于固体粒子之间存在一层水膜，未能直接接触，粒子之间通过水膜以分子力相互作用，故这种结构无实质性的强度，并具有触变复原的特性。在此阶段，浆体的流动性与可塑性随时间的增加而降低。

第三阶段，对应于结晶结构网的生成和发展。在此阶段，由于晶核的大量形成、长大以及晶体之间相互接触连生，进而在整个浆体中生成结晶结构网。固相成为连续相，水成为分散相，浆体已有强度并随时间的增长而增强，直至水化过程终结时，强度才停止发展，也不再具有触变复原性。此阶段发生时间较长。

2.1.4 建筑石膏的性质

通常的建筑石膏指β型半水石膏磨细而成的白色粉末材料，其密度为2.50～2.70 g/cm³，堆积密度800～1 450 kg/m³。

国家规定的建筑石膏技术指标有强度、细度和凝结时间，按2 h强度（抗折）分为3.0、2.0、1.6三个等级，见表2-1。

表2-1　物理力学性能（GB 9776—2008）

等级	细度（%）（0.2 mm方孔筛筛余）	凝结时间（min）		2 h强度（MPa）	
		初凝	终凝	抗折	抗压
3.0	≤10	≥3	≤30	≥3.0	≥5.0
2.0				≥2.0	≥4.0
1.6				≥1.6	≥3.0

建筑石膏的强度包括抗压强度和抗折强度，是按规定的方法用标准稠度的石膏强度试件测定；建筑石膏的凝结时间包括初凝时间和终凝时间，是用标准稠度的石膏浆体在凝结时间测定仪上测定；建筑石膏的细度用筛分法测定。

建筑石膏的凝结硬化速度较快。正常情况下，石膏加水拌和几分钟后浆体就开始失去塑性达到初凝，20～30 min后浆体即完全失去塑性达到终凝。当初凝时间较短导致施工成型困难时，可掺入缓凝剂（如1%的亚硫酸盐酒精废液、0.1%～0.5%的硼砂、0.1%～0.2%的动物胶等）来延缓初凝时间，以降低半水石膏溶解度或溶解速度，减慢水化速度。

建筑石膏在硬化过程中体积略有膨胀，线膨胀率为1%左右，这一性质与其他多数胶凝材料有显著不同。因无收缩裂缝生成，石膏可以单独使用。特别是在装饰、装修工程中，其微膨胀性能塑造的各种建筑装饰制品形体饱满密实，表面光滑细腻，装饰效果很好。

半水石膏的理论水化需水量约为其质量的18.6%，为使石膏浆体具有一定的流动性和可塑性，施工中通常要加入60%～80%的水。这些多余的自由水在石膏浆体硬化后蒸发而留下大量的孔隙，其孔隙度可达40%～60%。由于具有多孔构造，石膏制品具有密度较小、质量较轻、强度低、隔热保温性好、吸湿性大、吸声性强等特性。

气硬性胶凝材料的硬化体的共有性能特点是耐水性差、强度低。耐水性差主要是其水化产物的多孔构造和溶解度较大。二水石膏的溶解度是水泥石中水化硅酸钙的30倍左右。另外，石膏硬化体中的结晶接触点区段因晶格的变形和扭曲而具有更高的溶解度，在潮湿条件下易溶解和再结晶成较大晶体，从而导致石膏硬化浆体的强度降低。石膏硬化浆体强度低主要是因为多孔构造性以及水化产物本身强度较低。石膏硬化浆体在干燥环境下的抗压强度为3～10 MPa，而在吸水饱和状态时其强度降低可达70%左右，软化系数为0.20～0.30。

建筑石膏硬化后的主要成分是带有结晶水的二水石膏。二水石膏遇火时可分解出结晶水并吸收热量，脱出的水分在制品表面形成蒸汽幕层。在结晶水完全分解以前，温度的上升十分缓慢，生成的无水石膏为良好的绝热体，防火性能较好。但石膏制品不宜长期在高温环境中使用，因为二水石膏脱水过多会降低强度。

石膏硬化浆体孔隙率大、孔径细小且分布均匀，因此石膏制品具有较高的吸湿透气性能，对室内湿度有一定的调节作用。此外，二水石膏质地较软，可锯、可钉而不开裂，加工性好。

2.1.5 石膏的应用

建筑石膏分布广泛、原料丰富，其生产工艺简单、无污染、价格便宜，是现代建筑材料中非常重要的品种。建筑石膏主要应用于室内装饰、装修、吊顶、隔断、吸声、保温、隔热及防火等方面，一般做成石膏抹灰砂浆、石膏装饰制品、石膏板制品等。另外，在建筑工程的其他方面也有广泛的用途。

1. 制作石膏抹灰砂浆

建筑石膏中加入水、细骨料和外加剂等可制成石膏抹灰砂浆，石膏抹灰墙面和顶棚具有不开裂、保温、调湿、隔音、美观等特点。抹灰后的墙面和顶棚还可以直接涂刷油漆、涂料及粘贴墙纸。建筑石膏中加入水和石灰可用作室内粉刷涂料，粉刷后的墙面和顶棚表面光滑、细腻、美观。

2. 制作石膏装饰制品

在建筑石膏中加入水、少量的纤维增强材料和胶料后，拌和均匀制成石膏浆体，利用石膏硬化时体积膨胀的性质，可成型制成各种石膏雕塑、饰面板及各种建筑装饰零件，如石膏角线、角花、罗马柱、线板、灯圈、雕塑等艺术装饰石膏制品。

3. 制作各种石膏板制品

建筑石膏是制作各种石膏板材的主要原料，石膏板是一种强度较高、质量轻、可锯可钉、绝热、防火、吸声的建筑板材，是当前重点发展的新型轻质板材。石膏板广泛地应用于各种建筑物的墙体覆面板、天花板、内隔墙和各种装饰板。

在石膏板的生产制作过程中，为了获得更多优良的性能，通常加入一些其他材料和外加剂。制造石膏板时加入膨胀珍珠岩、陶粒、锯末、膨胀矿渣、膨胀蛭石等轻质多孔材料，或加入加气剂、泡沫剂等可减小其表观密度并提高隔音性、保温性；在石膏板中加入石棉、麻刀、纸筋、玻璃纤维等增强材料，或在石膏板表面粘贴纸板，可以提高其抗裂性、抗弯强度并减小脆性；在石膏板中加入粒化矿渣、粉煤灰、水泥以及各种有机防水剂可以提高其耐水性。加入沥青质防水剂并在板面包覆防水纸或乙烯基树脂的石膏板，不仅可以用于室外，也可以用于室内，甚至可以用于浴室的墙板。

我国目前生产的石膏板，主要有纸面石膏装饰板、空心石膏条板、纤维石膏板和石膏板等。

纸面石膏板以建筑石膏作芯材，两面用纸护面而成，主要用于内墙、隔墙和天花板处，安装时需先架设龙骨。

石膏空心条板以建筑石膏为主要原料，加入纤维等材料以类似于混凝土空心板生产工艺制成。石膏空心条板孔数为7～9个，孔洞率为30%～40%，不需设置龙骨，施工方便，主要用于内墙和隔墙。

石膏装饰板的主要原料为建筑石膏、少量的矿物短纤维和胶料。石膏装饰板是具有多种图案和花饰的正方形板材，边长为300～900 mm，有平板、多孔板、印花板、压花板、浮雕板等，造型美观多样，主要用于公共建筑的墙面装饰和天花板等。

纤维石膏板是以建筑石膏、纸浆、玻璃或矿棉短纤维为原料制成的无纸面石膏板。这种石膏板的抗弯强度和弹性模量都高于纸面石膏板，可用于内墙和隔墙，也可用来代替木材制作家具。

另外，还有石膏矿棉复合板、防潮石膏板、石膏蜂窝板、穿孔石膏板等，可分别用作吸声板、绝热板，以及顶棚、墙面、地面基层板材料。

4. *石膏的其他用途*

石膏除了广泛地应用于建筑装修、装饰工程外，还大量地应用于建筑工程中的其他方面。例如，加入泡沫剂或加气剂可制成多孔石膏砌块制品，用作建筑物的填充墙材料，能改善绝热、隔音等性能，并能降低建筑物自重。

在硅酸盐水泥生产中必须加入石膏作为缓凝剂；石膏可生产无熟料水泥，如石膏矿渣无熟料水泥等；石膏可制造硫铝酸盐膨胀水泥和自应力水泥；石膏可生产各种硅酸盐制品和用作混凝土的早强剂等。高温煅烧石膏可做成无缝地板、人造大理石、地面砖以及墙板和代替白水泥用于建筑装修。

建筑石膏在运输和储存过程中应防止受潮，储存期一般不宜超过三个月，超过三个月后，其强度可降低30%。

2.2 建筑石灰

石灰是一种古老的建筑胶凝材料。在距今已有三千多年历史的陕西岐山凤雏西周遗址中，其土坯墙就采用了三合土(石灰、黄沙、黏土)抹面。石灰原材料储量大、分布广，其成本低廉、生产工艺简单、性能优良，至今仍被广泛地应用于建筑工程和建筑材料生产。

2.2.1 石灰的原料与生产

制造石灰的原料是天然岩石，以碳酸钙为主要成分，如白云石、石灰石、大理石碎块、白垩等，另外还可利用电石渣(主要成分为氢氧化钙)等工业废渣来生产石灰。

将主要成分为碳酸钙的原料，在适当的温度下进行煅烧，分解出二氧化碳，得到以氧化钙为主要成分的气硬性胶凝材料——生石灰。反应式如下：

$$CaCO_3 \xrightarrow{1\,000 \sim 1\,200℃} CaO + CO_2 \uparrow$$

碳酸钙的分解过程是可逆的，为了使反应向正方向进行，需要在石灰煅烧过程中适当提高煅烧温度并及时排出二氧化碳气体。

天然石灰原料常含有黏土等杂质，当黏土杂质含量超过8%时，由于固相反应生成较多的水硬性矿物，如β型硅酸二钙等，会使石灰性质发生变化，即由气硬性石灰转向水硬性石灰，因此在石灰生产中应控制黏土杂质的含量。

另外，石灰原料中还常含有碳酸镁成分，在石灰煅烧时会形成氧化镁。根据生石灰中氧化镁的含量可分为钙质生石灰（氧化镁含量不大于5%）和镁质生石灰（氧化镁含量大于5%）。

碳酸钙分解时，失去原质量44%的二氧化碳气体，而煅烧石灰的表观体积仅比石灰石表观体积减小10%～15%，因此生石灰具有多孔结构。

常压下，碳酸钙的理论分解温度为898℃，实际生产中煅烧温度受到原材料种类、结构、料块尺寸、致密程度、杂质含量以及窑体热损失等诸多因素的影响，实际煅烧温度应显著高于理论温度，一般控制在1 000～1 200℃或者更高一些。

控制适宜的煅烧温度和煅烧时间是获得优质生石灰的必要条件。

在煅烧温度过低、煅烧时间不充分的情况下，碳酸钙不能完全分解，将生成欠火石灰。欠火石灰会降低生石灰的产浆量，使生石灰的胶凝性能变差。在煅烧温度过高、煅烧时间过长的情况下，则生成过火石灰。过火石灰结构致密，具有较小的内比表面积、晶粒粗大，此时氧化钙处于烧结状态，其表面常被原料中易熔黏土杂质熔化时所形成的玻璃釉状物包覆，因此过火石灰的消解很慢。过火石灰用于工程中时会发生质量事故，在正常煅烧石灰硬化以后过火石灰才缓慢地吸湿消解，放出热量并产生体积膨胀，引起石灰硬化浆体的隆起和开裂。

石灰原料中所含的菱镁矿杂质，其分解温度比碳酸钙低很多，在煅烧过程中氧化镁处于过烧状态，从而影响石灰的质量。故当原料中菱镁矿含量较多时，应在保证碳酸钙充分分解的前提下尽量降低煅烧温度。对于硅酸盐制品，为避免引起体积安定性不良，应限制原料中菱镁矿的含量。

2.2.2　石灰的消解

建筑工地上使用石灰时，通常将生石灰加水，使之消解为氢氧化钙即熟石灰后，再进行施工，这个过程称为石灰的消解或熟化。反应式如下：

$$CaO + H_2O \longrightarrow Ca(OH)_2 + 64.9\ kJ/mol$$

生石灰熟化时放出大量的热量，其最初1 h的放热量是半水石膏的10倍和普通硅酸盐水泥的9倍；生石灰熟化时体积膨胀1～2.5倍。石灰水化时的上述特征，在使用过程中必须予以特别的重视。

在生石灰的消解过程中应注意温度的控制：温度过低时消解速度较慢，温度过高时又会引起可逆反应，使氢氧化钙重新分解，从而影响消解质量。生石灰在消解过程中的体积膨胀会产生14 MPa以上的膨胀压力，当使用生石灰来制作石灰制品和硅酸盐制品时，如果不设法抑制或消除生石灰的这种有害膨胀，它就会使制品发生破坏性的体积变形。因此，在建筑工程中采用熟石灰进行施工不失为一种安全可靠的方法。

生石灰消解的理论用水量为其质量的32%，由于石灰消解时温度较高，水分蒸发较多，为了保证氧化钙的充分水化，实际的用水量明显地多于理论用水量。

根据用水量的不同，可将生石灰消解成消石灰粉和石灰膏两种熟石灰。

加入适量的水(一般为生石灰质量的60%～80%)可得到消石灰粉,具体的加水量按实际情况以经验确定,加入的水分应保证生石灰充分消解又不致过湿成团。消解过程在密闭的容器中进行较佳,此时既可减少热量损失和水分蒸发,又能防止碳化。工地上常采用分层喷淋法生产消石灰粉。将生石灰碎块平铺于不能吸水的平地上,每层厚约20 cm,用水喷淋一次,然后上面再铺一层生石灰,接着再喷淋一次,直至5～7层为止,最后用砂或土予以覆盖,以保持温度、防止水分蒸发,使石灰充分消解,同时又可阻止产生碳化作用。在此条件下静置14 d以上即可取出使用。消石灰粉用于拌制石灰土(黏土、石灰)和三合土(石灰、碎砖、黏土或炉渣、砂石等骨料),应用于地面、道路基层、建筑物基础等工程。

加入大量的水可制得消石灰膏。石灰膏是将生石灰在化灰池或熟化机中加水搅拌,先消解成稀薄乳状的石灰浆,然后经滤网过滤除去未消解颗粒或杂质后流入储灰池,石灰浆的表面应覆盖一层水,以隔绝空气防止石灰浆碳化。在此条件下静置14 d以上后,除去上层水分取出储灰池中沉淀物即石灰膏进行施工。石灰膏用于调制石灰砂浆或水泥石灰混合砂浆,应用于工业与民用建筑的砌筑工程和抹灰工程。

上述两种熟石灰消解时静置14 d以上的过程称为石灰的陈伏。石灰陈伏的目的是消除过火石灰的危害,得到质地较软、可塑性较好的熟石灰。在陈伏过程中应注意防止石灰的碳化。

建筑工程中采用熟石灰进行施工主要是为了避免生石灰由于水化时的放热和体积膨胀所带来的破坏。但熟石灰的硬化速度较慢,强度较低。用球磨机将块状生石灰磨细而得到的粉末状产品称为磨细生石灰粉,磨细生石灰水化时放热均匀且无明显的体积膨胀,因此磨细生石灰可不经消解,加入适量的水(一般占石灰质量的100%～150%)拌匀后即可使用。这时熟化和硬化成为一个连续的过程,由于磨得很细,过火石灰的体积膨胀危害得到了很好的抑制,因此磨细生石灰使用时不需陈伏。与一般使用方法相比,磨细生石灰制品具有较快的硬化速度和较高的强度。目前,磨细生石灰工艺不仅大量地应用于建筑材料工业生产,而且也越来越多地直接应用于建筑工程中。

2.2.3 石灰的硬化

气硬性石灰在空气中的硬化是通过结晶和碳化两个同时进行的过程来完成的。

1. 结晶过程

石灰浆体在干燥环境中,其自由水逐渐蒸发或被基层材料所吸收,将引起氢氧化钙溶液的过饱和,从而产生结晶过程。氢氧化钙晶粒随结晶的进行不断长大并彼此靠近,最后交错结合在一起,形成一个整体。另外,石灰浆体由于失水收缩产生毛细管压力,使石灰粒子互相紧密靠拢而获得强度。

2. 碳化过程

石灰浆体表面的氢氧化钙与空气中的二氧化碳进行反应,生成实际上不溶于水的碳酸钙晶体,释放出的水分则被逐渐蒸发。反应式如下:

$$Ca(OH)_2 + CO_2 + nH_2O \longrightarrow CaCO_3 + (n+1)H_2O$$

上述反应只是在有水存在的情况下才能进行。

生成碳酸钙时体积有所膨胀且碳酸钙的强度明显高于氢氧化钙,碳化后石灰浆体的密实度和强度均有明显的提高。由于空气中二氧化碳的浓度很小，按体积计算仅占整个空气的0.03%，并且石灰浆体表面已形成的致密的碳化层，使二氧化碳很难再深入其内部，因此碳化的过程更加缓慢；同时，已形成的碳化层也阻止了浆体内部水分的蒸发，使氢氧化钙的结晶速度减缓。因而石灰浆体的硬化是非常缓慢的。

2.2.4 建筑石灰的技术要求与性质

建筑石灰根据成品加工方法的不同可分为块状的建筑生石灰、磨细的建筑生石灰粉、建筑消石灰膏和建筑消石灰粉。根据氧化镁含量的多少可分为钙质石灰、镁质石灰。根据有关的技术要求及指标划分为优等品、一等品和合格品三个等级(表2-2～表2-7)。

表2-2 建筑生石灰的分类(JC/T 479—2013)

类别	名称	代号
钙质石灰	钙质石灰90	CL90
	钙质石灰85	CL85
	钙质石灰75	CL75
镁质石灰	镁质石灰85	ML85
	镁质石灰80	ML80

表2-3 钙质、镁质石灰的分类界限(氧化镁含量) (%)

品种	钙质石灰	镁质石灰
生石灰	≤5	>5
消白石灰	≤4	>4

表2-4 建筑生石灰的化学成分(JC/T 479—2013) (%)

名称	(氧化钙+氧化镁)(CaO+MgO)	氧化镁(MgO)	二氧化碳(CO_2)	三氧化硫(SO_3)
CL90-Q CL90-QP	≥90	≤5	≤4	≤2
CL85-Q CL85-QP	≥85	≤5	≤7	≤2
CL75-Q CL75-QP	≥75	≤5	≤12	≤2
ML85-Q ML85-QP	≥85	>5	≤7	≤2
ML80-Q ML80-QP	≥80	>5	≤7	≤2

表 2-5　建筑生石灰的物理性质(JC/T 479—2013)

名称	产浆量 (dm^3/10kg)	细度	
		0.2 mm 筛余量(%)	90μm 筛余量(%)
CL90-Q CL90-QP	≥26 —	— ≤2	— ≤7
CL85-Q CL85-QP	≥26 —	— ≤2	— ≤7
CL75-Q CL75-QP	≥26 —	— ≤2	— ≤7
ML85-Q ML85-QP	—	— ≤2	— ≤7
ML80-Q ML80-QP	—	— ≤7	— ≤2

表 2-6　建筑生石灰技术要求　(%)

项　目	钙质石灰			镁质石灰		
	一等品	二等品	三等品	一等品	二等品	三等品
有效(CaO+MgO)含量不小于	85	80	70	80	75	65
未消化残渣含量(5 mm圆孔筛的筛余)不大于	7	11	17	10	14	20

注:硅、铝、铁氧化物含量之和大于5%的生石灰,有效钙加氧化镁含量指标,一等品≥75%,二等品≥70%、三等品≥60%;未消化残渣含量指标与镁质生石灰指标相同。

表 2-7　建筑消石灰粉技术要求　(%)

项目		钙质消石灰粉			镁质消石灰粉		
		一等品	二等品	三等品	一等品	二等品	三等品
有效(CaO+MgO)含量		≥65	≥60	≥55	≥60	≥55	≥50
含水率		≤4	≤4	≤4	≤4	≤4	≤4
细度	0.17 mm 方孔筛的筛余	≤0	≤1	≤1	≤0	≤1	≤1
	0.125 mm 方孔筛的累计筛余	≤13	≤20	—	≤13	≤20	—

建筑生石灰为块状和磨细粉状,其颜色随成分不同而异。纯净的为白色,含杂质时呈浅黄色、灰色等。过火石灰色泽暗淡呈灰黑色,欠火石灰其断面中部色彩深于边缘色彩。

生石灰的密度取决于原料成分和煅烧条件,通常为 3.10～3.40 g/cm^3;堆积密度取决于原料成分、粒块尺寸、装料紧密程度及煅烧品质等,通常为 600～11 00 kg/m^3。消石灰粉的密度约为 2.10 g/cm^3,堆积密度为 400～700 kg/m^3。

建筑石灰的质量好坏主要取决于有效物质(CaO+MgO)及其杂质的含量。有效物质是石灰中能够和水发生水化反应的物质，它的含量反映了石灰的胶凝能力，有效物质越多产浆量越高。石灰粉的细度越大，施工性能越好，硬化速度越快，质量也越好。欠火石灰和各种杂质则无胶凝能力。过火石灰的存在会影响体积安定性。建筑消石灰粉还有游离水含量的限制和体积安定性合格的要求。块状生石灰中细颗粒含量越多质量越差。

生石灰放置太久，会吸收空气中的水分而自动熟化成氢氧化钙，再与空气中二氧化碳作用而生成碳酸钙，失去胶凝能力。所以在储存时最好先消解成石灰浆，将储存期变为陈伏期。由生石灰受潮时会放出大量的热和产生体积膨胀，在储存和运输生石灰时应采取相应的安全措施。

建筑石灰加水拌和形成石灰浆体，由于水的物理分散作用和化学分散作用，能自动形成尺寸细小（直径约为 1 μm）的石灰微粒，这些微粒表面吸附一层厚的水膜，均匀、稳定地分散在水中，形成胶体结构。石灰浆胶体具有很大的内比表面积，能吸附大量游离水，故石灰浆体具有较好的保水性。另外，石灰微粒之间由一层厚厚的水膜隔开，彼此间摩擦力较小，石灰浆体的流动性和可塑性较好。利用上述性质，可配制石灰水泥混合砂浆，目的是改善水泥砂浆的施工和易性。

石灰浆体的凝结硬化是通过在干燥环境中的水分蒸发和结晶作用以及氢氧化钙的碳化来完成的。由于空气中二氧化碳含量很低，碳化速度较慢，且碳化后形成的碳酸钙硬壳阻止二氧化碳向浆体内部渗透，同时也阻止了水分向外的蒸发，结果使内部氢氧化钙结晶数量少、结晶速度缓慢，因此石灰浆体的凝结硬化速度较慢，这和石膏浆体的性质截然不同。石灰硬化浆体的主要水化产物是氢氧化钙和表面少量的碳酸钙，由于氢氧化钙强度较低，故硬化浆体的强度也很低。例如，砂灰比为 3 的石灰砂浆，28 d 抗压强度通常只有 0.2～0.5 MPa。

强度低和耐水性差是无机气硬性胶凝材料的共性。耐水性差的原因主要是气硬性胶凝材料的水化产物溶解度较大，加上结晶接触点由于晶格变形、扭曲而具有热力学不稳定性和更大的溶解度。在潮湿空气环境下，石灰硬化浆体内部产生溶解和再结晶，使硬化浆体的强度发生显著的不可逆的降低。在水中，由于水的破坏作用，硬化强度较低的石灰浆体将发生溃散破坏。所以，石灰不宜在潮湿的环境中使用，石灰砂浆不能用于砌筑建筑物的基础和外墙抹面等工程。

石灰浆体在干燥硬化过程中毛细水蒸发产生大量的游离水，毛细水的失去产生毛细管压力，使毛细孔孔径缩小，从而引起硬化浆体体积收缩。石灰浆体的硬化收缩变形较大，会导致已硬化的浆体局部开裂破坏。因此，石灰不宜单独使用，通常在其中掺入草秸、麻刀、纸筋、砂等来减少体积收缩变形。

2.2.5 建筑石灰的应用

石灰作为一种传统的建筑材料，其几千年的使用历史足以印证人类对这种材料的信任和依赖，至今石灰仍然作为重要的建筑材料有着广泛的应用。

1. 配制石灰土和三合土

消石灰粉在建筑工程中广泛用于配制三合土和石灰土。三合土为消石灰粉、黏土、砂和石子或炉渣等混合而成，质量比为 1∶2∶3。石灰土为消石灰粉与细粒黏土均匀拌和而成,质量比为1∶2～1∶4。三合土和石灰土的施工方法是加入适量的水,通过分层击打、夯实或碾压密实使结构层具有较高的密实度。三合土和石灰土结构层具有一定的水硬胶凝性能,石灰稳定土的作用机理尚待继续研究。其原因可能是在强力夯打和振动碾压的作用下,黏土微粒表面被部分活化,此时黏土表面少量的活性氧化硅和氧化铝与石灰进行化学反应,生成了水硬性的水化硅酸钙和水化铝酸钙,将黏土颗粒胶结起来。另外,石灰中的少量黏土杂质经煅烧后也具有一定的活性,炉渣等中也存在一些活性成分,因此,石灰土结构层的强度和耐水性得以提高。石灰土和三合土广泛地应用于建筑物基础、垫层、公路基层、堤坝和各种地面工程中。

2. 配制石灰砂浆和灰浆

采用石灰膏作为原材料可配制石灰砂浆和石灰水泥混合砂浆,其施工和易性较好,广泛地被应用于工业与民用建筑的砌筑和抹灰工程中。石灰砂浆应用于吸水性较大的基层时,应事先将基底润湿,以免石灰砂浆脱水过速而成为干粉,丧失胶凝能力。

在建筑工程中,常用石灰膏或消石灰粉与其他不同材料加水拌和均匀而获得各种灰浆,如石灰纸筋灰浆、石灰麻刀灰浆等,用于建筑抹面工程。

用石灰膏或消石灰粉掺入大量水可配制成石灰乳涂料。可在涂料中加入碱性颜料,以获得各种色彩;加入少量水泥、粉煤灰或粒化高炉矿渣可提高耐水性;调入干酪素、明矾或氯化钙,可减少涂层的粉化现象。石灰乳涂料可用于装饰要求不高的室内粉刷。

3. 制造碳化制品

用磨细生石灰与砂子、尾矿粉或石粉配料,加入少量石膏经加水拌和压制成型制得碳化砖坯体;用磨细生石灰、纤维填料和轻质骨料经成型后得到碳化板坯体。上述两种坯体利用石灰窑所产生的二氧化碳废气进行人工碳化后,即得到轻质的碳化板和碳化砖制品。石灰制品经碳化后强度将大幅提高,如灰砂制品经碳化后强度可提高4～5倍。碳化石灰空心板的表观密度为700～800 kg/m^3(当孔洞率为34%～39%时),抗弯强度为3～5 MPa,抗压强度为5～15 MPa,导热系数小于0.2 W/(m·K),可刨、可钉、可锯,所以这种材料适宜用作非承重的天花板、内墙隔板等。

4. 生产硅酸盐制品

硅酸盐制品是以石灰和硅质材料(如矿渣、粉煤灰、石英砂、煤矸石等)为主要原料,加水拌和成型后,经蒸汽养护或蒸压养护得到的成品。钙质材料与硅质材料经水热合成后,其胶凝物质主要是水化硅酸钙盐类,故统称为硅酸盐制品。常用的有各种粉煤灰砖及砌块、炉渣砖和矿渣砖及砌块、蒸压灰砂砖及砌块、蒸压灰砂混凝土空心板、加气混凝土等。

5. 生产无熟料水泥

将石灰和活性的玻璃体矿物质材料,按适当比例混合磨细或分别磨细后再均匀混合,制得的非煅烧水硬性胶凝材料称为无熟料水泥。如石灰粉煤灰水泥、石灰矿渣水泥、石灰烧煤矸石水泥、石灰烧黏土水泥、石灰页岩灰水泥、石灰沸石岩水泥等。

无熟料水泥的共同特性是强度较低,特别是早期强度较低、水化热较低,对于软水、矿物水等有较强的抵抗能力。适用于大体积混凝土工程,蒸汽养护的各种混凝土制品,地下混凝土工程和水中混凝土;不宜用于强度要求高,特别是早期强度要求高的工程,不宜低温条件下施工。

2.3 水玻璃

水玻璃俗称泡花碱，是一种水溶性硅酸盐（$Na_2O \cdot nSiO_2$），由不同比例的碱金属氧化物和二氧化硅所组成。建筑上常用的水玻璃为硅酸钠的水溶液，它是无色或淡黄色、灰白色的黏稠液体，是一种矿黏合剂。

2.3.1 水玻璃的生产

水玻璃的生产可采用干法或湿法。干法是将石英砂和碳酸钠磨细拌匀，在1 300～1 400℃温度下熔化，经冷却后得到固体水玻璃，然后在水中加热溶解而得到液体水玻璃。湿法生产硅酸钠水玻璃时，将石英砂和苛性钠溶液置于压蒸锅（0.2～0.3 MPa）内，用蒸汽加热，并加以搅拌，使之直接反应生成液体水玻璃。反应式如下：

$$Na_2CO_3 + nSiO_2 \xrightarrow{干法} Na_2O \cdot nSiO_2 + CO_2 \uparrow$$

$$2NaOH + nSiO_2 \xrightarrow{湿法} Na_2O \cdot nSiO_2 + H_2O$$

氧化硅与氧化钠的分子数比n称为水玻璃模数，一般为1.5～3.5。n值越大，则水玻璃的黏度越大，黏结力、强度、耐热性、耐酸性也较好，而在水中的溶解能力降低；同一模数的液体水玻璃，浓度越高，溶液的密度越大，黏结力越强。

水玻璃模数的大小可根据要求配制，加入氢氧化钠或硅胶可改变水玻璃的模数，工程中也可将两种不同模数的水玻璃掺配使用，以满足施工需要。当液体水玻璃的浓度太大或太小时，可用加水稀释或加热浓缩的方法来调整。

建筑上常用水玻璃的模数为2.6～3.0，溶液密度为1.30～1.50 g/cm^3。

2.3.2 水玻璃的硬化

液体水玻璃在空气中与二氧化碳反应，生成无定型的硅酸凝胶，在干燥环境中，硅酸凝胶逐渐脱水产生质点凝聚而硬化。反应式如下：

$$Na_2O \cdot nSiO_2 + CO_2 + mH_2O \longrightarrow Na_2CO_3 + nSiO_2 \cdot mH_2O$$

$$nSiO_2 \cdot mH_2O \longrightarrow nSiO_2 + mH_2O$$

由于空气中二氧化碳含量有限，液体水玻璃的碳化速度很慢。为加速硬化，在施工中常使用促硬剂，如氟硅酸钠等。水玻璃加入氟硅酸钠后发生下面的反应，促使硅酸凝胶加速析出。

$$2(Na_2O \cdot nSiO_2) + Na_2SiF_6 + mH_2O \longrightarrow (2n+1)SiO_2 \cdot mH_2O + 6NaF$$

氟硅酸钠的用量为水玻璃质量的12%～15%，用量太少不能达到促硬效果，用量过多则水玻璃凝结过快，使施工困难，强度也不高。

2.3.3 水玻璃的性质与应用

水玻璃是一种气硬性胶凝材料，其最终强度取决于无定形硅酸胶体物质在干燥环境中脱水凝聚形成凝胶的过程。硬化后的水玻璃中仍含有少量氟硅酸钠、硅酸钠和氟化钠等可溶性盐,因此水玻璃的硬化速度较慢,耐水性较差。

水玻璃为胶体物质,具有良好的黏结能力;液体水玻璃对其他多孔材料的渗透性较好,其硬化时析出的硅酸凝胶有堵塞毛细孔隙防止水渗透的作用;水玻璃的高温稳定性较好,温度较高时,无定形硅酸更易脱水凝聚,强度无降低甚至有所提高;水玻璃是一种酸性材料,具有较高的耐酸性能,能抵抗大多数无机酸和有机酸的侵蚀作用。根据上述水玻璃的性质,它在建筑工程中的应用很广。

1. *配制建筑涂料和防水剂*

将水玻璃与聚乙烯按比例配合,加入助剂、填料、色浆及稳定剂,可配制成内墙涂料;水玻璃可以用作水泥的快凝剂,用于堵漏、抢修;以水玻璃为基料,加入 2～5 种矾配制成的防水剂,分别称为二矾、三矾、四矾或五矾防水剂。

2. *表面浸渍涂料*

水玻璃涂刷于其他材料表面,可提高抗风化能力。用浸渍法处理后的多孔材料其密实度、强度、抗渗性、抗冻性和耐腐蚀性均有不同程度的提高。工程上常采用密度为 1.35 g/cm^3 的水玻璃溶液对硅酸盐制品、水泥混凝土、黏土砖和石灰石等的表面多次涂刷和浸渍,均可获得良好的效果。特别是对于含有氢氧化钙的材料,如硅酸盐制品和水泥混凝土等,由于水玻璃与石灰产生化学反应,生成水化硅酸钙凝胶,浸渍效果更佳。但水玻璃不能用于浸渍和涂刷石膏等制品,否则会产生化学反应,在制品孔隙中形成大量硫酸钠结晶,产生膨胀压力,从而导致制品的破坏。

3. *配制耐酸混凝土和砂浆*

采用模数为 3.3～4.0、密度为 1.30～1.45 g/cm^3 的水玻璃,12%～15%的氟硅酸钠促硬剂和磨细的耐酸矿物粉末填充剂(如铸石粉、辉绿岩粉、石英砂等)可配制水玻璃耐酸胶泥,在其中加入耐酸粗、细骨料即可配制成耐酸混凝土和耐酸砂浆。水玻璃耐酸材料广泛地应用于防腐工程中。

4. *配制耐热砂浆和混凝土*

水玻璃硬化后形成二氧化硅空间网状骨架,具有良好的耐热性。以水玻璃为胶凝材料,氟硅酸钠为促硬剂,掺入磨细的填料(如砖瓦粉末、石英砂粉、黏土熟料粉等)及耐热粗、细骨料(如铬铁矿、玄武岩、耐火砖碎块等)可配制成水玻璃耐热砂浆或混凝土,其极限使用温度在 1 200℃以下。

5. *灌浆材料*

将模数为 2.5～3.0 的液体水玻璃和氯化钙溶液加压注入土层中,两种溶液发生化学反应,析出硅酸胶体包裹土颗粒并填充其空隙。硅酸凝胶因吸附地下水而产生体积膨胀,可加固土地基并提高地基的承载力。

2.4 镁氧水泥

镁氧水泥又称镁质水泥、氯氧镁水泥或镁质胶凝材料,它是将工业氯化镁和轻烧氧化镁胶凝材料的水溶液调制而成的一种气硬性胶凝材料。

轻烧氧化镁通常采用菱苦土。菱苦土是以天然菱镁矿(主要成分为 $MgCO_3$)为主要原料，经煅烧后再磨细而得到的以氧化镁为主要成分的浅黄色或白色粉末材料。我国菱镁矿蕴藏量丰富，矿藏分布较广，辽宁、内蒙古、宁夏、吉林、湖北、山东等为主要产地，二菱苦土与工业氯化镁的质量应符合《镁质胶凝材料用原料》(JC/T 449—2008)的规定。

碳酸镁一般在 400℃开始分解，600～650℃时分解反应剧烈进行，实际煅烧温度为750～850 ℃。反应式如下：

$$MgCO_3 \xrightarrow{煅烧} MgO + CO_2 \uparrow$$

煅烧适度的菱苦土密度为 3.10～3.40 g/cm³，堆积密度为 800～900 kg/m³。

用水拌和菱苦土时，浆体凝结缓慢，生成的氢氧化镁是一种胶凝能力较差的、松散的物质，因此浆体硬化后强度很低。通常采用氯化镁($MgCl_2 \cdot 6H_2O$)水溶液代替水进行调拌，此时的主要水化产物是氧氯化镁($xMgO \cdot yMgCl_2 \cdot zH_2O$)复盐和氢氧化镁。用氯化镁水溶液(卤水)拌和比用水拌和时强度高、硬化快，拌和时氯化镁和菱苦土的适宜质量比为0.50～0.60。

轻烧氧化镁的技术要求主要有：有效氧化镁含量、凝结时间、体积安定性、抗折和抗压强度等，另外对菱苦土还有细度要求。根据这些指标将镁氧水泥分为Ⅰ级品、Ⅱ级品、Ⅲ级品三个质量等级。其中，轻烧氧化镁试件硬化 1 d 和 3 d 的抗压和抗折强度应符合表 2-8 中的规定。

表 2-8　轻烧氧化镁水泥的强度要求(JC/T 449—2008)　(MPa)

水泥级别		Ⅰ级	Ⅱ级	Ⅲ级
抗折强度 ≥	1 d	5.0	4.0	3.0
	3 d	7.0	6.0	5.0
抗压强度 ≥	1 d	25.0	20.0	15.0
	3 d	30.0	25.0	20.0

镁氧水泥与木材及其他植物纤维有较强的黏结力，而且碱性较弱，不会腐蚀分解纤维。建筑工程中常用其制作菱苦土木丝板、木屑地面和木屑板等代替木材。菱苦土板材可用于室内隔墙、地面、天花板、内墙，还可用于楼梯扶手、窗台、门窗框等。

镁氧水泥吸湿性大，耐水性差，易变形、泛霜，故其制品不宜用于潮湿环境。另外，含有氯离子且碱性较低，钢筋易锈蚀，故其制品中不宜配置钢筋。

为提高镁氧水泥制品的耐水性，可掺加适量的活性混合材料(如粉煤灰或磨细碎砖等)和改性剂；在制品中掺加适量的石英砂、滑石粉、石屑等可提高强度和耐磨性，但会降低隔热性和增大表观密度；加入泡沫剂可制成轻质多孔的镁氧水泥保温隔热制品；在生产时加入碱性颜料可得不同色彩的制品。

菱苦土在运输储存时应避免受潮和碳化，存期不宜过长，否则将失去胶凝性能。将白云石($MgCO_3 \cdot CaCO_3$)经过煅烧并磨细可生产出苛性白云石，又名白云灰，其主要成分为氧化镁和碳酸钙。

$$MgCO_3 \cdot CaCO_3 \xrightarrow{650 \sim 7\,540℃} MgO + CaCO_3 + CO_2 \uparrow$$

苛性白云石为白色粉末，其性质与菱苦土相似，但凝结较慢，强度较低。强度较高的白云灰其用途与菱苦土相似，低强度的白云灰可用作建筑灰浆。

复习思考题

1. 什么叫做建筑胶凝材料和气硬性胶凝材料？

2. 不同煅烧条件下石膏的品种有哪些？不同的石膏品种的组成和结构如何？各自性能如何？

3. 简述半水石膏的水化、凝结硬化过程。

4. 什么叫做石膏浆体的悬浮体结构、凝聚结构和结晶结构？

5. 建筑石膏的性能有哪些特点？与其应用的关系如何？

6. 为什么说石膏是一种很好的室内装饰材料？

7. 煅烧温度和煅烧时间对生石灰的质量有何影响？

8. 工地上熟化石灰的方法有哪些？为何要采用熟石灰进行施工？

9. 什么叫做石灰的陈伏？有何目的？

10. 用磨细生石灰代替熟石灰进行施工有何优点？为何要将生石灰磨细？

11. 建筑石灰有哪些用途？与其性能有何联系？

12. 水玻璃的模数、溶液密度对其性能有何影响？

13. 水玻璃在建筑工程中的应用主要有哪些？与其性质有何联系？

14. 为什么菱苦土在使用时不能用水拌和？

15. 镁氧水泥在建筑上的应用主要有哪些？

16. 无机气硬性胶凝材料共同的缺点是什么？其原因有哪些？如何进行改善？

3　水泥

凡磨成细粉末状，加入适量水后成为塑性浆体，既能在水中硬化，又能将砂、石等散状材料或纤维材料胶结在一起的水硬性胶凝材料，通称为水泥。

水泥是最重要的建筑材料，广泛用于水利、交通、农业、工业、城市建设、海港和国防建设中，水泥已成为任何建筑工程都不可缺少的建筑材料。为满足各种土木工程的需要，水泥的品种已发展到二百余种。按照组成水泥的矿物成分，可分为铝酸盐类水泥、硫铝酸盐类水泥、硅酸盐类水泥等；按照其用途和性能，可分为通用水泥、专用水泥、特性水泥三大类。通用水泥是以硅酸盐水泥熟料和适量的石膏，以及规定的混合材料制成的水硬性胶凝材料。按照通用硅酸盐水泥的组分（混合材料的品种和掺量等）分为火山灰硅酸盐水泥、矿渣硅酸盐水泥、硅酸盐水泥、普通硅酸盐水泥、粉煤灰硅酸盐水泥和复合硅酸盐水泥。专用水泥是指专门用途的水泥，如道路硅酸盐水泥、油井水泥、砌筑水泥等。特性水泥是指某种性能比较突出的水泥，如低热水泥、抗硫酸盐水泥、快硬硅酸盐水泥等。水泥的品种虽然很多，但是在常用的水泥中，硅酸盐水泥是最基本的。

3.1　硅酸盐水泥

由硅酸盐水泥熟料、0～5%石灰石或粒化高炉矿渣、适量石膏磨细制成的水硬性胶凝材料，称为硅酸盐水泥。硅酸盐水泥分为两种类型，不掺加混合材料的称为Ⅰ型硅酸盐水泥，代号P・Ⅰ。在硅酸盐水泥粉磨时掺加不超过水泥质量5%的石灰石或粒化高炉矿渣混合材料的称为Ⅱ型硅酸盐水泥，代号P・Ⅱ。

3.1.1　生产简介和矿物组成

硅酸盐水泥的原材料主要是石灰质原料和黏土质原料。石灰质原材料主要提供CaO，可以采用石灰石、白垩、石灰质凝灰岩和泥灰岩等。黏土质原料主要提供SiO_2和Al_2O_3及少量的Fe_2O_3，当Fe_2O_3不能满足配合料的成分要求时，需要校正原料铁粉或铁矿石来提供。有时也需要硅质校正原料，如砂岩、粉砂岩等补充SiO_2。

硅酸盐水泥是以几种原材料按一定比例混合后磨细制成生料，然后将生料送入回转窑或立窑煅烧，煅烧后得到以硅酸钙为主要成分的水泥熟料，再与适量石膏共同磨细，最后得到硅酸盐水泥成品。概括地讲，硅酸盐水泥的主要生产工艺过程为“两磨”（磨细生料、磨细水泥）、“一烧”（生料煅烧成熟料）。

硅酸盐水泥的生产工艺流程如图3-1所示。

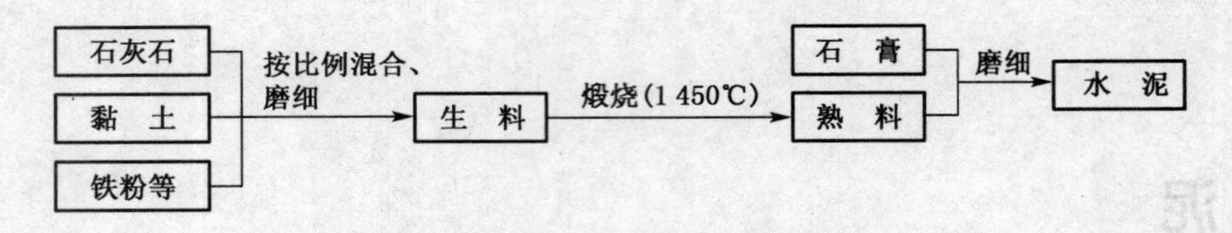

图 3-1　硅酸盐水泥生产的工艺流程

煅烧是水泥生产的主要过程，生料要经历干燥(100～200℃)、预热(300～500℃)、分解(500～900℃黏土脱水分解成为 SiO_2 和 Al_2O_3，后期石灰石分解为 CaO 和 CO_2)、烧成(1 000～1 200℃生成铝酸三钙、铁铝酸四钙和硅酸二钙，1 300～1 450℃生成硅酸三钙)和冷却几个阶段。

水泥熟料中的主要矿物成分为硅酸三钙($3CaO \cdot SiO_2$，简写式为 C_3S)、硅酸二钙($2CaO \cdot SiO_2$，简写式为 C_2S)、铝酸三钙($3CaO \cdot Al_2O_3$，简写式为 C_3A)和铁铝酸四钙($4CaO \cdot Al_2O_3 \cdot Fe_2O_3$，简写式为 C_4AF)，以及少量有害的游离氧化钙(CaO)、氧化镁(MgO)、氧化钾(K_2O)、氧化钠(Na_2O)与三氧化硫(SO_3)等成分。

不同矿物成分具有不同的性质，硅酸盐水泥熟料中主要矿物成分特性见表 3-1。

表 3-1　硅酸盐水泥熟料中主要矿物成分特性

矿物组成	$3CaO \cdot SiO_2$ (C_3S)	$2CaO \cdot SiO_2$ (C_2S)	$3CaO \cdot Al_2O_3$ (C_3A)	$4CaO \cdot Al_2O_3 \cdot Fe_2O_3$ (C_4AF)
水化速度	快	慢	最快	快
水化热	多	少	最多	中
强　度	高	早期低 后期高	低	低*
收　缩	中	中	大	小
抗硫酸盐腐蚀性	中	最好	差	好
含量范围(%)	37～60	15～37	7～15	10～18

* 有资料显示 $4CaO \cdot Al_2O_3 \cdot Fe_2O_3$ 的强度为中等。

水泥熟料中各种矿物成分的相对含量变化时，水泥的性质也随之改变。由此可以生产出不同性质的水泥。例如，提高 C_3S 的含量，可制成高强度水泥；提高 C_3S 和 C_3A 的总含量，可制得快硬早强水泥；降低 C_3A 和 C_3S 的含量，则可制得低水化热的水泥(如中热水泥等)。

3.1.2　硅酸盐水泥的水化、凝结与硬化

水泥加水拌和后形成具有可塑性的水泥浆，经过一定的时间，水泥浆体逐渐变稠失去塑性，但还不具备强度，这一过程称为水泥的凝结。凝结过程又分为初凝和终凝两个阶段。随着时间的延续，强度逐渐增加，形成坚硬的水泥石，这个过程称为水泥的硬化。凝结与硬化，是人为划分的两个阶段，实际上它们是水泥浆体中发生的一种连续而复杂的物理化学变化过程。

1. 硅酸盐水泥的水化

熟料矿物与水进行的化学反应简称为水化反应。当水泥颗粒与水接触后，其表面的熟料矿物成分开始发生水化反应，生成水化产物并放出一定热量。

(1) 硅酸三钙

在常温下，C_3S 水化反应可大致用下列方程式表示：

$$2(3CaO \cdot SiO_2) + 6H_2O \longrightarrow 3CaO \cdot 2SiO_2 \cdot 3H_2O + 3Ca(OH)_2$$

生成的产物水化硅酸钙（$3CaO \cdot 2SiO_2 \cdot 3H_2O$）中 CaO/SiO_2（称为钙硅比）的真实比例和结合水量与水化条件及水化龄期等有关。水化硅酸钙几乎不溶于水，而以胶体微粒析出，并逐渐凝聚成为凝胶，通常将这些成分不固定的水化硅酸钙称为 C—S—H 凝胶。

C—S—H 凝胶尺寸很小，具有巨大的内比表面积，凝胶粒子间存在范德瓦耳斯力和化学结合键，由它构成的网状结构具有很高的强度，所以硅酸盐水泥的强度主要是由 C—S—H 凝胶提供的。

水化生成的 $Ca(OH)_2$，在溶液中的浓度很快达到过饱和，以六方晶体析出。$Ca(OH)_2$ 的强度、耐水性和耐久性都很差。

(2) 硅酸二钙

C_2S 水化反应速度慢，放热量小，虽然水化产物与硅酸三钙相同，但数量不同，因此硅酸二钙早期强度低，但后期强度高。其水化反应方程式为

$$2(2CaO \cdot SiO_2) + 4H_2O \longrightarrow 3CaO \cdot 2SiO_2 \cdot 3H_2O + Ca(OH)_2$$

(3) 铝酸三钙

C_3A 水化反应迅速，水化放热量很大，生成水化铝酸三钙。其水化反应方程式为

$$3CaO \cdot Al_2O_3 + 6H_2O \longrightarrow 3CaO \cdot Al_2O_3 \cdot 6H_2O$$

水化铝酸三钙为立方晶体。

在液相中氢氧化钙浓度达到饱和时，铝酸三钙还发生如下水化反应：

$$3CaO \cdot Al_2O_3 + Ca(OH)_2 + 12H_2O \longrightarrow 4CaO \cdot Al_2O_3 \cdot 13H_2O$$

水化铝酸四钙为六方片状晶体。在氢氧化钙浓度达到饱和时，其数量迅速增加，使得水泥浆体加水后迅速凝结，来不及施工。因此，在硅酸盐水泥生产中，通常加入 2%～3% 的石膏，调节水泥的凝结时间。水泥中的石膏迅速溶解，与水化铝酸钙发生反应，生成针状晶体的高硫型水化硫铝酸钙（$3CaO \cdot Al_2O_3 \cdot 3CaSO_4 \cdot 31H_2O$，又称钙矾石），沉积在水泥颗粒表面，形成了保护膜，延缓了水泥的凝结时间。当石膏耗尽时，铝酸三钙还会与钙矾石反应生成单硫型水化硫铝酸钙（$3CaO \cdot Al_2O_3 \cdot CaSO_4 \cdot 12H_2O$）。

(4) 铁铝酸四钙

C_4AF 与水反应，生成立方晶体的水化铝酸三钙和胶体状的水化铁酸一钙。

$$4CaO \cdot Al_2O_3 \cdot Fe_2O_3 + 7H_2O \longrightarrow 3CaO \cdot Al_2O_3 \cdot 6H_2O + CaO \cdot Fe_2O_3 \cdot H_2O$$

在有氢氧化钙或石膏存在时，C_4AF 将进一步水化生成水化铝酸钙和水化铁酸钙的固溶体或水化硫铝酸钙和水化硫铁酸钙的固溶体。

(5) 石膏

硅酸盐水泥熟料加水拌和,由于铝酸三钙的迅速水化,使水泥浆产生速凝,导致无法正常施工。在水泥生产中,加入适量石膏作为调凝剂,使水泥浆凝结时间满足施工要求。石膏参与的水化反应如下:

$$3CaO \cdot Al_2O_3 \cdot 6H_2O + 3(CaSO_4 \cdot 2H_2O) + 19H_2O \longrightarrow 3CaO \cdot Al_2O_3 \cdot 3CaSO_4 \cdot 31H_2O$$

高硫型水化硫铝酸钙晶体(钙矾石)

石膏消耗完后,进一步发生下列反应:

$$3CaO \cdot Al_2O_3 \cdot 3CaSO_4 \cdot 31H_2O + 2(3CaO \cdot Al_2O_3 \cdot 6H_2O) + H_2O \longrightarrow 3(3CaO \cdot Al_2O_3) \cdot CaSO_4 \cdot 12H_2O$$

低硫型水化硫铝酸钙晶体

高硫型水化硫铝钙是难溶于水的针状晶体,它沉淀在熟料颗粒的周围,阻碍了水分的渗入,对水泥凝结起延缓作用。

水化物中 CaO 与酸性氧化物(如 SiO_2 或 Al_2O_3)的比值称为碱度,一般情况下硅酸盐水泥水化产生的水化物为高碱性水化物。如果忽略一些次要的和少量的成分,硅酸盐水泥与水作用后,生成的主要水化产物是:水化硅酸钙和水化铁酸钙凝胶,氢氧化钙、水化铝酸钙和水化硫铝酸钙晶体。在完全水化的水泥石中,水化硅酸钙约占 50%,氢氧化钙约占 25%。

2. *硅酸盐水泥的凝结与硬化*

硅酸盐水泥的凝结硬化过程,按照水化放热曲线(或水化反应速度)和水泥浆体结构的变化特征分为四个阶段。

(1) 初始反应期

硅酸盐水泥加水拌和后,水泥颗粒分散于水中,形成水泥浆,水泥颗粒表面的熟料,特别是 C_3A 迅速水化,在石膏条件下形成钙矾石,并伴随有显著的放热现象,此为水化初始反应期,时间只有 5~10 min。此时,水化产物不是很多,它们相互之间的引力比较小,水泥浆体具有可塑性。由于各种水化产物的溶解度都很小,不断地沉淀析出,初始阶段水化速度很快,来不及扩散,于是在水泥颗粒周围析出胶体和晶体(水化硫铝酸钙、水化硅酸钙和氢氧化钙等),逐渐围绕着水泥颗粒形成一水化物膜层。

(2) 潜伏期

水泥颗粒的水化不断进行,使包裹水泥颗粒表面的水化物膜层逐渐增厚。膜层的存在减缓了外部水分向内渗入和水化产物向外扩散的速度,因而减缓了水泥的水化,水化反应和放热速度减慢。在潜伏期,水泥颗粒间的水分可渗入膜层与内部水泥颗粒进行反应,所产生的水化产物使膜层向内增厚,同时水分渗入膜层内部的速度大于水化产物透过膜层向外扩散的速度,造成膜层内外浓度差,形成了渗透压,最终会导致膜层破裂,水化反应加速,潜伏期结束。因为此段时间水化产物不够多,水泥颗粒仍是分散的,水泥的流动性基本不变。此段时间一般持续 30~60 min。

(3) 凝结期

从硅酸盐水泥的水化放热曲线看,放热速度加快,经过一定的时间后,达到最大放热峰值。膜层破裂以后,周围饱和程度较低的溶液与尚未水化的水泥颗粒内核接触,再次使反应速度加快，直至形成新的膜层。

水泥凝胶体膜层的向外增厚以及随后的破裂、扩展，使水泥颗粒之间原来被水所占的空隙逐渐减小，而包有凝胶体的颗粒，则通过凝胶体的扩展而逐渐接近，以至在某些点相接触，并以分子键相连接，构成比较疏松的空间网状的凝聚结构。有外界扰动时(如振动)，凝聚结构破坏，撤去外界扰动，结构又能够恢复，这种性质称为水泥的触变性。触变性随水泥的凝聚结构的发展将丧失。凝聚结构的形成使得水泥开始失去塑性，此时为水泥的初凝。初凝时间一般为 1～3 h。

随着水化的进行和凝聚结构的发展，固态的水化物不断增加，颗粒间的空间逐渐减少，水化物之间相互接触点数量增加，形成结晶体和凝胶体互相贯穿的凝聚-结晶结构，使得水泥完全失去塑性，同时又是强度开始发展的起点，此时为水泥的终凝。终凝时间一般为 3～6 h。

(4) 硬化期

随着水化的不断进行，水泥颗粒之间的空隙逐渐缩小为毛细孔，由于水泥内核的水化，使水化产物的数量逐渐增多，并向外扩展填充于毛细孔中，凝胶体间的空隙越来越小，浆体进入硬化阶段而逐渐产生强度。在适宜的温度和湿度条件下，水泥强度可以持续地增长(6 h至若干年)。

水泥颗粒的水化和凝结硬化是从水泥颗粒表面开始的，随着水化的进行，水泥颗粒内部的水化越来越困难，经过长时间水化后(几年甚至几十年)，多数水泥颗粒仍剩余尚未水化的内核。所以，硬化后的水泥石结构是由水泥凝胶体(胶体与晶体)、未水化的水泥内核以及孔隙组成的，它们在不同时期相对数量的变化，决定着水泥石的性质。

水泥石强度发展的规律是：3～7 d 内强度增长最快，28 d 内强度增长较快，超过 28 d 后强度将继续发展，但非常缓慢。因此，一般把 3 d、28 d 作为其强度等级评定的标准龄期。

3. 水泥石的结构

在水泥水化过程中形成的以水化硅酸钙凝胶为主体，其中分布着氢氧化钙等晶体的结构，通常称为水泥凝胶体。在常温下硬化的水泥石，是由水泥凝胶体、未水化的水泥内核与孔隙所组成。

T. C. 鲍威尔认为，凝胶是由尺寸很小($1\times10^{-7}\sim1\times10^{-5}$ cm)的凝胶微粒(胶粒)与位于胶粒之间($1\times10^{-7}\sim3\times10^{-7}$ cm)的凝胶孔(胶孔)所组成的。

胶孔尺寸仅比水分子尺寸大一个数量级，这个尺寸太小以致不能在胶孔中形成晶核和长成微晶体，因而就不能为水化产物所填充，所以胶孔的孔隙率基本上是个常数，其体积约占凝胶体本身体积的 28%，不随水灰比与水化程度的变化而变化。

水泥水化物，特别是 C—S—H 凝胶具有高度分散性，且其中又包含大量的微细孔隙，所以水泥石有很大的内比表面积，采用水蒸气吸附法测定的内比表面积约为 2.1×10^{5} m^2/kg，与未水化的水泥相比提高 3 个数量级：这样使水泥具有较高的黏结强度，同时胶粒表面可强烈地吸附一部分水分，此水分与填充胶孔的水分，合称为凝胶水。凝胶水的数量随着凝胶的增多而增大。

毛细孔的孔径大小不一，一般大于 2×10^{-5} cm。毛细孔中的水分称为毛细水。毛细水的结合力较弱，脱水温度较低，脱水后形成毛细孔。

在水泥浆体硬化过程中，随着水泥水化的进行，水泥石中的水泥凝胶体体积将不断增加，并填充于毛细孔内，使毛细孔体积不断减小，水泥石的结构越来越密实，因而使水泥石的强度不断提高。

拌和水泥浆体时，水与水泥的质量之比称为水灰比。水灰比是影响水泥石结构性质的重要因素。水灰比大时，水化生成的水泥凝胶体不足以堵塞毛细孔，这样不仅会降低水泥石的强度，而且还会降低它的抗渗性和耐久性。如水灰比为0.4时，完全水化时水泥石的孔隙率为29.3%；而水灰比为0.7时，则为50.3%。但对于毛细孔，当水灰比0.4时为2.2%，水灰比0.7时为31.0%。因此，后者的强度和耐久性均很低。

影响水泥水化和凝结硬化的直接因素是矿物组成。此外，水泥的水化和凝结硬化还与水泥的细度、拌和用水量、养护温湿度和养护龄期等有关。

(1) 水泥细度

水泥颗粒的粗细直接影响到水泥的水化和凝结硬化。因为水化是从水泥颗粒表面开始，逐渐深入到内部的。水泥颗粒越细，与水的接触表面积越大，整体水化反应越快，凝结硬化也快。

(2) 用水量

为使水泥制品能够成型，水泥浆体应具有一定的塑性和流动性，所加入的水一般要远远超过水化的理论需水量。多余的水在水泥石中形成较多的毛细孔和缺陷，影响水泥的凝结硬化和水泥石的强度。

(3) 养护条件

保持适宜的环境温度和湿度，促使水泥性能发展的措施，称为养护。提高环境温度，可以促进水泥水化，加速凝结硬化，早期强度发展比较快；但温度太高（超过40℃），将对后期强度产生不利的影响。温度降低时，水化反应减慢，当日平均温度低于5℃时，硬化速度严重降低，必须按照冬季施工进行蓄热养护，才能保证水泥制品强度的正常发展。当水结冰时，水化停止，而且由于体积膨胀，还会破坏水泥石的结构。

潮湿环境下的水泥石能够保持足够的水分进行水化和凝结硬化，使水泥石强度不断增长。环境干燥时，水分将很快地蒸发，水泥浆体中缺乏水泥水化所需要的水分，水化不能正常进行，强度也不能正常发展。同时，水泥制品失水过快，可能导致其出现收缩裂缝。

(4) 养护龄期

水泥的水化和凝结硬化在一个较长时间内是一个不断进行的过程。早期水化速度快，强度发展也比较快，以后逐渐减慢。

(5) 其他因素

在水泥中添加少量物质，能使水泥的某些性质发生显著改变，称为水泥的外加剂。其中一些外加剂能显著改变水泥的凝结硬化性能，如缓凝剂可延缓水泥的凝结时间，速凝剂可加速水泥的凝结，早强剂可提高水泥混凝土的早期强度。一般来说，混合材料的加入使得水泥的早期强度降低，但后期强度提高，凝结时间稍微延长。不同品种水泥的强度发展速度不同。

3.1.3 硅酸盐水泥的技术性质

1. 细度

细度是指粉体材料的粗细程度。通常用筛分析的方法或比表面积的方法来测定。筛分析法以 80 μm 方孔筛的筛余率表示，比表面积法是以 1 kg 质量材料所具有的总表面积（m^2/kg）来表示。

一般认为，粒径小于 40 μm 的水泥颗粒才具有较高的活性，大于 100 μm 时，则几乎接近惰性。水泥颗粒越细，其比表面积越大，与水的接触面越多，水化反应进行得越快、越充分，凝结硬化越快，早期强度越高；成本也较高，越易吸收空气中水分而受潮，不利于储存；特别是在空气中硬化收缩性加大，降低了水泥制品的抗裂性能：现行铁路标准规定硅酸盐水泥、普通硅酸盐水泥比表面积应在 300～350 m^2/kg，超出范围则不合格。

国家标准《通用硅酸盐水泥》（GB 175—2007）规定：硅酸盐水泥比表面积应大于 300 m^2/kg。

2. 凝结时间

水泥的凝结时间分为初凝和终凝。初凝时间是指从水泥加水拌和起到水泥浆开始失去塑性所需的时间；终凝时间是指从水泥加水拌和时起到水泥浆完全失去可塑性，并开始具有强度（但还没有强度）的时间。水泥初凝时，凝聚结构形成，水泥浆开始失去塑性，若在水泥初凝后还进行施工，不但由于水泥浆体塑性降低不利于施工成型，而且还将影响水泥内部结构的形成，降低强度。所以，为使混凝土和砂浆有足够的时间进行搅拌、运输、浇注、振捣、成型或砌筑，水泥的初凝时间不能太短；当施工结束以后，则要求混凝土尽快硬化，并具有强度，因此水泥的终凝时间不能太长。

水泥凝结时间的测定，是以标准稠度的水泥净浆，在规定的温度和湿度条件下，用凝结时间测定仪来测定。

国家标准《通用硅酸盐水泥》（GB 175—2007）规定：硅酸盐水泥的初凝时间不小于 45 min，终凝时间不大于 390 min。

3. 体积安定性

水泥体积安定性是指水泥在凝结硬化过程中体积变化是否均匀。如果水泥在硬化过程中产生不均匀的体积变化，即安定性不良。使用安定性不良的水泥，水泥制品表面将鼓包、起层、产生膨胀性的龟裂等，强度降低，甚至引起严重的工程质量事故。

水泥体积安定性不良是由熟料中含有过多的游离氧化钙、游离氧化镁或掺入的石膏过量等因素造成的。

熟料中所含的游离 CaO 和 MgO 均属过烧，水化速度很慢，在已硬化的水泥石中继续与水反应，体积膨胀，引起不均匀的体积变化，在水泥石中产生膨胀应力，降低了水泥石强度，造成水泥石龟裂、弯曲、崩溃等现象。反应式如下：

$$CaO + H_2O = Ca(OH)_2$$

$$MgO + H_2O = Mg(OH)_2$$

若水泥生产中掺入的石膏过多，在水泥硬化以后，石膏还会继续与水化铝酸钙起反应，生成水化硫铝酸钙，体积约增大 1.5 倍，同样引起水泥石开裂。

国家标准规定用沸煮法来检验水泥的体积安定性。测试方法为雷氏法，也可以用试饼法检验。当有争议时以雷氏法为准。试饼法是用标准稠度的水泥净浆做成试饼，经恒沸 3 h 以后，用肉眼观察未发现裂纹，用直尺检查没有弯曲，则安定性合格；反之，为不合格。雷氏法是通过测定雷氏夹中的水泥浆经沸煮 3 h 后的膨胀值来判断的，当两个试件沸煮后的膨胀值的平均值不大于5.0 mm时，该水泥安定性合格；反之，为不合格。沸煮法起加速氧化钙水化的作用，所以只能检验游离的CaO过多引起的水泥体积安定性不良。

游离MgO的水化作用比游离CaO更加缓慢，必须用压蒸方法才能检验出它是否有危害作用。

石膏的危害则需长期浸在常温水中才能发现。

因为MgO和石膏的危害作用不便于快速检验。国家标准规定：水泥出厂时，硅酸盐水泥中MgO的含量不得超过5.0%，如经压蒸安定性检验合格，允许放宽到6.0%。硅酸盐水泥中SO_3的含量不得超过3.5%。

体积安定性不合格的水泥不得在工程中使用。但某些体积安定性不良的水泥在放置一段时间后，由于水泥中游离CaO吸收空气中的水分而水化，变得合格。

4. 强度

水泥的强度主要取决于水泥熟料矿物组成和相对含量以及水泥的细度，另外还与用水量、试验方法、养护条件、养护时间有关。

水泥强度一般是指水泥胶砂试件单位面积上所能承受的最大外力，根据外力作用方式的不同，把水泥的强度分为抗压强度、抗折强度、抗拉强度等，这些强度之间既有内在的联系，又有很大的区别。水泥的抗压强度最高，一般是抗拉强度的8～20倍，实际建筑结构中主要是利用水泥的抗压强度。

国家标准《水泥胶砂强度检验方法(ISO法)》(GB/T 17671—1999)规定：水泥的强度用胶砂试件检验。按质量计的一份水泥、三份中国ISO标准砂，用0.5的水灰比，以规定的方法搅拌制成标准试件(尺寸为40 mm×40 mm×160 mm)，在标准条件下[(20±1)℃的水中]养护至3 d和28 d，测定两个龄期的抗折强度和抗压强度。根据测定的结果，将硅酸盐水泥分为42.5，42.5R，52.5，52.5R，62.5，62.5R六个强度等级，其中带R的为早强型水泥。各强度等级的水泥，各龄期的强度不得低于表3-2中的数值。

表3-2 各强度等级硅酸盐水泥各龄期的强度值(GB 175—2007) (MPa)

强度等级	抗压强度		抗折强度	
	3 d	28 d	3 d	28 d
42.5	≥17.0	≥42.5	≥3.5	≥6.5
42.5R	≥22.0		≥4.0	
52.5	≥23.0	≥52.5	≥4.0	≥7.0
52.5R	≥27.0		≥5.0	
62.5	≥28.0	≥62.5	≥5.0	≥8.0
62.5R	≥32.0		≥5.5	

5. 其他技术性质

(1) 水化热

水泥的水化是放热反应，放出的热量称为水化热。水泥的放热过程可以持续很长时间，但大部分热量是在早期放出，放热对混凝土结构影响最大的也是在早期，特别是在最初3 d或7 d内。硅酸盐水泥水化热很大，当用硅酸盐水泥来浇注大型基础、桥梁墩台、水利工程等大体积混凝土构筑物时，由于混凝土本身是热的不良导体，水化热积蓄在混凝土内部不易发散，使混凝土内部温度急剧上升，内外温差可达到 50～60℃，产生很大的温度应力，导致混凝土开裂，严重影响了混凝土结构的完整性和耐久性。因此，大体积混凝土中一般要严格控制水泥的水化热，有时还应对混凝土结构物采用相应的温控施工措施，如原材料降温，使用冰水，埋冷凝水管及测温和特殊的养护等。

水化热和放热速率与水泥矿物成分及水泥细度有关。各熟料矿物在不同龄期放出的水化热可参见表 3-3。由表中可看出，C_3A 和 C_3S 的水化热最大，放热速率也快，C_4AF 水化热中等，C_2S 水化热最小，放热速度也最慢。由于硅酸盐水泥的水化热很大，因此不能用于大体积混凝土中。

表 3-3　各主要矿物成分不同龄期放出的水化热　(J/g)

矿物名称	凝结硬化时间					完全水化
	3 d	7 d	28 d	90 d	180 d	
C_3S	406	460	485	519	565	669
C_2S	63	105	167	184	209	331
C_3A	590	661	874	929	1 025	1 063
C_4AF	92	251	377	414	—	569

(2) 标准稠度用水量

在测定水泥的凝结时间、体积安定性等时，为避免出现误差并使结果具有可比性，必须在规定的水泥标准稠度下进行试验。所谓标准稠度，是采用按规定的方法拌制的水泥净浆，在水泥标准稠度测定仪上，当标准试杆沉入净浆并能稳定在距底板(6±1)mm 时。其拌和用水量为水泥的标准稠度用水量，按照此时水与水泥质量的百分比计。

水泥的标准稠度用水量主要与水泥的细度及其矿物成分等有关。硅酸盐水泥的标准稠度用水量一般在 21%～28%。

(3) 不溶物和烧失量

不溶物是指水泥经酸和碱处理后，不能被溶解的残余物。它是水泥中非活性组分，主要由生料、混合材和石膏中的杂质产生。国家标准规定：Ⅰ型硅酸盐水泥中的不溶物不得超过 0.75%，Ⅱ型不得超过 1.50%。

烧失量是指水泥经高温灼烧以后的质量损失率。Ⅰ型硅酸盐水泥中的烧失量不得大于 3.0%，Ⅱ型不得大于 3.5%。

(4) 碱含量

硅酸盐水泥除含主要矿物成分以外，还含有少量 Na_2O、K_2O 等。水泥中的碱含量按 $Na_2O+0.658\ K_2O$ 的计算值来表示。当用于混凝土中的水泥碱含量过高，同时骨料具有一定的碱活性时，会发生有害的碱-骨料反应。因此，国家标准《通用硅酸盐水泥》(GB 175—2007)规定：若使用活性骨料，用户要求提供低碱水泥时，水泥中碱含量不得大于 0.6%或由供需双方商定。

国家标准《通用硅酸盐水泥》(GB 175—2007)规定：通用性水泥的化学指标、凝结时间、安定性、强度均合格，则为合格品，其中任意一项不合格的则为不合格品。

3.1.4 水泥石的腐蚀与防止

硅酸盐水泥硬化以后在通常的使用条件下，其强度在几年甚至几十年中仍有提高，并且有较好的耐久性。但在某些腐蚀性介质作用下，强度下降，起层剥落，严重时会引起整个工程结构的破坏。

引起水泥石腐蚀的原因有很多，下面介绍几种典型的腐蚀。

1. 软水腐蚀(溶出性侵蚀)

软水是不含或仅含少量钙、镁可溶性盐的水。如雨水、雪水、蒸馏水以及含重碳酸盐很少的河水和湖水等。当水泥石长期与软水接触时，水泥石中的某些水化物按照溶解度的大小，依次缓慢地被溶解。在静止的和无压力的水中，水泥石周围的水很快被溶出的 $Ca(OH)_2$ 所饱和，溶出停止，影响的部位仅限于水泥石的表面部位，对水泥石性能基本无不良的影响。但在流动水、压力水中，水流不断地将溶出的 $Ca(OH)_2$ 带走，降低周围 $Ca(OH)_2$ 浓度。水泥石中水化产物都必须在一定的石灰浓度的液相中才能稳定存在，低于此极限石灰浓度时，水化产物将会发生逐步分解。各主要水化产物稳定存在时所必需的极限石灰(CaO)浓度是：氢氧化钙约为 1.3 g/L，水化硅酸三钙稍大于 1.2 g/L，水化铁铝酸四钙约为 1.06 g/L，水化硫铝酸钙约为 0.045 g/L。

各种水化产物与水作用时，$Ca(OH)_2$ 由于溶解度最大，首先被溶出。在水量不多或无水压的情况下，由于周围的水被溶出的 $Ca(OH)_2$ 所饱和，溶出作用很快中止。但在大量水或流动水中，$Ca(OH)_2$ 会不断溶出，特别是当水泥石渗透性较大而又受压力水作用时，水不仅能渗入内部，而且还能产生渗流作用，将 $Ca(OH)_2$ 溶解并摄滤出来。因此，不仅减小了水泥石的密实度，影响其强度，而且由于液相中 $Ca(OH)_2$ 的浓度降低，还会使一些高碱性水化产物向低碱性转变或溶解。于是水泥石的结构会相继受到破坏，强度不断降低，裂隙不断扩展，渗漏更加严重，最后可能导致整体破坏。

当环境水的水质较硬，环境水中重碳酸盐能与水泥石中的 $Ca(OH)_2$ 起作用，生成几乎不溶于水的 $CaCO_3$。反应式如下：

$$Ca(OH)_2 + Ca(HCO_3)_2 = 2CaCO_3 + 2H_2O$$

生成的碳酸钙积聚在已硬化水泥石的孔隙内，可阻滞外界水的浸入和内部的氢氧化钙向外扩散，所以硬水不会对水泥石产生腐蚀。

2. 硫酸盐腐蚀

在一些湖水、海水、沼泽水、地下水以及某些工业污水中，常含钠、钾、铵等的硫酸盐，水泥石将发生硫酸盐腐蚀。以硫酸钠为例，硫酸钠(如10个结晶水的芒硝)与氢氧化钙反应生成二水石膏，即

$$Na_2SO_4 \cdot 10H_2O + Ca(OH)_2 = CaSO_4 \cdot 2H_2O + 2NaOH + 8H_2O$$

然后二水石膏与水化铝酸钙反应生成高硫型的水化硫铝酸钙，即

$$3CaO \cdot Al_2O_3 \cdot 6H_2O + 3(CaSO_4 \cdot 2H_2O) + 19H_2O \longrightarrow 3CaO \cdot Al_2O_3 \cdot 3CaSO_4 \cdot 31H_2O$$

生成的高硫型水化硫铝酸钙含有大量结晶水，体积增加到 1.5 倍，由于是在已经硬化的

水泥石中发生上述反应，因此，对水泥石的破坏作用很大。高硫型水化硫铝酸钙呈针状晶体，俗称“水泥杆菌”。

当水中硫酸盐浓度较高时，硫酸钙会在毛细孔中直接结晶成二水石膏，体积增大，同样会引起水泥石的破坏。

3. 镁盐的腐蚀

在海水及地下水中，含有大量的镁盐，主要是硫酸镁和氯化镁。它们与水泥石中的氢氧化钙发生如下反应：

$$MgCl_2 + Ca(OH)_2 = CaCl_2 + Mg(OH)_2$$

$$MgSO_4 + Ca(OH)_2 + 2H_2O = CaSO_4 \cdot 2H_2O + Mg(OH)_2$$

生成的氢氧化镁松软而无胶凝能力，氯化钙易溶于水；生成的二水石膏则引起硫酸盐腐蚀。因此，硫酸镁对水泥石起着镁盐和硫酸盐双重腐蚀的作用。

4. 碳酸腐蚀

在工业污水、地下水中，常溶解有一定量的二氧化碳，它对水泥石的腐蚀作用如下：

首先，弱碳酸与水泥石中的氢氧化钙反应生成碳酸钙，即

$$Ca(OH)_2 + CO_2 + H_2O = CaCO_3 + 2H_2O$$

然后，再与弱碳酸作用生成碳酸氢钙（这是一个可逆反应），即

$$CaCO_3 + CO_2 + H_2O = Ca(HCO_3)_2$$

生成的碳酸氢钙易溶于水。当水中含有较多的碳酸，并超过平衡浓度时，反应向右进行。因此，水泥石中固体的氢氧化钙不断地转变为易溶的重碳酸钙而溶失。氢氧化钙浓度的降低还会导致水泥石中其他水泥水化物的分解，使腐蚀作用进一步加剧。

5. 一般酸类腐蚀

工业废水、地下水、沼泽水中常含有无机酸和有机酸，工业窑炉的烟气中常含有二氧化硫，遇水后生成亚硫酸。各种酸类对水泥石有不同程度的腐蚀作用，它们与水泥石中的氢氧化钙起中和反应，生成的化合物或者易溶于水，或者体积膨胀，在水泥石中形成孔洞或膨胀压力。腐蚀作用较强的无机酸有盐酸、氢氟酸、硝酸、硫酸，有机酸有醋酸、蚁酸和乳酸。

例如，盐酸与水泥石中的氢氧化钙起反应：

$$2HCl + Ca(OH)_2 = CaCl_2 + 2H_2O$$

生成的氯化钙易溶于水。

硫酸与水泥石中的氢氧化钙起反应：

$$H_2SO_4 + Ca(OH)_2 = CaSO_4 \cdot 2H_2O$$

生成的二水石膏能与水泥石中的水化铝酸钙作用，生成高硫型的水化硫铝酸钙或直接在水泥石孔隙中结晶产生膨胀压力。

6. 盐类循环结晶腐蚀

海水及某些土壤中含有较多的无机盐，水泥制品将产生由干湿循环引起的循环结晶腐蚀。在反复的干湿循环作用下，即使不发生明显的化学反应，渗入水泥制品孔隙中的盐类

不断地溶解结晶同样会导致严重的破坏。表 3-4 给出温格雷(E. M. Winkler)计算的常见盐类的结晶压力。

表 3-4　盐类的结晶压力

盐的化学式	密度 $(g \cdot cm^{-3})$	摩尔体积 $(cm^3 \cdot mol^{-1})$	压力(atm*) 过饱和度为 2	
			8℃	50℃
$CaSO_4 \cdot 2H_2O$	2.32	55	282	334
$MgSO_4 \cdot 12H_2O$	1.45	232	67	80
$MgSO_4 \cdot 7H_2O$	1.68	147	105	125
$Na_2SO_4 \cdot 10H_2O$	1.46	220	72	83
NaCl	2.17	28	554	654

* 1atm＝101 325Pa。

海水中含有大量的无机盐，而长期处于海水浪溅区中的混凝土结构，最易发生破坏，破坏的原因之一就是海水中的混凝土在干湿循环条件下受到海盐的循环结晶腐蚀。无机盐含量大的盐碱土壤中的混凝土结构，如电线杆等，受腐蚀最严重的部位均在地表附近，此处同样是干湿循环下盐类循环结晶最严重的部位。

7. 水泥石腐蚀的基本原因和防止措施

(1) 引起水泥石腐蚀的根本原因

① 水泥石中含有氢氧化钙、水化铝酸钙等不耐腐蚀的水化产物。

② 水泥石本身不密实，有很多毛细孔，腐蚀性介质容易通过毛细孔深入水泥石内部，加速腐蚀的进程或引起盐类的循环结晶腐蚀。

实际的腐蚀往往是一个极为复杂的过程，可能是几种类型作用同时存在，互相影响。促使腐蚀发展的因素还有较高的温度、较快的水流速、干湿循环等。

(2) 防止水泥石腐蚀的措施

① 根据工程所处的环境特点，选择适宜的水泥品种。硅酸盐水泥的水化产物中氢氧化钙和水化铝酸钙含量都较高，因此耐腐蚀性差。在有腐蚀性介质的环境中应优先考虑采用掺混合材料的硅酸盐水泥或特种水泥。

② 提高水泥石的密实程度。水泥石密实度越高，抗渗能力越强，腐蚀介质难于进入。有些工程因为混凝土不够密实，在腐蚀的环境中过早的破坏。提高水泥石的密实度，可以有效地延缓各类腐蚀作用。降低水灰比、掺加减水剂、改进施工方法等可提高水泥石的密实程度。

(3) 表面防护处理

在腐蚀作用较强时，可采用表面涂层或表面加保护层的方法。如采用各种防腐涂料、玻璃、陶瓷、塑料、沥青防腐层等。

3.1.5　硅酸盐水泥的特性和应用

① 硅酸盐水泥凝结正常，硬化快，早期强度与后期强度均高。适用于重要结构的高强

混凝土和预应力混凝土工程。

② 耐冻性、耐磨性好。适用于冬季施工以及严寒地区遭受反复冻融的工程。

③ 水化过程放热量大。不宜用于大体积混凝土工程。

④ 耐腐蚀性差。硅酸盐水泥水化产物中，$Ca(OH)_2$的含量较多，耐软水腐蚀和耐化学腐蚀性较差，不适用于受流动的或有水压的软水作用的工程，也不适用于受海水及其他腐蚀介质作用的工程。

⑤ 耐热性差。硅酸盐水泥石受热达 200～300℃时，水化物开始脱水，强度开始下降；当温度达到 500～600℃时，氢氧化钙分解，强度明显下降；当温度达到 700～1 000℃时，强度降低更多，甚至完全破坏。因此，硅酸盐水泥不适用于耐热要求较高的工程。

⑥ 抗碳化性好，干缩小。水泥中的 $Ca(OH)_2$ 与空气中的 CO_2 的作用称为碳化。由于水泥石中的 $Ca(OH)_2$ 含量多，抗碳化性好，因此，用硅酸盐水泥配制的混凝土对钢筋避免生锈的保护作用强。硅酸盐水泥的干燥收缩小，不易产生干缩裂纹，适用于干燥的环境中。

水泥储运方式主要有散装和袋装。散装水泥从出厂、运输、储存到使用，直接通过专用工具进行。散装水泥污染少，节约人力物力，具有较好的经济和社会效益。我国水泥目前多采用 50 kg 包装袋的形式，但正大力提倡和发展散装水泥。

水泥在运输和保管时，不得混入杂物。不同品种、标号及出厂日期的水泥，应分别储存，并加以标志，不得混杂。散装水泥应分库存放。袋装水泥堆放时应考虑防水防潮，堆置高度一般不超过 10 袋，每平方米可堆放 1 t 左右。使用时应考虑先存先用的原则，水泥在存放过程中会吸收空气中的水蒸气和二氧化碳，发生水化和碳化，使水泥结块，强度降低。一般情况下，袋装水泥储存 3 个月后，强度降低 10%～20%；6 个月后降低 15%～30%；一年后降低 25%～40%。因此，水泥的存放期为 3 个月，超过 3 个月应重新试验，确定其强度。

3.2 掺混合材的硅酸盐水泥

掺混合材的硅酸盐水泥是由硅酸盐熟料，掺入适量的混合材料和石膏共同磨细制成的水硬性胶凝材料。掺混合材的硅酸盐水泥种类较多，主要有普通硅酸盐水泥、矿渣硅酸盐水泥、火山灰质硅酸盐水泥、粉煤灰硅酸盐水泥、复合硅酸盐水泥等。

3.2.1 混合材料

在水泥生产过程中，掺入的天然或人工矿物材料，称为水泥混合材料。

加入混合材料，可以在水泥生产过程中节约能源，综合利用工业废料，降低成本，同时能够改善水泥的某些性能。

混合材料按其性能可分为活性混合材料和非活性混合材料两大类。

1. 非活性混合材料

常温下不能与氢氧化钙和水发生水化反应或反应很弱，也不能产生凝结硬化的混合材料称为非活性混合材料。非活性混合材料在水泥中主要起填充作用，掺入硅酸盐水泥中主要起调节水泥标号、降低水化热等作用。属于这类的混合材料有磨细石英砂、石灰石、黏土、慢冷矿渣及其他与水泥矿物成分不起反应的工业废渣等。

2. 活性混合材料

常温下能与氢氧化钙和水发生水化反应，生成水硬性的水化物，并能够逐渐凝结硬化产生强度的混合材料称为活性混合材料。常用的活性混合材料有粒化高炉矿渣、火山灰质混合材料和粉煤灰等。

(1) 粒化高炉矿渣

高炉炼铁时，浮在铁水表面的熔融矿渣，经过水淬急冷成粒后即为粒化高炉矿渣。淬冷的目的在于阻止结晶，形成化学不稳定的玻璃体，具有潜在化学能，即潜在活性。如果熔融的矿渣自然缓慢冷却，凝固后成为完全结晶的块状矿渣，活性很低，属于非活性混合材料。

粒化高炉矿渣的主要化学成分为 CaO(38%～46%)、SiO_2(26%～42%)和 Al_2O_3(7%～20%)，另外还有少量的 MgO、FeO、MnO、TiO_2等。可见，矿渣的主要成分与硅酸盐水泥中的氧化物基本相同，只是氧化物之间的比例不同而已。影响矿渣活性的因素主要有两个：一是化学成分，活性组分主要指氧化钙、氧化铝、氧化镁；二是玻璃体的含量。矿渣是结晶和玻璃体的聚合体，前者是惰性组分，而后者是活性组分，矿渣中玻璃体占 90%左右，而且玻璃相的组分越多，矿渣的潜在活性就越大。

国家标准《用于水泥中的粒化高炉矿渣》(GB/T 203—2008)规定：矿渣玻璃体含量应不低于 80%。

(2) 火山灰质混合材料

火山喷发时，随同熔岩一起喷发的大量的碎屑沉积在地面或水中的松软物质，称为火山灰。由于火山喷出物在空气中急冷，火山灰含有一定量的玻璃体，它的主要成分为 SiO_2 和 Al_2O_3。火山灰质的混合材料泛指以活性 SiO_2 和活性 Al_2O_3 为主要成分的活性混合材料。它的应用是从火山灰开始的，故而得名，其实并不仅限于火山灰。火山灰质混合材料按照其成因，分为天然的和人工的两大类。天然的有火山灰、凝灰岩、浮石、沸石岩、硅藻土、硅藻石和蛋白石等；人工的有烧页岩、烧黏土、煤渣、煤矸石、硅灰等。

火山灰质混合材料结构上的特点是疏松多孔，内比表面积大，易吸水，但由于品种多，其活性也有较大的差别。

(3) 粉煤灰

粉煤灰是从燃煤火力发电厂的烟道气体中收集的粉尘，又称为飞灰(fly ash)，主要成分为 SiO_2(40%～65%)和 Al_2O_3(15%～40%)。从火山灰质混合材料泛指的定义讲，粉煤灰属于火山灰质混合材料，但粉煤灰一般为呈玻璃态的实心或空心的球状颗粒，表面结构致密，性质与其他的火山灰质混合材料有所不同，它是一种产量很大的工业废料，所以单独列出。

粉煤灰的颗粒大小与形状对其活性有很大的影响，颗粒越细，密实球体形玻璃体含量越高。活性越高，标准稠度需水量越低。

3. 活性混合材料的水化

粒化高炉矿渣、火山灰质混合材料和粉煤灰属于活性混合材料，它们与水拌和后，不发生水化及凝结硬化(仅粒化高炉矿渣有微弱的水化反应)。但在氢氧化钙饱和溶液中，常温下会发生显著的水化反应：

$$x\text{Ca(OH)}_2 + \text{SiO}_2 + m\text{H}_2\text{O} \longrightarrow x\text{CaO} \cdot \text{SiO}_2 \cdot (x+m)\text{H}_2\text{O}$$

$$yCa(OH)_2 + Al_2O_3 + nH_2O \longrightarrow yCaO \cdot Al_2O_3 \cdot (y+n)H_2O$$

生成的水化硅酸钙和水化铝酸钙是具有水硬性的水化物:式中,x、y 值取决于混合材料的种类、石灰和活性 SiO_2 及活性 Al_2O_3 之间的比例、环境温度以及作用的时间等。对于掺常用混合材料的硅酸盐水泥,x、y 值一般为 1 或稍大于 1,即生成的水化物的碱度降低(与硅酸盐水泥水化物相比),为低碱性的水化物。

活性 SiO_2 和 $Ca(OH)_2$ 相互作用形成无定形水化硅酸钙,再经过较长一段时间后,逐渐地转变为凝胶或微晶体。

活性 Al_2O_3 与 $Ca(OH)_2$ 作用形成水化铝酸钙。当液相中有石膏存在时,水化铝酸钙与石膏反应生成水化硫铝酸钙。

可以看出,氢氧化钙和石膏的存在使活性混合材料的潜在活性得以发挥。它们起着激发水化、促进凝结硬化的作用,故称为活性混合材料的激发剂。常用的激发剂有碱性激发剂(如石灰)和硫酸盐激发剂(如石膏)两类。

掺活性混合材料的水泥与水拌和后,首先是水泥熟料水化,然后是水泥熟料的水化物 $Ca(OH)_2$ 与活性混合材料中的 SiO_2 及 Al_2O_3 进行水化反应(一般称为二次水化反应)。因此,掺混合材料的硅酸盐水泥水化速度减慢,水化热降低,早期强度降低。

3.2.2 普通硅酸盐水泥

1. 定义及组成

凡由硅酸盐水泥熟料、>5%且≤20%混合材料、适量石膏磨细制成的水硬性胶凝材料,称为普通硅酸盐水泥(简称普通水泥,Ordinary Portland Cement),代号 P·O。

掺活性混合材料时,最大掺量不得超过 20%,其中允许用不超过水泥质量 5%的窑灰或不超过水泥质量 10%的非活性混合材料。

掺非活性混合材料时,最大掺量不得超过水泥质量的 10%。

2. 技术要求

国家标准《通用硅酸盐水泥》(GB 175—2007)对普通水泥的技术要求如下:

① 细度。比表面积不小于 300 m^2/kg。

② 凝结时间。初凝时间不小于 45 min,终凝时间不大于 10 h。

③ 强度。强度等级按照 3 d 和 28 d 龄期的抗压强度和抗折强度来划分,共分为 42.5、42.5R、52.5、52.5R 四个强度等级。各等级水泥的强度要求见表 3-5 中的数值。

表 3-5 普通硅酸盐水泥各强度等级的强度要求(GB 175—2007) (MPa)

强度等级	抗压强度		抗折强度	
	3 d	28 d	3 d	28 d
42.5	≥17.0	≥42.5	≥3.5	≥6.5
42.5R	≥22.0		≥4.0	
52.5	≥23.0	≥52.5	≥4.0	≥7.0
52.5R	≥27.0		≥5.0	

④ 体积安定性。氧化镁含量、三氧化硫含量、碱含量要求等同硅酸盐水泥，烧失量不得大于5.0%。

3. 性能与应用

普通水泥是在硅酸盐水泥熟料的基础上掺入20%以内的混合材料，虽然掺入的数量不多，但扩大了强度等级范围，对硅酸盐水泥的性能有一定的改善，更利于工程的选用。与硅酸盐水泥相比，早期硬化稍慢，水化热略有降低，强度稍有下降；抗冻性、耐磨性、抗碳化性能略有降低；耐腐蚀性能稍好。普通水泥比硅酸盐水泥应用范围更广，目前是我国最常用的一种水泥，广泛用于各种工程建设中。

3.2.3 矿渣硅酸盐水泥、火山灰质硅酸盐水泥、粉煤灰硅酸盐水泥及复合硅酸盐水泥

1. 定义及组成

凡由硅酸盐水泥熟料和粒化高炉矿渣、适量石膏磨细制成的水硬性胶凝材料称为矿渣硅酸盐水泥（简称矿渣水泥，Portland Blastfurnace-slag Cement），代号P·S。水泥中的粒化高炉矿渣掺加量按照质量百分比计为20%～70%。矿渣硅酸盐水泥分为混合材料掺量为>20%且≤50%（P·S·A）和掺量为>50%且≤70%（P·S·B）两种。

凡由硅酸盐水泥熟料和火山灰质混合材料、适量石膏磨细制成的水硬性胶凝材料称为火山灰质硅酸盐水泥（简称火山灰水泥，Portland Pozzolana Cement），代号P·P。水泥中火山灰质混合材料掺量按质量百分比计为>20%且≤40%。

凡由硅酸盐水泥熟料和粉煤灰、适量石膏磨细制成的水硬性胶凝材料称为粉煤灰硅酸盐水泥（简称粉煤灰水泥，Portland Fly-ash Cement），代号P·F。水泥中粉煤灰的掺量按质量百分比计为>20%且≤40%。

复合硅酸盐水泥是由两种及两种以上混合材料共同掺入水泥中，其混合材料掺量为>20%且≤50%。

2. 技术要求

① 氧化镁。熟料中的氧化镁的含量不得超过5.0%。如果水泥经过压蒸安定性试验合格，则熟料中氧化镁的含量允许放宽到6.0%。熟料中氧化镁的含量为5.0%～6.0%时，如矿渣水泥中的混合材料总量不大于40%或火山灰水泥和粉煤灰水泥混合材料掺加量大于30%，制成的水泥可不做压蒸试验。

② 三氧化硫。矿渣水泥的三氧化硫的含量不得超过4.0%；火山灰水泥和粉煤灰水泥的三氧化硫的含量不得超过3.5%。

③ 细度、凝结时间、体积安定性、碱含量要求等同普通硅酸盐水泥。

④ 强度。强度等级按规定龄期的抗压强度和抗折强度来划分，共分为32.5、32.5R、42.5、42.5R、52.5、52.5R六个强度等级，各强度等级水泥的各龄期抗压强度和抗折强度不得低于表3-6中的数值。

表 3-6 矿渣水泥、火山灰水泥、粉煤灰水泥、复合硅酸盐水泥各强度等级的强度要求(GB 175—2007)

(MPa)

强度等级	抗压强度		抗折强度	
	3 d	28 d	3 d	28 d
32.5	≥10.0	≥32.5	≥2.5	≥5.5
32.5R	≥15.0		≥3.5	
42.5	≥15.0	≥42.5	≥3.5	≥6.5
42.5R	≥19.0		≥4.0	
52.5	≥21.0	≥52.5	≥4.0	≥7.0
52.5R	≥23.0		≥4.5	

3. 性能与应用

矿渣水泥、火山灰水泥、粉煤灰水泥及复合硅酸盐水泥都是在硅酸盐水泥熟料基础上掺入较多的活性混合材料,再加上适量石膏共同磨细制成的。由于活性混合材料的掺量较多,且活性混合材料的化学成分基本相同(主要是活性氧化硅和活性氧化铝),因此它们的大多数性质和应用相同或相近,即这四种水泥在许多情况下可替代使用。但与硅酸盐水泥或普通水泥相比,有明显的不同。又由于不同混合材料结构上的不同,它们相互之间又具有各自的特性,这些性质决定了它们使用上的特点和应用。下面我们从这四种掺混合材料的水泥的共性和个性两个方面来阐述它们的性质。

(1) 掺活性混合材料的硅酸盐水泥的共性

① 强度早期低,后期发展快。由于水泥中掺入了大量活性混合材料,水泥中矿物 C_3S 和 C_3A 的含量降低,水化速度慢,早期强度低;但随着水化的进行,混合材料中的活性 SiO_2 与 $Ca(OH)_2$ 不断地作用,生成比硅酸盐水泥更多的水化硅酸钙,使得后期强度发展较快,其强度甚至超过同强度等级的硅酸盐水泥。

② 水化热小。水泥熟料含量少,早期水化热小且放热缓慢。因此,四种掺活性混合材料的硅酸盐水泥适合于大体积混凝土施工。

③ 对养护温度敏感,适合蒸汽养护。四种掺活性混合材料水泥环境温度降低时,水化速度明显减弱,强度发展慢,因此,不适合冬季施工现浇的工程。提高养护温度能够有效地促进活性混合材料的二次水化,提高早期强度,且对后期强度发展无不利的影响。而硅酸盐水泥或普通水泥,蒸汽养护可提高早期强度,但后期强度发展要受到一定影响。通常 28 d 强度要比常温养护条件下的低。

④ 耐腐蚀性好。由于大量的混合材料的掺入和熟料含量少,水化物中的氢氧化钙少,而且二次水化还要进一步消耗氢氧化钙,使水泥石结构中氢氧化钙的含量进一步降低,因此耐腐蚀性好。适合用于有硫酸盐、镁盐、软水等腐蚀作用的环境,如水利、海港、码头、隧道等混凝土工程。但当腐蚀介质的浓度较高或耐腐蚀要求高时,还应采取其他相应的防腐蚀的措施或选用其他特种水泥。

⑤ 抗冻性、耐磨性差。矿渣和粉煤灰保水性差,泌水后形成连通的孔隙,火山灰需水量大,硬化后内部孔隙率大,因此,它们的抗冻性、耐磨性差。

⑥ 抗碳化性差。水化后氢氧化钙的含量很低，故抗碳化性差。因此，不适合用于二氧化碳含量高的工业厂房等。

(2) 掺较多活性混合材料的硅酸盐水泥的个性

① 矿渣水泥。矿渣为玻璃态的物质，难于磨细，对水的吸附能力差，故矿渣水泥保水性差，泌水性大。在混凝土施工中由于泌水而形成毛细管通道及水囊，水分的蒸发又容易引起干缩，影响混凝土的抗渗性、抗冻性及耐磨性等。由于矿渣本身耐热性好，矿渣水泥硬化后氢氧化钙的含量又比较低，因此，矿渣水泥的耐热性比较好。

② 火山灰水泥。火山灰质混合材料的结构特点是疏松多孔，内比表面积大，火山灰水泥的特点是易吸水、泌水性小。在潮湿的条件下养护，可以形成较多的水化产物，水泥石结构比较致密，从而具有较高的抗渗性和耐水性。如处于干燥环境中，由于保水性高，所吸的水分大量地蒸发，体积收缩大，易产生裂缝，因此，火山灰水泥不宜用于长期处于干燥环境和水位变化区的混凝土工程。

③ 粉煤灰水泥。粉煤灰与其他天然火山灰相比，结构比较致密，内比表面积小，有很多球形颗粒，吸水能力弱，所以粉煤灰水泥需水量较低，干缩性较小，抗裂性较好。尤其适用于大体积水工混凝土以及地下和海港工程等。

④ 复合水泥的特性还与混合材料的品种与掺量有关。复合水泥的性能在以矿渣为主要混合材料时，其性能与矿渣水泥接近；而当以火山灰质材料为主要混合材料时，则接近火山灰水泥的性能。因此，在复合水泥包装袋上应标明主要混合材料的名称。

为了便于识别，硅酸盐水泥和普通水泥包装袋上要求用红字印刷，矿渣水泥包装袋上要求采用绿字印刷，火山灰水泥、粉煤灰水泥和复合水泥则要求采用黑字印刷。

硅酸盐水泥、普通水泥、矿渣水泥、火山灰水泥、粉煤灰水泥和复合水泥是建设工程中的通用水泥，它们的主要性能与应用见表 3-7。

表 3-7　六种常用水泥的性能与应用

<table>
<tr><th>项　目</th><th>硅酸盐水泥</th><th>普通水泥</th><th>矿渣水泥</th><th>火山灰水泥</th><th>粉煤灰水泥</th><th>复合水泥</th></tr>
<tr><td>主要成分</td><td>硅酸盐水泥熟料，0～5%混合材料，适量石膏</td><td>硅酸盐水泥熟料，＞5%且≤20%混合材料，适量石膏</td><td>硅酸盐水泥熟料，20%～70%粒化高炉矿渣，适量石膏</td><td>硅酸盐水泥熟料，＞20%且≤40%火山灰质混合材料，适量石膏</td><td>硅酸盐水泥熟料，＞20%且≤40%粉煤灰，适量石膏</td><td>硅酸盐水泥熟料，＞20%且≤50%两种及两种以上混合材料，适量石膏</td></tr>
<tr><td rowspan="2">性质</td><td rowspan="2">①早期、后期强度高
②抗冻性、耐磨性好
③水化热大
④耐腐蚀性差
⑤耐热性差
⑥抗碳化性好</td><td rowspan="2">①早期强度较高
②抗冻性、耐磨性较好
③水化热较大
④耐腐蚀性较差
⑤耐热性较差
⑥抗碳化性好</td><td colspan="4">①水化热小
②对温度敏感，适合蒸汽养护
③耐腐蚀性好
④抗碳化性差
⑤早期强度低，后期强度高
⑥抗冻性较差</td></tr>
<tr><td>①泌水性大、抗渗性差
②耐热性较好
③干缩较大</td><td>①保水性好、抗渗性好
②干缩大
③耐磨性差</td><td>①干缩小、抗裂性好
②耐磨性差</td><td>与混合材料的品种及掺量有关</td></tr>
</table>

续表

<table>
<tr><th colspan="2">项 目</th><th>硅酸盐水泥</th><th>普通水泥</th><th>矿渣水泥</th><th>火山灰水泥</th><th>粉煤灰水泥</th><th>复合水泥</th></tr>
<tr><td rowspan="8">应用</td><td rowspan="2">优先使用</td><td colspan="2">早期强度要求高的混凝土，有耐磨要求的混凝土，严寒地区反复遭受冻融作用的混凝土，抗碳化性能要求高的混凝土，掺混合材料的混凝土</td><td colspan="4">水下混凝土，海港混凝土，大体积混凝土，耐腐蚀性要求较高的混凝土，高温下养护的混凝土</td></tr>
<tr><td>高强度混凝土</td><td>普通气候及干燥环境中的混凝土，有抗渗要求的混凝土，受干湿循环作用的混凝土</td><td>有耐热要求的混凝土</td><td>有抗渗要求的混凝土</td><td>—</td><td>—</td></tr>
<tr><td rowspan="2">可以使用</td><td rowspan="2">一般工程</td><td rowspan="2">高强度混凝土，水下混凝土，高温养护混凝土，耐热混凝土；在就地取材困难时，是多数工程最后的备选水泥</td><td colspan="4">普通气候环境中的混凝土</td></tr>
<tr><td>抗冻性要求较高的混凝土，有耐磨性要求的混凝土</td><td>—</td><td>—</td><td>—</td></tr>
<tr><td rowspan="3">不宜或不得使用</td><td colspan="2" rowspan="2">大体积混凝土，易受腐蚀的混凝土</td><td colspan="4">掺混合材料的混凝土，低温或冬季施工的混凝土，抗碳化性要求高的混凝土</td></tr>
<tr><td colspan="3">早期强度要求高的混凝土，抗冻性要求高的混凝土</td><td rowspan="2">—</td></tr>
<tr><td>耐热混凝土，高温养护混凝土</td><td>—</td><td>抗渗性要求高的混凝土</td><td colspan="2">干燥环境中的混凝土，有耐磨要求的混凝土</td></tr>
</table>

3.3 专用水泥和特性水泥

专用水泥是以其主要用途来命名的，特性水泥是以其主要性能来命名的。这两类水泥的品种比较多，本节仅介绍工程中常用的品种。

3.3.1 道路硅酸盐水泥

公路建设水泥混凝土路面需要大量道路硅酸盐水泥，建设的水泥混凝土路面具有不易损坏，使用年限长，路面阻力小，抗油类腐蚀性强，雨天不打滑等优点。道路硅酸盐水泥是应我国水泥混凝土路面建设的需要而发展起来的，并且其需要量与日俱增的趋势显著。

道路硅酸盐水泥(简称道路水泥,Portland Cement for Road)是由道路硅酸盐水泥熟料、0~10%活性混合材料和适量石膏磨细制成的水硬性胶凝材料。它是在硅酸盐水泥的基础上,从增加抗折强度、抗冲击性能、耐磨性能、抗冻性和疲劳性能等方面出发,通过合理的配制生料、煅烧等来调整水泥熟料的矿物组成比例制成。

国家标准《道路硅酸盐水泥》(GB 13693—2005)有如下要求。

1. *化学成分*

① 氧化镁。水泥中氧化镁的含量应不大于5.0%。

② 三氧化硫。水泥中三氧化硫的含量应不大于3.5%。

③ 烧失量。水泥中的烧失量应不大于3.0%。

④ 游离氧化钙。熟料中游离氧化钙的含量,旋窑生产时应不大于1.0%,立窑生产时应不大于1.8%。

⑤ 碱含量。用户提出要求时,由供需双方商定。用户要求提供低碱水泥时,水泥中的碱含量应不超过0.60%。

2. *矿物组成*

① 铝酸三钙。熟料中的铝酸三钙含量应不超过5.0%。

② 铁铝酸四钙。熟料中的铁铝酸四钙的含量应不低于16.0%。

3. *物理力学性质*

① 比表面积。比表面积为300~450 m^2/kg。

② 凝结时间。初凝时间不早于1.5 h,终凝时间不得迟于10 h。

③ 安定性。用沸煮法检验必须合格。

④ 干缩性。28 d干缩率应不大于0.10%。

⑤ 耐磨性。28 d磨耗量应不大于3.00 kg/m^2。

⑥ 强度。道路水泥按3 d、28 d抗折强度和抗压强度分为32.5、42.5和52.5三个等级,各等级各龄期强度不得低于表3-8中的规定数值。

表3-8 道路水泥的等级与各龄期的强度要求(GB 13693—2005) (MPa)

强度等级	抗压强度		抗折强度	
	3 d	28 d	3 d	28 d
32.5	16.0	32.5	3.5	6.5
42.5	21.0	42.5	4.0	7.0
52.5	26.0	52.5	5.0	7.5

道路水泥具有早强和高抗折强度的特性,保证了道路混凝土达到设计强度。同时,道路水泥还具有耐磨性好、干缩小、抗冲击性和抗冻性好及抗硫酸盐腐蚀性能等优点,适用于道路路面、城市广场、机场跑道等工程。

3.3.2 白色硅酸盐水泥

由于水泥熟料中的氧化铁和其他着色物质(如氧化锰、氧化钛等)等原因,硅酸盐水泥大多呈灰或灰褐色,氧化铁含量为3%~4%。白色硅酸盐水泥氧化铁的含量一般低于水泥质量的0.5%。此外,其他有色金属氧化物,如氧化锰、氧化铝、氧化钛的含量也不一样,需要控制。

白色硅酸盐水泥(简称白水泥,White Portland Cement)由于原料中氧化铁的含量少,生成硅酸三钙的温度要提高到1 550℃左右。因此,为了保证白度,煅烧时应采用重油、天然气、煤气作为燃料。粉磨时不能直接用锈钢板和钢球,应采用白色花岗岩或高强陶瓷衬板,用烧结瓷球等作为研磨体。因此,白水泥的生产成本较高,价格较贵。

白水泥按照3 d和28 d的抗折强度和抗压强度分为32.5、42.5、52.5三个等级,见表3-9所示。

表3-9 白水泥强度要求(GB/T 2015—2005) (MPa)

强度等级	抗压强度		抗折强度	
	3 d	28 d	3 d	28 d
32.5	12.0	32.5	3.0	6.0
42.5	17.0	42.5	3.5	6.5
52.5	22.0	52.5	4.0	7.0

白度是白色水泥的主要技术指标之一,白度通常以与氧化镁标准版的反射率的比值(%)来表示。白色水泥的白度值不低于87。其他技术要求与普通水泥接近。

白色硅酸盐水泥熟料与适量的石膏和耐碱矿物颜料共同磨细,可制成彩色硅酸盐水泥,简称为彩色水泥(Coloured Portland Cement)。常用的颜料有二氧化锰(黑、褐色)、氧化铁(红、黄、褐、黑色)、赭石(褐色)、氧化铬(绿色)和炭黑(黑色)等。可将颜料直接与白水泥粉末混合拌匀,配制彩色水泥砂浆和混凝土,进行颜色调节,但有时色彩不匀,有差异。

白色和彩色水泥具有耐久性好、价格较低和能够使装饰工程机械化等优点,主要用于建筑内外装饰的砂浆和混凝土,如水刷石、水磨石、人造大理石、斩假石等。

3.3.3 中热硅酸盐水泥、低热硅酸盐水泥和低热矿渣硅酸盐水泥

硅酸盐水泥水化时放出大量的热,不适合大体积混凝土工程的施工。掺活性混合材料的硅酸盐水泥,水化热减小,但没有明确的定量规定,而且掺入较多的活性混合材料以后,有些性能(如抗冻性、耐磨性)变差。

《中热硅酸盐水泥、低热硅酸盐水泥、低热矿渣硅酸盐水泥》(GB 200—2003)对三种水泥的定义如下:

以适当成分的硅酸盐水泥熟料,加入适量的石膏,磨细制成的具有中等水化热的水硬性胶凝材料,称为中热硅酸盐水泥(简称中热水泥,Moderate Heat Portland Cement),代号为P·MH。

以适当成分的硅酸盐水泥熟料,加入适量的石膏,磨细制成的具有低水化热的水硬性胶凝材料,称为低热硅酸盐水泥(简称低热水泥,Low Heat Portland Cement),代号为P·LH。

以适当成分的硅酸盐水泥熟料,加入按质量百分比计为20%~60%粒化高炉矿渣、适

量的石膏，磨细制成的具有低水化热的水硬性胶凝材料，称为低热矿渣硅酸盐水泥（简称为低热矿渣水泥，Low Heat Portland Slag Cement），代号为P·SLH。

为了降低水泥的水化热和放热速度，必须降低熟料中C_3A和C_3S的含量，相应地提高C_4AF和C_2S的含量。但是，C_3S也不宜过少，否则水泥强度的发展过慢。因此，应着重减少C_3A的含量，相应地提高C_4AF的含量。国家标准对三种水泥熟料的矿物组成的规定见表3-10。

表3-10 中热水泥、低热水泥、低热矿渣水泥品质要求（GB 200—2003）

品种		中热水泥		低热水泥		低热矿渣水泥	
C_3S含量（%）		≤55					
C_3A含量（%）		≤6		≤6		≤8	
C_2S含量（%）				≥40			
水化热（$kJ \cdot kg^{-1}$）	32.5					≤197（3 d）	≤230（7 d）
	42.5	≤251（3 d）	≤293（7 d）	≤230（3 d）	≤260（7 d）		

三种水泥的氧化镁、三氧化硫、安定性、碱含量要求同普通水泥。比表面积不低于250 m^2/kg。凝结时间中初凝不得早于60 min，终凝应不迟于12 h。中热水泥和低热水泥的强度等级为42.5，低热矿渣水泥强度等级为32.5。水泥各龄期的抗压强度和抗折强度应不低于表3-11中的数值。

表3-11 中热水泥、低热水泥、低热矿渣水泥强度要求（GB 200—2003） （MPa）

品种	强度等级	抗压强度			抗折强度		
		3 d	7 d	28 d	3 d	7 d	28 d
中热水泥	42.5	12.0	22.0	42.5	3.0	4.5	6.5
低热水泥	42.5	—	13.0	42.5	—	3.5	6.5
低热矿渣水泥	32.5	—	12.0	32.5	—	3.0	5.5

中热水泥水化热较低，抗冻性与耐磨性较高；低热矿渣水泥水化热更低，早期强度低，抗冻性差；低热水泥性能处于两者之间。中热水泥和低热水泥适用于大体积水工建筑物水位变动区的覆面层及大坝溢流面，以及其他要求低水化热、高抗冻性和耐磨性的工程。低热矿渣水泥适用于大体积建筑物或大坝内部要求更低水化热的部位。此外，它们具有一定的抗硫酸盐侵蚀能力，可用于低硫酸盐侵蚀的工程。

3.3.4 抗硫酸盐水泥

抗硫酸盐硅酸盐水泥，主要用于受硫酸盐侵蚀的海港、水利、地下、隧道、引水、道路和桥梁基础等工程。按其抗硫酸盐侵蚀的程度分为中抗硫酸盐硅酸盐水泥和高抗硫酸盐硅酸盐水泥两类。

以特定矿物组成的硅酸盐水泥熟料，加入适量石膏，磨细制成的具有抵抗中等浓度硫酸根离子侵蚀的水硬性胶凝材料，称为中抗硫酸盐硅酸盐水泥（简称中抗硫酸盐水泥，Moderate Sulfate Resistance Portland Cement），代号P·MSR。

以特定矿物组成的硅酸盐水泥熟料，加入适量石膏，磨细制成的具有抵抗较高浓度硫酸根离子侵蚀的水硬性胶凝材料，称为高抗硫酸盐硅酸盐水泥（简称高抗硫酸盐水泥，High Sulfate Resistance Portland Cement），代号 P・HSR。

硅酸盐水泥熟料中最易受硫酸盐腐蚀的成分是 C_3A，其次是 C_3S，因此应控制抗硫酸盐水泥的 C_3A 和 C_3S 的含量，但 C_3S 的含量不能太低，否则会影响水泥强度的发展速度。C_3A 和 C_3S 的含量限制见表 3-12。

表 3-12　水泥中硅酸三钙和铝酸三钙的含量(质量分数)(GB 748—2005)　（%）

分　类	硅酸三钙含量	铝酸三钙含量
中抗硫酸盐水泥	≤55.0	≤5.0
高抗硫酸盐水泥	≤50.0	≤3.0

抗硫酸盐水泥的氧化镁含量、安定性、凝结时间、碱含量要求等同普通水泥。同时规定三氧化硫含量应不大于 2.5%，比表面积应不小于 280 m^2/kg，烧失量应不大于 3.0%，不溶物应不大于 1.50%。水泥按照规定龄期的抗压强度和抗折强度划分为 32.5、42.5 两个强度等级，水泥各龄期的抗压强度和抗折强度应不低于表 3-13 中的数值。

表 3-13　水泥的等级与各龄期的强度(GB 748—2005)　（MPa）

分类	强度等级	抗压强度		抗折强度	
		3 d	28 d	3 d	28 d
中抗硫酸盐水泥	32.5	10.0	32.5	2.5	6.0
高抗硫酸盐水泥	42.5	15.0	42.5	3.0	6.5

抗硫酸盐水泥应对其抗蚀能力进行评定。在硫酸盐溶液中，中抗硫酸盐水泥 14 d 线膨胀率应不大于 0.060%，高抗硫酸盐水泥 14 d 线膨胀率应不大于 0.040%。

3.3.5　膨胀水泥

一般硅酸盐水泥在空气中凝结和硬化时，体积收缩。收缩使水泥石结构产生微裂缝（龟裂）或裂缝，降低水泥制品的密实性，影响结构的抗冻、抗渗、耐久性和耐腐蚀性。

膨胀水泥按照膨胀值的大小分为补偿收缩水泥和自应力水泥。膨胀水泥的线膨胀率在 1%以下，抵消或补偿了水泥的收缩，被称为无收缩水泥或补偿收缩水泥。水泥水化产生的体积变化所引起的膨胀率较大时（1%～3%），混凝土受到钢筋的约束压应力，称为自应力。在凝结硬化过程中，有约束的条件下能够产生一定自应力的水泥，被称为自应力水泥。

1. 膨胀机理

使水泥石体积产生膨胀的水化反应有：一，在水泥中掺入特定的氧化钙或氧化镁；二，在水泥浆体中形成钙矾石，产生体积膨胀。第一种方法影响因素较多，膨胀性能不够稳定。实际工程中得到广泛应用的是第二种方式得到的水泥制品。

2. 膨胀水泥的种类

膨胀水泥按照水泥的主要矿物成分可分为硫铝酸盐型、铝酸盐型、硅酸盐型等。主要有下面几种：

(1) 自应力硅酸盐水泥

以适当比例的普通硅酸盐水泥或硅酸盐水泥、铝酸盐水泥和石膏磨制而成的膨胀性的水硬性胶凝材料，称为自应力硅酸盐水泥。如以69%～73%普通水泥、12%～15%铝酸盐水泥、15%～18%二水石膏可制成较高自应力硅酸盐水泥。

自应力硅酸盐水泥水化时产生膨胀，主要是因为铝酸盐水泥中铝酸盐和石膏遇水化合，生成钙矾石。由于生成的钙矾石较多，膨胀降低水泥强度，因此还应控制其后期的膨胀量，膨胀稳定期不得迟于28 d；同时，28 d的自由膨胀率不得大于3%。

由于自应力硅酸盐水泥中含有硅酸盐水泥熟料与铝酸盐水泥，凝结时间加快。因此，要求初凝时间不早于30 min，终凝不迟于390 min，并且规定脱模抗压强度为(12±31)MPa，28 d抗压强度不得低于10 MPa。

(2) 明矾石膨胀水泥

以硅酸盐水泥熟料为主，石膏、铝质熟料和粒化高炉矿渣，按照适当的比例磨细制成，具有膨胀性能的水硬性胶凝材料，称为明矾石膨胀水泥(Alunite Expansive Cement)。明矾石的化学式为$K_2SO_4 \cdot Al_2(SO_4)_3 \cdot 2Al_2O_3 \cdot 6H_2O$。

调节明矾石和石膏的混合比例，可制得不同膨胀性能的水泥。

根据《明矾石膨胀水泥》(JC/T 311—2004)，明矾石膨胀水泥分为32.5、42.5、52.5三个等级。水泥的比表面积应不小于420 m^2/kg；初凝时间不得早于45 min，终凝时间不得迟于6 h；限制膨胀率3 d不小于0.015%，28 d应不大于0.10%；三氧化硫含量应不大于8.0%；3 d不透水性应合格。

(3) 铝酸盐自应力水泥

铝酸盐自应力水泥是以一定量的铝酸盐水泥熟料和石膏粉生成的大膨胀率胶凝材料。

根据《自应力铝酸盐水泥》(JC 214—1991)，按照1∶2标准胶砂28 d自应力值分为3.0 MPa、4.5 MPa和6.0 MPa三个级别。水泥的细度为80 μm筛的筛余率不得大于10%；初凝时间不早于30 min，终凝时间不大于4 h。同时，对水泥的自应力、抗压强度、自由膨胀率、三氧化硫含量等作了具体的规定。

(4) 膨胀硫铝酸盐水泥和自应力硫铝酸盐水泥

以适当比例的生料经煅烧所得，以无水硫铝酸钙和硅酸二钙为主要矿物成分的熟料，加入适量石膏，磨细可以制成膨胀硫铝酸盐水泥或自应力硫铝酸盐水泥。

膨胀硫铝酸盐水泥要求：水泥净浆1 d自由膨胀率不得小于0.10%，28 d不得大于1.00%；初凝时间不得小于30 min，终凝时间不得大于3 h；比表面积不得低于400 m^2/kg；强度等级为52.5，应满足1 d、3 d和28 d的抗压强度、抗折强度的要求。

自应力硫铝酸盐水泥要求：按照1∶2标准胶砂自由膨胀率7 d不大于1.30%，28 d不大于1.75%，28 d自应力增进率不大于0.007 0 MPa/d。按照28 d的自应力值分为30级、40级、50级三个级别，三个级别的自应力应满足表3-14中的要求。水泥的初凝时间不得早于40 min，终凝时间不得迟于240 min；比表面积不得小于370 m^2/kg；抗压强度7 d不小于32.5 MPa，28 d不小于42.5 MPa。

表 3-14 自应力硫铝酸盐水泥各级别各龄期自应力值(JC 715—1996) (MPa)

级 别	7 d 不小于	28 d	
		不小于	不大于
30	2.3	3.0	4.0
40	3.1	4.0	5.0
50	3.7	5.0	6.0

3. 膨胀水泥的应用

在约束条件下，膨胀水泥所形成的水泥制品结构致密，具有良好的抗渗性和抗冻性。

膨胀水泥可用作配制防水砂浆和防水混凝土，浇灌构件接缝及管道接头，堵塞与修补漏洞与裂缝等。自应力水泥可用作自应力钢筋混凝土结构和制造自应力压力管等。

3.4 铝酸盐水泥

凡以铝酸钙为主的铝酸盐水泥熟料，磨细制成的水硬性胶凝材料称为铝酸盐水泥(Aluminate Cements)，代号 CA。

3.4.1 铝酸盐水泥的分类和矿物组成

铝矾土和石灰石为铝酸盐水泥生产主要原材料，通过调整二者的比例，改变水泥的矿物组成，得到不同性质的铝酸盐水泥。铝酸盐水泥按照 Al_2O_3 的含量百分数分为四类：

CA-50 $50\% \leqslant Al_2O_3 < 60\%$；

CA-60 $60\% \leqslant Al_2O_3 < 68\%$；

CA-70 $68\% \leqslant Al_2O_3 < 77\%$；

CA-80 $77\% \leqslant Al_2O_3$。

铝酸盐水泥主要熟料矿物成分为铝酸一钙(简写为 CA)，二铝酸一钙(简写为 CA_2)和少量的七铝酸十二钙(简写为 $C_{12}A_7$)、硅酸二钙(C_2S)及硅铝酸二钙(C_2AS)等。铝酸盐水泥随着 Al_2O_3 含量的提高，会伴随矿物成分 CA 逐渐降低，CA_2 逐渐提高。CA-50 中 Al_2O_3 含量最低，矿物成分主要为 CA，其含量约占水泥总质量的 70%；CA-80 中 Al_2O_3 含量最高，矿物成分主要为 CA_2，其含量占水泥质量的 60%～70%。

铝酸一钙(CA)：低 Al_2O_3 含量的铝酸盐水泥，为 CA-50 的最主要矿物成分，水硬活性高，硬化速度快，是铝酸盐水泥主要的强度来源；CA 含量过高的水泥，强度发展在早期，后期强度提高不明显。因此，CA-50 是一种快硬、高强和早强的水泥。

二铝酸一钙(CA_2)：在 Al_2O_3 含量高的水泥中，CA_2 的含量高。CA_2 水化硬化慢，早期强度低，但后期强度不断提高。品质优良的铝酸盐水泥一般以 CA 和 CA_2 为主。铝酸盐水泥随着 CA_2 的提高，耐火性能提高。CA-80 是一种高耐火性的水泥。

3.4.2 铝酸盐水泥的水化和硬化

铝酸盐水泥中主要有铝酸一钙 CA 和二铝酸一钙 CA_2 的水化和硬化，其水化产物随温度的不同而不同。

1. 铝酸一钙的水化

当温度低于20℃时，其主要的反应式为

$$CaO \cdot Al_2O_3 + 10H_2O \longrightarrow CaO \cdot Al_2O_3 \cdot 10H_2O$$

生成物为水化铝酸一钙（简写为CAH_{10}）。

当温度为20～30℃时，其主要的反应式为

$$2(CaO \cdot Al_2O_3) + 11H_2O \longrightarrow 2CaO \cdot Al_2O_3 \cdot 8H_2O + Al_2O_3 \cdot 3H_2O$$

生成物为水化铝酸二钙（简写为C_2AH_8）和氢氧化铝。

当温度高于30℃时，其主要的反应式为

$$3(CaO \cdot Al_2O_3) + 12H_2O \longrightarrow 3CaO \cdot Al_2O_3 \cdot 6H_2O + 2(Al_2O_3 \cdot 3H_2O)$$

生成物为水化铝酸三钙（简写为C_3AH_6）和氢氧化铝。

2. 二铝酸一钙的水化

当温度低于20℃时，其主要的反应式为

$$2(CaO \cdot 2Al_2O_3) + 26H_2O \longrightarrow 2(CaO \cdot Al_2O_3 \cdot 10H_2O) + 2(Al_2O_3 \cdot 3H_2O)$$

当温度为20～30℃时，其主要的反应式为

$$2(CaO \cdot 2Al_2O_3) + 17H_2O \longrightarrow 2CaO \cdot Al_2O_3 \cdot 8H_2O + 3(Al_2O_3 \cdot 3H_2O)$$

当温度高于30℃时，其主要的反应式为

$$3(CaO \cdot 2Al_2O_3) + 21H_2O \longrightarrow 3CaO \cdot Al_2O_3 \cdot 6H_2O + 5(Al_2O_3 \cdot 3H_2O)$$

水化产物CAH_{10}和C_2AH_8为针状或板状结晶，相互交织成坚固的结晶合成体，析出的氢氧化铝凝胶难溶于水，填充于晶体骨架的空隙中，形成致密结构，提高了水泥石的强度。铝酸一钙（CA）水化反应集中在早期，5～7 d后水化物的数量变化很少；二铝酸一钙（CA_2）水化反应集中在后期，因而后期的强度能够增加。

CAH_{10}和C_2AH_8是亚稳定相，随时间变化，会逐渐转化为比较稳定的C_3AH_6，此过程随着温度的升高而加快。转化结果使水泥石内析出大量游离水，增大了孔隙度，使强度降低。在长期的湿热环境中，水泥石强度降低明显，可能引起结构的破坏。

3.4.3 铝酸盐水泥的技术要求

1. 化学成分

水泥的化学成分按照水泥的质量百分比计应符合表3-15的要求。

表 3-15 铝酸盐水泥的化学成分(GB 201—2000) (%)

类 型	Al_2O_3	SiO_2	Fe_2O_3	$R_2O(Na_2O+0.658K_2O)$	S*(全硫)	Cl*
CA-50	≥50,<60	≤8.0	≤2.5	≤0.40	≤0.1	≤0.1
CA-60	≥60,<68	≤5.0	≤2.0			
CA-70	≥68,<77	≤1.0	≤0.7			
CA-80	≥77	≤0.5	≤0.5			

* 当用户需要时,生产厂应提供结果和测定方法。

2. 物理性能

① 细度。比表面积不小于 300 m^2/kg 或 0.045 mm 筛余不大于 20%,由供需双方商定。

② 凝结时间。对于不同类型的铝酸盐水泥,初凝时间不得早于 30 min 或 60 min,终凝时间不得迟于 6 h 或 18 h。

③ 强度。各类型铝酸盐水泥不同龄期的抗压强度和抗折强度不得低于表 3-16 中的数值。

表 3-16 铝酸盐水泥胶砂强度要求(GB 201—2000) (MPa)

水泥类型	抗压强度				抗折强度			
	6 h	1 d	3 d	28 d	6 h	1 d	3 d	28 d
CA-50	20*	40	50	—	3.0*	5.5	6.5	—
CA-60	—	20	45	85	—	2.5	5.0	10.0
CA-70	—	30	40	—	—	5.0	6.0	—
CA-80	—	25	30	—	—	4.0	5.0	—

* 当用户需要时,生产厂应提供结果和测定方法。

3.4.4 铝酸盐水泥的性能特点与应用

① CA-50 快硬早强,早期强度增长快,24 h 即可达到极限强度的 80%左右。宜用于紧急抢修工程和早期强度要求高的工程,比较适合于冬季施工,而不适合于最小断面尺寸超过 45 cm 的构件及大体积混凝土的施工。另外,可用于配制膨胀水泥、自应力水泥和化学建材的添加剂等。

但 CA-50 铝酸盐水泥后期强度可能会下降,特别是在高于 30℃的湿热环境中强度下降更快,甚至会引起结构的破坏,因此结构工程中应慎用。

② CA-60 水泥熟料一般以 CA 和 CA_2 为主,CA 能够迅速提高早期强度,CA_2 在后期能够保证强度的发展,因此具有较高的早期强度和后期强度。由于含有一定的 CA_2,有较高的耐火性能,可用于配制耐火混凝土。不能用于湿热环境中的工程。

③ CA-70 和 CA-80 属于低钙铝酸盐水泥,主要成分为二铝酸一钙,耐高温性能良好,常用来配制耐火混凝土。由于游离的 $\alpha-Al_2O_3$ 晶体熔点高(2 040℃),规范允许在磨制 Al_2O_3 含量大于 68%的水泥(即 CA-70 和 CA-80 水泥)中掺入适量的 $\alpha-Al_2O_3$ 粉,以提

高水泥的耐火性。

另外，铝酸盐水泥成分为低钙铝酸盐，游离的氧化钙极少，水泥石结构比较致密，适合于有抗硫酸盐侵蚀要求的工程。

在1 200～1 300℃的高温下，铝酸盐水泥石中脱水产物与磨细耐火骨料发生化学反应，进而变成“陶瓷胶结料”，使得耐火混凝土强度提高，甚至超过加热前所具有的水硬性胶结强度。

铝酸盐水泥不适合碱环境中的工程。铝酸盐水泥与碱性溶液接触，或者与少量碱性化合物混合时，都会引起不断地侵蚀。

铝酸盐水泥最适宜的硬化温度为15℃左右，环境温度最好不要超过25℃，否则会产生晶型转变，强度降低。铝酸盐水泥水化热集中于早期释放，从硬化开始即需浇水养护，且不宜浇筑大体积混凝土。

铝酸盐水泥使用时还应注意：

① 施工过程中不得与硅酸盐水泥、石灰等能析出氢氧化钙的胶凝物质混合，会产生瞬凝，导致无法施工，且强度降低。

② 铝酸盐水泥混凝土后期强度下降快，要求以最低稳定强度设计。最低稳定强度值以试体脱模后放(50±2) ℃水中养护，取龄期为7 d和14 d的强度值低者来确定。

③ 当采用蒸汽养护加速混凝土的硬化，养护温度不得高于50℃。

④ 不得与未硬化的硅酸盐水泥混凝土接触使用；可与具有脱模强度的硅酸盐水泥混凝土接触使用，但接茬处不应长期处于潮湿状态。

复习思考题

1. 生产硅酸盐水泥的主要原料有哪些？

2. 试述硅酸盐水泥的主要矿物成分及其对水泥性能的影响。

3. 简述硅酸盐水泥的水化过程和它的主要水化产物，以及水泥石的结构。

4. 现有甲、乙两种硅酸盐水泥熟料，其矿物组成及百分比含量见表3-17。如用来配制硅酸盐水泥，试比较两种水泥在性能、应用上有何差异？

表3-17　矿物组成及百分比含量　(%)

组　别	C_3S	C_2S	C_3A	C_4AF
甲	53	21	10	13
乙	45	30	7	15

5. 硅酸盐水泥有哪些主要技术指标？这些技术指标在工程应用上有何意义？

6. 硅酸盐水泥检验中，哪些性能不符合要求时，该水泥属于不合格品？哪些性能不符合要求时，该水泥属于废品？怎样处理不合格品和废品？

7. 在下列工程中选择适宜的水泥品种：

(1) 现浇混凝土梁、板、柱，冬季施工；

(2) 高层建筑基础底板(具有大体积混凝土特性和抗渗要求)；

(3) 南方受海水侵蚀的钢筋混凝土工程；

(4) 炼铁炉基础；

(5) 高强度预应力混凝土梁；

(6) 东北某大桥的沉井基础及桥梁墩台。

8. 硅酸盐水泥石腐蚀的类型主要有哪几种？产生腐蚀的主要原因是什么？防止腐蚀的措施有哪些？

9. 什么是活性混合材料和非活性混合材料？掺入硅酸盐水泥中能起到什么作用？

10. 为什么掺较多活性混合材料的硅酸盐水泥早期强度比较低，后期强度发展比较快，长期强度甚至超过同等级的硅酸盐水泥？

11. 与普通水泥相比较，矿渣水泥、火山灰水泥和粉煤灰水泥在性能上有哪些不同？分析这四种水泥的适用和禁用范围。

12. 试述道路硅酸盐水泥、白色硅酸盐水泥、快硬硅酸盐水泥、中热硅酸盐水泥、抗硫酸盐水泥的熟料成分、特性和应用。

13. 硅酸盐水泥水化过程、硅酸盐膨胀水泥的膨胀过程、水泥石硫酸盐腐蚀过程中都有水化硫铝酸钙生成，其作用在三种条件下有何不同？

14. 铝酸盐水泥有何特点？应用时需要注意哪些问题？

15. 水泥强度检验为什么要用标准砂和规定的水灰比？试件为什么要在标准条件下养护？

4　混凝土

4.1　普通混凝土材料组成

混凝土是由胶凝材料、粗细集料和水按适当比例配制，经搅拌、振实成型，再经硬化而成的人工石材。目前使用最多的是以水泥为胶凝材料的混凝土，称为水泥混凝土。它分为普通混凝土、特种混凝土和轻质混凝土三大类。混凝土按其表观密度一般可分为重混凝土（干表观密度大于 2 800 kg/m^3）、普通混凝土（干表观密度为 2 000～2 800 kg/m^3）和轻混凝土（干表观密度小于 1 950 kg/m^3）三类。在建筑工程中应用最广泛、用量最大的是普通水泥混凝土（以下简称混凝土），由水泥、砂、石和水组成，它成型方便，硬化后抗压强度高、耐久性好，组成材料中砂、石及水占 80%以上，成本较低且可就地取材。其缺点是自重大、抗拉强度低，抗裂性差、收缩变形大。

水泥是混凝土的最重要原材料之一，也是决定混凝土性能的最重要部分。通用水泥一般有五种，分别是硅酸盐水泥、普通硅酸盐水泥、矿渣硅酸盐水泥、火山灰质硅酸盐水泥和粉煤灰硅酸盐水泥。

骨料（也称集料）总体积占混凝土体积的 60%～80%，根据粒径大小分为粗骨料（粒径>4.75 mm）和细骨料（粒径为 0.15～4.75 mm）。粗骨料分为卵石和碎石两类。卵石光滑少棱角，孔隙率及总表面积小，混凝土拌和物和易性好，水泥用量少，但黏结力差，强度低。碎石表面较粗糙，多棱角，孔隙率及总表面积大，拌制混凝土时的性能较好，水泥用量多，但黏结力强，强度高。在相同条件下，碎石混凝土比卵石混凝土的强度高 10%左右。细骨料为砂石，主要包括河砂、海砂、江砂、山砂、人工砂等。混凝土用砂要求为质地坚实、清洁、有害杂质含量少。

水是混凝土的主要组成材料之一，水中的某些杂质（如油类、酸、碱、有机杂质等）会影响混凝土的正常凝结时间与硬化，影响混凝土的强度发展和耐久性，加快钢筋的锈蚀，污染混凝土表面，影响表面装饰。水中含泥会增大减水剂、水的用量，增加混凝土的成本；妨碍水泥与骨料的黏结，降低混凝土的强度。

除水泥、粗集料、细集料和水四种材料外，有时混凝土中还掺入少量的外加剂和一定量的掺和料，以改善混凝土某些性能或节省水泥用量。

4.2 混凝土的技术性能

4.2.1 新拌混凝土的技术性质

混凝土原材料加水拌和后形成混凝土拌和物，这一拌和物具有一定的流动性、黏聚性和可塑性。随着时间的推移，胶凝材料的反应不断进行，水化产物不断增加，形成凝聚结构。此时混凝土开始凝结硬化，逐步失去流动性和可塑性，最终形成具有一定强度的水泥石。凝结硬化以前的混凝土拌和物通常称为新拌混凝土，凝结硬化以后的混凝土称为硬化混凝土。新拌混凝土的性能包括和易性、凝结时间、含气量、塑性收缩和塑性沉降等。

新拌混凝土的和易性，也称工作性，是指拌和物易于搅拌、运输、浇捣成型，并获得质量均匀密实的混凝土的一项综合技术性能。过分大的流动性有可能使稳定性降低，就很难保证混凝土的均匀性，容易产生离析、泌水。在提高混凝土的流动性时，混凝土的用水量将会增加，如果不增加胶凝材料用量，将会降低混凝土的强度；如果保证混凝土的强度，增加胶凝材料的用量，混凝土的干缩变形、放热量也会相应增加，容易出现裂缝。流动性的测定方法有坍落度法、维勃稠度法、探针法、斜槽法、流出时间法和凯利球法等十多种，对普通混凝土而言，最常用的是坍落度法和维勃稠度法。

下面所述是影响混凝土和易性的因素。

1. 单位用水量

用水量增大，流动性随之增大，但保水性和黏聚性变差，易产生泌水分层离析，从而影响混凝土的匀质性、强度和耐久性。

2. 浆骨比

浆骨比指水泥浆用量与砂石用量的比值。在水灰比一定的前提下，浆骨比越大，即水泥浆量越大，混凝土流动性越大。通过调整浆骨比大小，既可以满足流动性要求，又能保证良好的黏聚性和保水性。浆骨比不宜太大，否则易产生流浆现象，使黏聚性下降。浆骨比也不宜太小，否则骨料间缺少黏结体，拌和物易发生崩塌现象。

3. 水灰比

水灰比是水用量与水泥用量之比。合理的水灰比是混凝土拌和物流动性、保水性和黏聚性的良好保证。在水泥用量和骨料用量不变的情况下，水灰比增大，相当于单位用水量增大，水泥浆很稀，拌和物流动性也随之增大，反之亦然。用水量增大带来的负面影响是严重降低混凝土的保水性，增大泌水，同时使黏聚性也下降。但水灰比也不宜太小，否则因流动性过低影响混凝土振捣密实，易产生麻面和空洞。

4. 砂率

砂率是指砂用量与砂、石总用量的质量百分比。砂率显著影响混凝土的流动性、黏聚性和保水性。

5. 水泥品种及细度

水泥品种不同时，达到相同流动性的需水量往往不同，从而影响混凝土流动性。另一方面，不同水泥品种对水的吸附作用往往不等，从而影响混凝土的保水性和黏聚性。如火山灰水泥、矿渣水泥配制的混凝土流动性比普通水泥小。在流动性相同的情况下，矿渣水泥的保水性能较差，黏聚性也较差。同品种水泥越细，流动性越差，但黏聚性和保水性越好。

6. 骨料的品种和粗细程度

卵石表面光滑，碎石粗糙且多棱角，因此卵石配制的混凝土流动性较好，但黏聚性和保水性则相对较差。河砂与山砂的差异与上述相似。对级配符合要求的砂石料来说，粗骨料粒径越大，砂子的细度模数越大，则流动性越大，但黏聚性和保水性有所下降，特别是砂的粗细，在砂率不变的情况下，影响更加显著。

7. 外加剂

改善混凝土和易性的外加剂主要有减水剂和引气剂，它们能使混凝土在不增加用水量的条件下增加流动性，并具有良好的黏聚性和保水性。一般来说，混凝土的流动度随着减水剂用量的增加而增大，但每种减水剂都有一个最佳掺量，减水剂的作用在此时达到极限，继续增大掺量，流动度不再增大，甚至还有可能减小。所以要通过试验来确定最佳掺量，不可盲目地超量使用减水剂。

8. 时间、气候

随着水泥水化和水分蒸发，混凝土的流动性将随着时间的延长而下降。气温高、湿度小、风速大将加速流动性的损失。

混凝土的凝结时间分初凝和终凝。初凝指混凝土加水至失去塑性所经历的时间，表示施工操作的时间极限；终凝指混凝土加水到产生强度所经历时间。混凝土初凝时间一般在2～4 h，加了缓凝剂可以达到6～8 h；一般商品混凝土终凝时间控制在12～16 h。

4.2.2 混凝土力学性能

1. 混凝土强度

强度是混凝土硬化后的主要力学性能指标。混凝土是多种材料的复合体，为非均质材料。混凝土在未受力之前的凝结硬化过程中，由于水泥浆的收缩或混凝土的泌水作用已产生各种空洞和微裂缝，施加外力时，微裂缝周围会出现应力集中，随着外力的增大，裂缝就会延伸与扩展，最后导致混凝土的破坏。

描述混凝土强度的指标有：立方体抗压强度、抗拉强度、抗折强度等。通常采用立方体抗压强度来确定混凝土的强度等级。

抗压强度标准值和强度等级的划分：按照标准的制作方法，制成边长为150 mm的立方体试件。每组三个共三组，在标准养护条件（温度20℃±2℃，相对湿度90%以上）下养护至28 d龄期，按我国现行国标《混凝土强度检验评定标准》（GB/T 50107—2010）和《混凝土结构设计规范》（GB 50010—2010）的规定，在试压机上测定的抗压强度总体分布中的一个值（加权平均值），强度低于该值的百分率不超过5%（即具有95%保证率的抗压强度）。即为该组试件的标准强度。

（1）混凝土的强度等级

混凝土的“强度等级”是根据“立方体抗压强度标准值”来确定的。我国的现行规范规定，普通混凝土的抗压强度标准值划分为C10、C15，C20、C25、C30、C35、C40、C45、C50、C55和C60等不同的强度等级。

(2) 影响混凝土强度的因素

在荷载作用下，混凝土中可能产生破坏的部位有三种：①水泥石的破坏，低强度等级水泥配置的低强度等级的混凝土属于此类；②界面破坏、粗集料与砂浆界面间的开裂破坏，它是普通混凝土的常见破坏形式；③集料破坏，它是轻集料混凝土的主要破坏形式。

影响混凝土强度的主要因素有：

① 水灰比与水泥强度等级。水泥是混凝土中的活性组分，其强度大小直接影响着混凝土强度的高低。在配合比相同的条件下，所用的水泥强度越高，制成的混凝土强度也越高。当用同种同一强度等级的水泥时，混凝土的强度主要取决于水灰比。混凝土强度随水灰比的增大而降低，随水泥强度的增大而升高。

② 集料类型。混凝土的强度还受界面强度的影响。表面粗糙的碎石比表面光滑的卵石(砾石)的黏结力大，硅质集料与钙质集料也有区别，因而在其他条件相同下，碎石混凝土的强度比卵石混凝土的强度高。依据规范，可根据所用的水泥强度和水灰比来估算混凝土的强度，也可根据所用水泥强度及要配置的混凝土强度来计算应采用的水灰比。

③ 养护的温度和湿度。混凝土强度的增长是水泥水化、凝结和硬化的结果，它必须在一定的温度和湿度条件下进行。在保证足够湿度的情况下，不同的养护温度也会使其结果不相同。温度高时，水泥凝结硬化速度快，早期强度高；低温时水泥混凝土硬化比较缓慢；当温度低至0℃以下时，变化不但停止，且具有受冻破坏的危险。因此，混凝土浇筑完毕后，必须保持适当的温度和湿度，以保证混凝土不断地凝结硬化。为使混凝土正常硬化，必须在成型后的一定时间内维持周围环境有一定的温度和湿度。冬天施工要对新浇混凝土采取保温措施；自然养护的混凝土，尤其是夏天，要经常洒水保持潮湿、用麻袋和塑料膜覆盖、用养护剂保护。

④ 龄期。混凝土在正常养护条件下，强度会随着龄期的增加而提高，其初期强度增长较快，后期增长缓慢，只要保持适当的温度和湿度，即使龄期很长，以后强度仍会有所增长。

(3) 提高混凝土强度的措施

① 选用高强度水泥和低水灰比。在满足施工和易性和混凝土耐久性要求的条件下，尽可能降低水灰比和提高水泥强度。

② 掺用混凝土外加剂。在混凝土中掺入减水剂可降低水灰比，提高混凝土强度；掺入早强剂，可提高混凝土的早期强度。

③ 改善施工质量，加强养护，如混凝土采用机械搅拌和振捣等。

2. 混凝土的变形性能

(1) 非荷载作用下的变形

① 化学收缩。因水化作用造成混凝土比水化反应前的体积变小收缩，是不可恢复的，会产生细微裂缝，但对结构不会起破坏作用。

② 干湿变形。因大气温度变化、内部水分蒸发流失造成混凝土的收缩。其线收缩率为$15\times10^{-5}\sim20\times10^{-5}$，每米收缩0.15～0.20 mm。

③ 温度变形。混凝土的温度膨胀系数约为1×10^{-5}，即温度升高1℃，每米膨胀

0.15～0.20 mm。

(2) 荷载作用下的变形

混凝土是一种弹塑性材料,在外力作用下产生可恢复变形和不可恢复变形。反映混凝土抵抗弹性变形能力的参数是弹性模量,它反映了应力与应变比值的关系。此外,混凝土在恒定荷载作用下,随时间的增长产生的非弹性变形,称为徐变。这需要经过十年以上才可以测定出来。

(3) 混凝土的有害裂缝

有害裂缝取决于结构物的性质、用途、所处环境,以及裂缝所处的位置和大小。这将造成使用上的损失和危险,应尽快采取措施修复。

3. 混凝土耐久性

(1) 抗渗性

抗渗性是指混凝土抵抗压力水渗透的能力。它是以 28 d 龄期的试件,试验其不渗水时所承受的最大水压来确定等级,用 P 表示。P2、P4、P6、P8、P12 即是抗渗等级,其右边数字即代表水压值(MPa),数值愈大抗渗性能愈好。

(2) 抗冻性

抗冻性是指标准试件在水饱和状态下,能经受冻融循环多次作用而不破坏和不降低强度的性能。其等级按其强度损失率小于 25%,质量损失率小于 5%时的最大循环次数来表示,有 F50、F100、F150、F200、F250、F300、F350、F400 等抗冻等级,其 50～400 为冻融循环次数。

(3) 抗侵蚀性

抗侵蚀性好坏取决于环境介质、水泥品种、构件密实度。

(4) 混凝土的碳化

碳化作用可减弱对钢筋的保护作用,造成钢筋锈蚀,降低结构抗折强度。为此,必须选择恰当的水泥品种和水灰比,掺入适量的引气剂和减水剂等,即可避免碳化或减弱碳化。

4.3 混凝土外加剂

外加剂是指在混凝土拌和物中掺入一定数量比例,且能使混凝土按要求改变性质的物质,并在混凝土配合比设计时,不考虑混凝土体积和质量的变化。常用的外加剂有减水剂、早强剂、缓凝剂、速凝剂、引气剂、防水剂、防冻剂、膨胀剂等。混凝土施工中掺加外加剂时,应根据水泥等级、品种等因素,选择相适应的外加剂品种,其掺加量应经过严格试验后确定,并保证掺加均匀。外加剂品种和掺加量使用不当会产生快凝或不凝结现象。严禁和杜绝不按配比、不按操作规定使用各种外加剂。

1. 减水剂

减水剂是指在保持混凝土稠度不变的条件下,具有减水、增强作用的外加剂。

在混凝土中掺加减水剂可以起到如下作用:

① 提高流动性。在配合比不变的情况下,可增大坍落度 100～200 mm,且不影响强度。

② 提高强度。在保持坍落度不变的情况下,可减少用水量 10%～15%,混凝土强度可提高 10%～20%,特别是早期强度提高更显著。

③ 节约水泥。保持混凝土强度不变时,可节约水泥用量 10%～15%。

④ 改善混凝土某些性能。如减少混凝土拌和物的泌水、离析现象,延缓拌和物凝结,减慢水化放热速度,提高其抗水性及抗冻性等。特别注意某些外加剂对强度的不利影响(降低早期强度或后期强度)。

常用减水剂品种有:木质素系减水剂,如木质素磺酸钙(简称木钙粉,又名 M 型减水剂,简称 M 剂);萘系减水剂、树脂系减水剂、糖蜜系减水剂、复合减水剂(与其他外加剂进行复合)。

2. 早强剂

早强剂是指能提高混凝土早期强度的外加剂,多在冬季或紧急抢修时采用。常用的早强剂有:氯化物系早强剂、硫酸盐系早强剂、三乙醇胺系早强剂。

3. 缓凝剂

缓凝剂是指能延缓混凝土凝结时间的外加剂。目前常用的有木质素磺酸钙与糖蜜。适用于高温季节施工、大体积混凝土工程、泵送与滑模方法施工受较长时间停放或远距离运送的商品混凝土。

4. 速凝剂

速凝剂是指能使混凝土迅速凝结硬化的外加剂。主要用于隧道与地下工程、引水涵洞等工程喷锚支护时的喷射混凝土。

5. 引气剂

引气剂是指在搅拌混凝土过程中能引入大量分布均匀、稳定而封闭的微小气泡的外加剂。引气剂产生的气泡直径在 0.05～1.25 mm,目前常用的引气剂有松香热聚物、松香皂等,适宜掺量为 0.05%～0.12%。采用引气剂主要是为了提高混凝土的抗渗、抗冻等耐久性,改善拌和物的工作性(保水性),多用于水工混凝土。引气剂的使用使混凝土含气量增大,故使混凝土的强度较未掺引气剂者有所下降。

6. 防水剂

在混凝土中掺入防水剂,可以阻断或堵塞混凝土中的各种孔隙、裂缝及渗水通路,以达到抗渗要求。常用的有三氯化铁防水剂、硅酸钠类防水剂。

7. 防冻剂

常用的有亚硝酸钠型防冻剂、硝酸钙型防冻剂、防冻剂等。

8. 膨胀剂

常用的有硫铝酸钙类膨胀剂。

4.4 普通混凝土配合比设计

4.4.1 普通混凝土的配合比计算、试配、调整与确定

普通混凝土的配合比是指混凝土的各组成材料数量之间的质量比例关系。确定比例关系的过程叫配合比设计。普通混凝土配合比应根据原材料性能及对混凝土的技术要求进行计算,并经试验室试配、调整后确定。普通混凝土的组成材料主要包括水泥、粗集料、

细集料和水，随着混凝土技术的发展，外加剂和掺和料的应用日益普遍，因此，其掺量也是配合比设计时需选定的。混凝土配合比常用的表示方法有两种：一种以 1 m³ 混凝土中各项材料的质量表示，混凝土中的水泥、水、粗集料、细集料的实际用量按顺序表达，如水泥 300 kg、水 182 kg、砂 680 kg、石子 1 310 kg；另一种表示方法是以水泥、水、砂、石之间的相对质量比及水灰比表达，如前例可表示为 1∶0.61∶2.26∶4.37，水灰比＝0.61。

混凝土配合比设计的基本要求有：

① 达到混凝土结构设计要求的强度等级。

② 满足混凝土施工所要求的和易性要求。

③ 满足工程所处环境和使用条件对混凝土耐久性的要求。

④ 符合经济原则，节约水泥，降低成本。

在进行混凝土的配合比设计前，需确定和了解的基本资料有以下几个方面：

① 混凝土设计强度等级和强度的标准差。

② 材料的基本情况。包括水泥品种、强度等级、实际强度、密度；砂的种类、表观密度、细度模数、含水率；石子种类、表观密度、含水率；是否掺外加剂，外加剂种类。

③ 混凝土的工作性要求，如坍落度指标。

④ 与耐久性有关的环境条件，如冻融状况、地下水情况等。

⑤工程特点及施工工艺，如构件几何尺寸、钢筋的疏密、浇筑振捣的方法等。

混凝土的配合比设计步骤包括计算、试配、调整与确定，配合比设计的过程是逐一满足混凝土的强度、工作性、耐久性、节约水泥等要求的过程。

1. 混凝土配合比的计算

(1) 混凝土强度等级的确定

① 当混凝土的设计强度等级小于 C60 时，配制强度应按下式计算：

$$f_{cu,0} \geqslant f_{cu,k} + 1.645\sigma \tag{4.1}$$

式中：$f_{cu,0}$——混凝土配制强度，MPa；

$f_{cu,k}$——混凝土立方体抗压强度标准值，这里取混凝土的设计强度等级值，MPa；

σ——混凝土强度标准差，MPa。

② 当设计强度等级不小于 C60 时，配制强度应按下式计算：

$$f_{cu,0} \geqslant 1.15 f_{cu,k} \tag{4.2}$$

混凝土强度标准差 σ 应按照下列规定确定：

当具有近 1 个月至 3 个月的同一品种、同一强度等级混凝土的强度资料时，其混凝土强度标准差 σ 应按下式计算：

$$\sigma = \sqrt{\frac{\sum_{i=1}^{n} f_{cu,i}^2 - nm_{f_{cu}}^2}{n-1}}$$

$$f_{cu,0} \geqslant 1.15 f_{cu,k} \tag{4.3}$$

式中：$f_{cu,i}$——第 i 组的试件强度，MPa；

m_{fcu}——n 组试件的强度平均值，MPa；

n——试件组数，n 值应大于或者等于 30。

对于强度等级不大于 C30 的混凝土：当 σ 计算值不小于 3.0 MPa 时，应按照计算结果取值；当 σ 计算值小于 3.0 MPa 时，σ 应取 3.0 MPa。

对于强度等级大于 C30 且小于 C60 的混凝土：当 σ 计算值不小于 4.0 MPa 时，应按照计算结果取值；当 σ 计算值小于 4.0 MPa 时，σ 应取 4.0 MPa。

当没有近期的同一品种、同一强度等级混凝土强度资料时，其强度标准差 σ 可按表 4-1 取值。

表 4-1　标准差 σ 取值　　(MPa)

混凝土的强度等级	≤C20	C25～C45	C50～C55
σ	4.0	5.0	6.0

(2) 确定水胶比

① 混凝土强度等级不大于 C60 等级时，混凝土水胶比宜按下式计算：

$$\frac{W}{B}=\frac{\alpha_a f_b}{f_{cu,0}+\alpha_a\alpha_b f_b} \tag{4.4}$$

式中：$\frac{W}{B}$——混凝土水胶比；

f_b——胶凝材料 28 d 胶砂抗压强度，MPa；

α_a，α_b——回归系数。

回归系数 α_a 和 α_b 的确定：

- 根据工程所使用的原材料，通过试验建立的水胶比与混凝土强度关系式来确定。
- 当不具备上述试验统计资料时，可按表 4-2 选用。

表 4-2　回归系数($\alpha_a\alpha_b$)取值表

系数	石子品种	
	碎石	卵石
α_a	0.53	0.49
α_b	0.20	0.13

② 当无胶凝材料 28 d 抗压强度(f_b)实测值时，可按下式确定：

$$f_b=\gamma_f\gamma_s f_{ce} \tag{4.5}$$

式中：γ_f、γ_s——粉煤灰影响系数和粒化高炉矿渣粉影响系数，可按表 4-3 选用；

f_{ce}——水泥 28 d 胶砂抗压强度，MPa。

表 4-3　粉煤灰影响系数(γ_f)和粒化高炉矿渣粉影响系数(γ_s)

掺量(%)	种　类	
	粉煤灰影响系数(γ_f)	粒化高炉矿渣粉影响系数(γ_s)
0	1.00	1.00
10	0.85～0.95	1.00
20	0.75～0.85	0.95～1.00

续表

掺量(%)	种类	
	粉煤灰影响系数(γ_f)	粒化高炉矿渣粉影响系数(γ_s)
30	0.65～0.75	0.90～1.00
40	0.55～0.65	0.80～0.90
50	—	0.70～0.85

注:① 采用Ⅰ级、Ⅱ级粉煤灰宜取上限值。

② 采用 S75 级粒化高炉矿渣粉宜取下限值,采用 S95 级粒化高炉矿渣粉宜取上限值,采用 S105 级粒化高炉矿渣粉可取上限值加 0.05。

③ 当超出表中的掺量时,粉煤灰和粒化高炉矿渣粉影响系数应经试验确定。

③ 当水泥 28 d 胶砂抗压强度无实测值时,式(4.5)中的 f_{ce} 值可按下式计算:

$$f_{ce} = \gamma_c f_{ce,g} \tag{4.6}$$

式中:γ_c——水泥强度等级值的富余系数,可按实际统计资料确定;当缺乏实际统计资料时,也可按表 4-4 选用;

$f_{ce,g}$——水泥强度等级值,MPa。

表 4-4 水泥强度等级值的富余系数(γ_c)

水泥强度等级值	32.5	42.5	52.5
富余系数	1.12	1.16	1.10

(3) 确定用水量(m_{w0})和外加剂用量

每立方米干硬性或塑性混凝土的用水量(m_{w0})应符合下列规定:

① 混凝土水胶比在 0.40～0.80 范围时,可按表 4-5 和表 4-6 选取;

② 混凝土水胶比小于 0.40 时,可通过试验确定。

干硬性或塑性混凝土掺外加剂后的用水量在以上数据基础上通过试验进行调整。

表 4-5 干硬性混凝土的用水量 (kg/m³)

拌和物稠度		卵石最大公称粒径(mm)			碎石最大公称粒径(mm)		
项目	指标	10.0	20.0	40.0	16.0	20.0	40.0
维勃稠度/s	16～20	175	160	145	180	170	155
	11～15	180	165	150	185	175	160
	5～10	185	170	155	190	180	165

表 4-6 塑性混凝土用水量 (kg/m³)

拌和物稠度		卵石最大公称粒径(mm)				碎石最大公称粒径(mm)			
项目	指标	10.0	20.0	31.5	40.0	16.0	20.0	31.5	40.0
坍落度(mm)	10～30	190	170	160	150	200	185	175	165
	35～50	200	180	170	160	210	195	185	175

续表

拌和物稠度		卵石最大公称粒径(mm)				碎石最大公称粒径(mm)			
项目	指标	10.0	20.0	31.5	40.0	16.0	20.0	31.5	40.0
坍落度(mm)	55～70	210	190	180	170	220	205	195	185
	75～90	215	195	185	175	230	215	205	195

注:① 本表用水量系采用中砂时的平均取值。采用细砂时,每立方米混凝土用水量增加 5～10 kg;采用粗砂时,则可减少 5～10 kg。

② 采用矿物掺和料和外加剂时,用水量应相应调整。

掺外加剂时,每立方米流动性或大流动性混凝土用水量(m_{w0})可按下式计算:

$$m_{w0} = m'_{w0}(1-\beta) \tag{4.7}$$

式中:m_{w0}——掺外加剂时每立方米混凝土的用水量,kg/m³;

m'_{w0}——未掺外加剂时的每立方米混凝土的用水量,kg/m³;

β——外加剂的减水率(经试验确定),%。

每立方米混凝土中外加剂用量(m_{a0})应按下式计算:

$$m_{a0} = m_{b0}\beta_a \tag{4.8}$$

式中:m_{a0}——计算配合比每立方米混凝土中外加剂用量,kg/m³;

m_{b0}——计算配合比每立方米混凝土中胶凝材料用量,kg/m³;

β_a——外加剂掺量(应经混凝土试验确定),%。

也可结合经验并经试验确定流动性或大流动性混凝土的外加剂用量和用水量。

(4) 确定胶凝材料、矿物掺和料和水泥用量

① 每立方米混凝土的胶凝材料用量(m_{b0})应按式(4.9)计算,并应进行试拌调整,在拌和物性能满足的情况下,取经济合理的胶凝材料用量。

$$m_{b0} = \frac{m_{w0}}{\frac{W}{B}} \tag{4.9}$$

式中:m_{w0}——计算配合比每立方米混凝土中水的用量,kg/m³;

m_{b0}——计算配合比每立方米混凝土中胶凝材料用量,kg/m³;

$\frac{W}{B}$——混凝土水胶比。

② 每立方米混凝土的矿物掺和料用量(m_{f0})应按下式计算:

$$m_{f0} = m_{b0}\beta_f \tag{4.10}$$

式中:m_{f0}——计算配合比每立方米混凝土中矿物掺和料用量,kg/m³;

β_f——矿物掺和料掺量,%。

③ 每立方米混凝土的水泥用量(m_{c0})应按下式计算:

$$m_{c0} = m_{b0} - m_{f0} \tag{4.11}$$

式中:m_{c0}——计算配合比每立方米混凝土中水泥用量,kg/m³。

计算得出的配合比中的用量，还要在试配过程中调整验证。

(5) 确定砂率

砂率应根据骨料的技术指标、混凝土拌和物性能和施工要求，参考既有历史资料确定。当缺乏砂率的历史资料可参考时，混凝土砂率的确定应符合下列规定：

① 坍落度小于 10 mm 的混凝土，其砂率应经试验确定。

② 坍落度为 10～60 mm 的混凝土，其砂率可根据粗骨料品种、最大公称粒径及水胶比按表 4-7 选取。

③ 坍落度大于 60 mm 的混凝土，其砂率可经试验确定，也可在表 4-7 的基础上，按坍落度每增大 20 mm、砂率增大 1%的幅度予以调整。

表 4-7　混凝土的砂率 (%)

水胶比	卵石最大粒径(mm)			碎石最大粒径(mm)		
	10.0	20.0	40.0	16.0	20.0	40.0
0.40	26～32	25～31	24～30	30～35	29～34	27～32
0.50	30～35	29～34	28～33	33～38	32～37	30～35
0.60	33～38	32～37	31～36	36～41	35～40	33～38
0.70	36～41	35～40	34～39	39～44	38～43	36～41

注：① 本表数值系中砂的选用砂率，对细砂或粗砂，可相应地减小或增大砂率。
② 采用人工砂配制混凝土时，砂率可适当增大。
③ 只用一个单粒级粗骨料配制混凝土时，砂率应适当增大。

(6) 粗、细骨料用量

① 采用质量法计算混凝土配合比时，粗、细骨料用量应按下列公式计算：

$$m_{f0}+m_{c0}+m_{g0}+m_{s0}+m_{w0}=m_{cp} \tag{4.12}$$

$$\beta_s=\frac{m_{s0}}{m_{g0}+m_{s0}}\times 100\% \tag{4.13}$$

式中：m_{g0}——计算配合比每立方米混凝土的粗骨料用量，kg/m³；

m_{s0}——计算配合比每立方米混凝土的细骨料用量，kg/m³；

β_s——砂率，%；

m_{cp}——每立方米混凝土拌和物的假定质量(可取 2 350～2 450)，kg。

② 采用体积法计算混凝土配合比时，粗、细骨料用量应按式(4.14)计算：

$$\frac{m_{c0}}{\rho_c}+\frac{m_{f0}}{\rho_f}+\frac{m_{g0}}{\rho_g}+\frac{m_{s0}}{\rho_s}+\frac{m_{w0}}{\rho_w}+0.01\alpha=1 \tag{4.14}$$

式中：ρ_c——水泥密度，kg/m³；

ρ_f——矿物掺和料密度，kg/m³；

ρ_g——粗骨料的表观密度，kg/m³；

ρ_s——细骨料的表观密度，kg/m³；

ρ_w——水的密度，kg/m³；

α——混凝土的含气量百分数，在不使用引气剂或引气型外加剂时，α 可取 1。

2. 混凝土配合比的试配、调整与确定

(1) 混凝土配合比的试配

按初步计算配合比进行混凝土配合比的试配和调整。混凝土的试配应采用强制式搅拌机进行搅拌。试验室成型条件应符合现行国家标准《普通混凝土拌和物性能试验方法标准》(GB/T 50080)的规定。每盘混凝土试配的最小搅拌量应符合表4-8的规定,并不应小于搅拌机额定搅拌量的1/4。在计算配合比的基础上应进行试拌,计算水胶比宜保持不变,并应通过调整配合比其他参数使混凝土拌和物性能符合设计和施工要求,然后修正计算配合比,提出试拌配合比。在试拌配合比的基础上应进行混凝土强度试验,并应符合下列规定:

① 应采用三个不同的配合比,其中一个应为试拌配合比,另外两个配合比的水胶比宜较试拌配合比分别增加和减少0.05,用水量应与试拌配合比相同,砂率可分别增加和减少1%。外加剂掺量也做减少和增加的微调。

② 进行混凝土强度试验时,标准养护到28 d或设计规定龄期时试压;用于配合比调整,但最终应满足标准养护28 d或设计规定龄期的强度要求。

表4-8 混凝土试配的最小搅拌量

粗骨料最大粒径/mm	拌和物数量/L	粗骨料最大粒径/mm	拌和物数量/L
31.5及以下	20	40	25

(2) 混凝土配合比的调整与确定

通过绘制强度和胶水比关系图,按线性比例关系或插值法,采用略大于配制强度的强度对应的胶水比做进一步配合比调整。

混凝土拌和物表观密度和配合比校正系数的计算应符合下列规定:

① 配合比调整后的混凝土拌和物的表观密度应按下式计算

$$\rho_{cc} = m_c + m_f + m_g + m_s + m_w \tag{4.15}$$

式中:ρ_{cc}——混凝土拌和物的表观密度计算值,kg/m^3;

m_c——每立方米混凝土的水泥用量,kg/m^3;

m_f——每立方米混凝土的矿物掺和料用量,kg/m^3;

m_g——每立方米混凝土的粗骨料用量,kg/m^3;

m_s——每立方米混凝土的细骨料用量,kg/m^3;

m_w——每立方米混凝土的水用量,kg/m^3。

② 再按式(4.16)计算混凝土配合比校正系数:

$$\delta = \frac{\rho_{c,t}}{\rho_{c,c}} \tag{4.16}$$

式中:$\rho_{c,t}$——混凝土拌和物的表观密度实测值,kg/m^3;

$\rho_{c,c}$——混凝土拌和物的表观密度计算值,kg/m^3。

当混凝土拌和物表观密度实测值与计算值之差的绝对值不超过计算值的2%时,配合比可维持不变;当二者之差超过2%时,应将配合比中每项材料用量均乘以校正系数δ。在使用过程中应根据原材料情况及混凝土质量检验的结果予以验证或调整。遇有下列情况之一时，应重新进行配合比设计：

- 对混凝土性能指标有特殊要求时；
- 水泥、外加剂或矿物掺和料等原材料品种、质量有显著变化时。

4.4.2 混凝土的配制、浇筑和养护

严格禁止与其他品牌水泥混合使用，不同等级水泥之间不得混合使用，以免影响混凝土性能。混凝土所用水、砂、石经检验应符合使用标准，避免用污染水及带有污泥的砂、石来配制混凝土。

混凝土在浇筑前应对施工中涉及的吸水性物件做相应的处理，以避免混凝土的水分被吸收，影响混凝土的质量。混凝土应在初凝之前浇筑，且不能有离析现象，若有离析现象，则应重新搅拌后才能浇筑，且浇筑过程也应避免产生离析现象。在浇筑立柱等结构物时，应在底部浇筑 50～100 mm 水泥砂浆(配合比与混凝土中的砂浆相同)，这样可避免产生蜂窝、麻面现象。混凝土浇筑时，应按结构要求分层进行，随浇随捣。一般结构的混凝土整体浇筑时，应尽可能连续进行，避免间断施工。混凝土浇筑后的初期，应防止混凝土受震动或撞击；混凝土浇筑完毕后，为减少水分蒸发，应避免日光照射，且应防风吹和淋雨等，可用活动的三角形罩棚将混凝土板全部遮起来。等到混凝土板表面的泌水消失后，可采取用湿草帘或麻袋等物覆盖表面，并每天洒水 2～8 次，根据天气温度高低调整洒水次数。在浇筑 4 d 之内，必须保持构件表面潮湿，最短养护时间为 7 d。天气突变时，要改变养护方式，防止起灰、起泡等现象。当天气温度下降时，应适当延迟拆模时间，但不允许缩短拆模时间。

4.5 装饰混凝土

装饰混凝土主要有彩色混凝土、清水混凝土、外露集料混凝土等。彩色混凝土是在水泥混凝土表面经过喷涂色彩或其他工艺处理，使其改变单一色调，具有线型、质感和宜人的色彩。混凝土的最大优点是具备多功能性，可以将混凝土塑造成任何形状，染成任何颜色，其组织结构可以从粗糙一直到高度光洁。混凝土适用于各种装饰风格，既可以体现出现代感觉，也可以达到古色古香的效果。

1. *装饰混凝土的原材料*

装饰混凝土的原材料与水泥混凝土基本相同，只是在原材料的颜色上有不同的要求。通过掺加颜料或采用不同颜色的原材料及不同的施工方法即可达到不同的装饰效果。水泥是装饰混凝土的主要原材料。如采用混凝土本色，一个工程应选用一个工厂同一批号的产品，并一次备齐。除了性能应符合国家标准外，颜色必须一致。如在混凝土表面喷刷涂料，可适当放宽对颜色的要求。粗、细集料应采用同一产源的材料，要求洁净、坚硬，不含有毒杂质。制作露集料混凝土时，集料的颜色应一致。颜料应选用不溶于水，与水泥不发生化学反应，耐碱、耐光的矿物颜料，其掺量不应降低混凝土的强度，一般不超过 6%。有时也采用具有一定色彩的集料代替颜料。外加剂的选择与水泥混凝土相同，但应注意某些品种的外加剂会与颜料发生化学反应引起过早褪色。

2. 装饰混凝土的艺术处理

混凝土可通过着色、染色、聚合以及环氧涂层等化学处理达到酷似大理石、花岗石和石灰石的效果。对混凝土的艺术处理方法有很多,比如在混凝土表面做出线型、纹饰、图案、色彩等,以满足建筑立面、楼地面或屋面不同的美化效果。

① 表面彩色混凝土。表面彩色混凝土是在混凝土表面着色,一般采用彩色水泥和白色水泥、彩色与白色石子及石屑,再与水按一定比例配制成彩色饰面材;制作时先铺于模板底,厚度不小于 10 mm,再在其上浇注水泥混凝土。此外,还有一种在新浇注混凝土表面上干撒着色硬化剂显色,或采用化学着色剂掺入已硬化混凝土中,生成难溶且抗磨的有色沉淀物。

② 整体彩色混凝土。整体彩色混凝土一般采用白色水泥或彩色水泥、白色水泥或彩色石子、白色或彩色石屑以及水等配制而成。混凝土整体着色既可满足建筑装饰的要求,又可满足建筑结构基本坚固性能的要求。

③ 立面彩色混凝土。立面彩色混凝土是通过模板,利用水泥混凝土结构本身的造型、线型或几何外形,取得简单、大方和明快的立面效果,使混凝土获得装饰性。如果在模板构件表面浇注出凹凸纹饰,可使建筑立面更加富有艺术性。

④ 彩色混凝土面砖。彩色混凝土面砖包括路面砖、人行道砖和车行道砖,造型可分为普通型砖和异型砖,其形状有方形、圆形、椭圆形、六角形等,表面可做成各种图案,又称花阶砖。水泥混凝土花砖强度高、耐久性好、制作简单、成本低,既可用于室内,也可用于室外。按用途分有地面花砖和墙面花砖。采用彩色混凝土面砖铺路,可使路面形成多彩美丽的图案和永久性的交通管理标志。

4.6 绿色混凝土

传统混凝土对资源、能源的需求和对环境的影响十分巨大。绿色混凝土是指在原材料及生产方式等方面资源、能源消耗低,大量利用废弃资源,可循环利用,能减少对环境的负荷,不破坏环境,为人类构造舒适环境的混凝土材料。具有比传统的混凝土材料更优良的强度和耐久性,能更好地满足结构和力学性能、使用功能以及使用年限的要求;具有与自然环境的协调性,减轻对地球环境系统的负荷,可以实现非再生性资源的可循环使用和有害物质的最低排放,既能减少环境污染,又能与自然生态系统协调共生,为人类提供温和、舒适、便捷的生存环境。绿色混凝土主要分为绿色高性能混凝土、再生骨料混凝土、生态环保型混凝土等。发展绿色混凝土要求实现混凝土组分原材料的绿色化,研制开发新型的绿色胶凝材料、外加剂等。利用能源消耗低的资源或废弃资源(如粒化高炉矿渣粉、粉煤灰等),降低水泥及石灰的用量。

1. 高性能混凝土

高性能混凝土(HPC)通过提高强度、减少混凝土用量,从而节约水泥、砂、石的用量;通过改善和易性来改善浇注密实性能,降低噪声和能耗;提高混凝土耐久性,延长结构物的使用寿命,进一步节约维修和重建费用,减少对自然资源无节制的使用。高性能混凝土中的水泥组分应为绿色水泥,其含义是指在水泥生产中资源利用率和二次能源回收率均提高到最高水平,并能够循环利用其他工业的废渣和废料;技术装备上更加强化了环境保护的技术和措施;粉尘、废渣和废气等的排放几乎接近于零。最大限度地节约水泥熟料用量,从而减少水泥生产中的“副产品”——二氧化碳、二氧化硫、氧化氮等气体，以减少环境污染保护环境。随着粉体加工技术的日益成熟，工业废料如矿渣、粉煤灰、天然沸石、硅灰和稻壳灰等制造超细粉后掺入混凝土中，可提高混凝土工作性、改善体积稳定性和耐久性，减少温度裂缝，抑制碱集料反应。在提高经济效益的同时还能达到节约资源和能源、改善劳动条件和保护环境。

2. 再生骨料混凝土

再生骨料混凝土指以废混凝土、废砖块、废砂浆作骨料，加入水泥砂浆拌制的混凝土。利用再生骨料配制再生混凝土是发展绿色混凝土的主要措施之一。积极利用城市固体垃圾，特别是拆除的旧建筑物和构筑物的废弃物混凝土、砖、瓦及废物，以其代替天然砂石料，减少砂石料的消耗，发展再生混凝土，可节省建筑原材料的消耗，保护生态环境，有利于混凝土工业的可持续发展。但是，再生骨料与天然骨料相比，孔隙率大、吸水性强、强度低，与天然骨料配置的混凝土的特性相差较大，这是应用再生骨料混凝土时需要注意的问题。采用再生粗骨料和天然砂组合，或再生粗骨料和部分再生细骨料、部分天然砂组合，制成的再生混凝土强度较高，具有明显的环境效益和经济效益。

3. 生态环保型混凝土

制造水泥时煅烧碳酸钙排出的二氧化碳和含硫气体，形成酸雨，产生温室效应；城市大密度的混凝土建筑物和铺筑的道路，缺乏透气性、透水性，对温度、湿度的调节性能差，导致城市热岛效应；混凝土浇捣振动噪声是城市噪声的来源之一。因此，新型的混凝土不仅要满足作为结构材料的要求，还应尽量减少给地球环境带来的负荷和不良影响，能够与自然协调，与环境共生。生态环保型的混凝土成为了混凝土的主要发展方向。生态友好型混凝土能够适应生物生长、调节生态平衡、美化环境景观、实现人类与自然的协调共生。目前研究开发的生态环保型混凝土的功能有污水处理、降低噪声、防菌杀菌、吸收去除 NO_x，阻挡电磁波以及植草固沙、修筑岸坡等。

(1) 低碱混凝土

pH 在 12～13，呈碱性的混凝土对用于结构物来说是有利的，具有保护钢筋不被腐蚀的作用，但不利于植物和水中生物的生长。开发低碱性、内部具有一定的空隙、能够提供植物根部或生物生长所必需的养分存在的空间、适应生物生长的混凝土是生态环保型混凝土的一个重要研究方向。

目前开发的有多孔混凝土及植被混凝土，可用于道路、河岸边坡等处。多孔混凝土也称为无砂混凝土，它具有粗骨料，没有细骨料，直接用水泥作为黏结剂连接粗骨料，其透气和透水性能良好，连续空隙可以作为生物栖息繁衍的地方。植被混凝土以多孔混凝土为基础，然后通过在多孔混凝土内部的孔隙加入各种有机、无机的养料来为植物提供营养，并且加入了各种添加剂来改善混凝土内部性质以适合植物生长，还在混凝土表面铺了一层混有种子的客土，提供种子早期的营养。

(2) 透水混凝土

透水性混凝土具有 15%～30%的连通孔隙，具有透气性和透水性，用于铺筑道路、广场、人行道等，能扩大城市的透水、透气面积，减少交通噪声，调节城市空气的温度和湿度，维持地下水位和促进生态平衡。透水性混凝土使用的材料有水泥、骨料、混合材、外加剂和水，与一般混凝土基本上相同，根据用途、目的及使用场合不同，有时不使用混合材和外加剂。

传统的混凝土材料对环境带来诸多负面的影响。在可持续发展背景下开发绿色混凝土材料,减少对环境的负面效应,营造更加舒适的生存环境是时代赋予的使命。未来可从以下方面来促进绿色混凝土的应用。

① 加强混凝土科研开发、标准制定、工程设计和施工人员等的环保意识,加大绿色概念的宣传力度,促进混凝土工程领域各个环节的高度重视。研究和制定绿色混凝土的设计规程、质量控制方法、验收标准、施工工艺等。制定有关国家法律、政策,以保护和鼓励使用绿色高性能混凝土,成立有关绿色高性能混凝土专门的研究、开发、推广、质量检验和控制的机构。

② 研究改进熟料矿物组分,对传统的熟料矿物、水泥进行改性、改型,发展生产能耗低的新品种,调整水泥产品结构,发展满足配制高性能混凝土和绿色高性能混凝土要求的水泥,并尽量减少混凝土中的水泥用量;改进、提高和发展水泥生产工艺及技术装备,采用新技术、新工艺、新装备改造和淘汰落后的技术和装备,以提高水泥质量,达到节能、节约资源的目的。

③ 大力发展人造骨料,特别是利用工业固体废弃物如粉煤灰、煤矸石生产制造轻骨料;积极利用城市固体垃圾,特别是拆除的旧建筑物和构筑物的废弃物,如混凝土、砖、瓦及废物,以其代替天然砂石料,减少砂石料的消耗。

4.7 混凝土在园林工程中的应用

混凝土在园林工程中应用广泛,常见的亭、廊、平台、景墙、花架、水池、铺地等大多数涉及承重结构的硬质景观元素,混凝土都是支撑它们的重要材料。

常见景观小品中,混凝土的应用如图 4-1~4-10 所示。

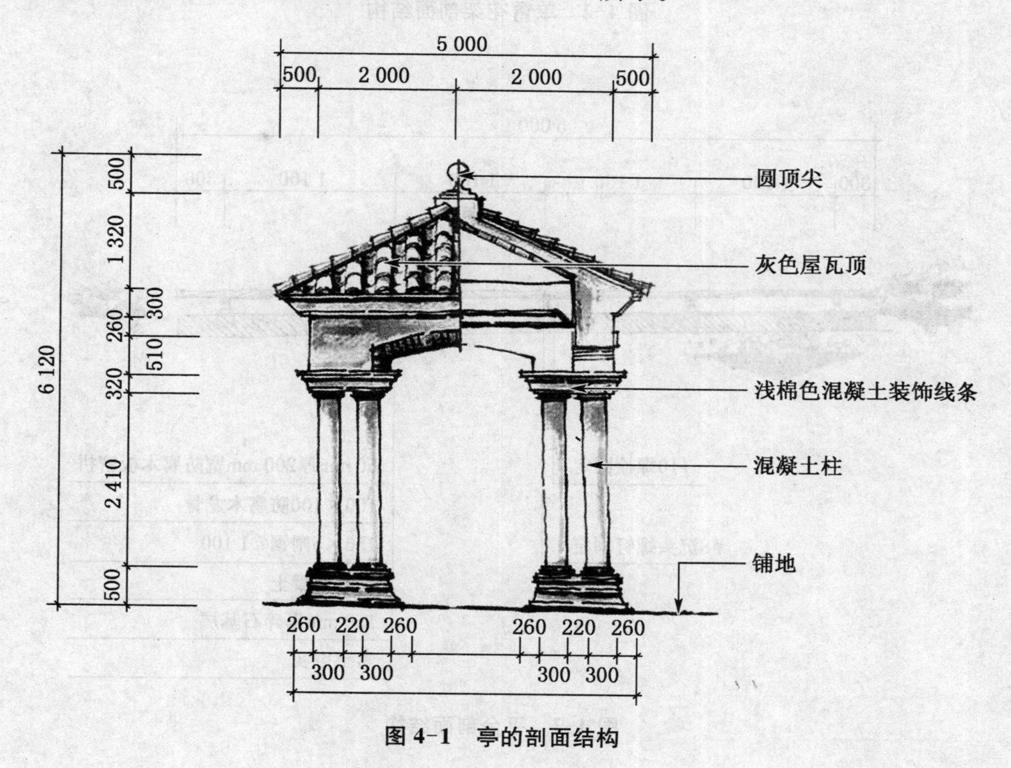

图 4-1 亭的剖面结构

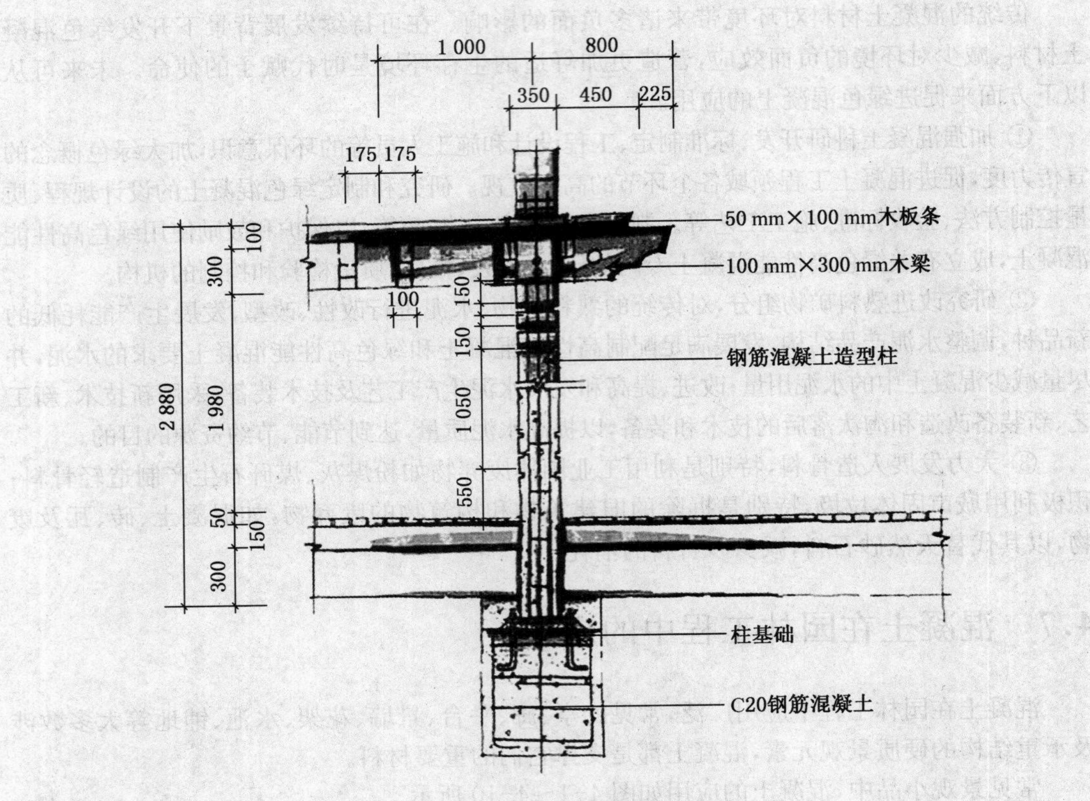

图 4-2　单臂花架剖面结构

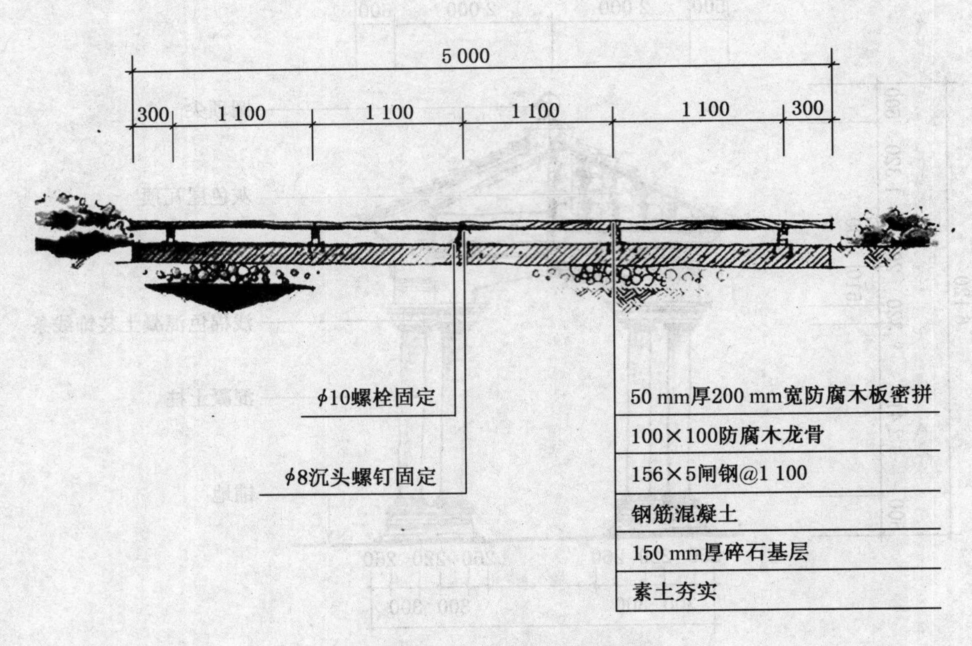

图 4-3　平台剖面结构

4.7.2 混凝土在做铺地材料的应用

1. 透水混凝土(图 4-4、4-5)

图 4-4 透水混凝土材料在绿道上的应用(一)

图 4-5 透水混凝土材料在绿道上的应用(二)

2. 彩色混凝土和压印混凝土(图 4-6、4-7)

图 4-6　彩色混凝土在铺地上的应用

图 4-7　压印混凝土在人行道路上的应用

3. 混凝土砖(图 4-8～4-10)

图 4-8 混凝土透水砖

图 4-9 混凝土嵌草砖

图 4-10　混凝土人行道彩砖

复习思考题

1. 组成混凝土的原材料组分有哪些?

2. 影响新拌混凝土和易性的因素有哪些?

3. 混凝土的强度是什么? 如何评价混凝土的强度等级? 影响混凝土强度的因素有哪些?

4. 混凝土的外加剂有哪些? 其功能是什么?

5. 什么是绿色混凝土? 主要有哪些类别?

5 建筑砂浆

5.1 建筑砂浆的定义和分类

建筑砂浆由胶凝材料、细集料、水等材料配制而成，主要用于砌筑砖石结构或建筑物的内外表面的抹面等。砂浆常用的胶凝材料有水泥、石灰、石膏。按胶凝材料不同，砂浆可分为水泥砂浆、石灰砂浆和混合砂浆。混合砂浆有水泥石灰砂浆、水泥石膏砂浆等。按砂浆功能不同，又可分为砌筑砂浆、抹面砂浆、防水砂浆和其他特种砂浆。

5.2 建筑砂浆的技术性质

1. 新拌砂浆的工作性能

(1) 流动性(稠度)

流动性是指砂浆在自重或外力作用下是否易于流动的性能，其大小用沉入度(或稠度值)(mm)表示，即砂浆稠度测定仪的圆锥体沉入砂浆深度的毫米数。工程实践中应根据砌体材料、施工方法及天气状况等选择适宜的砂浆流动性。砂浆流动性与胶凝材料品种的用量、用水量、砂子粗细及级配等有关。通过改变胶凝材料的数量与品种可控制砂浆的流动性。

(2) 保水性

新拌砂浆保存水分的能力称为保水性。保水性也指砂浆中各项组成材料不易分离的性质。保水性差的砂浆会影响胶凝材料的正常硬化，从而降低砌体质量。

砂浆保水性常用分层度(mm)表示。将搅拌均匀的砂浆，先测其沉入量，然后装入分层度测定仪，静置 30 min 后，取底部 1/3 砂浆再测沉入量，先后两次沉入量的差值称为分层度。分层度大，表明砂浆易产生分层离析，保水性差。砂浆分层度以 10～20 mm 为宜。若分层度过小，则砂浆干缩较大，影响黏结力。为改善砂浆保水性，常掺入石灰膏、粉煤灰或微沫剂、塑化剂等。

2. 抗压强度与强度等级

按《建筑砂浆基本性能试验方法标准》(JGJ 70—2009)，以边长为 70.7 mm 的 6 个立方体试块按规定方法成型并养护至 28 d 后测定的抗压强度平均值(MPa)，根据《砌体结构设计规范》(GB 50003—2011)规定，砂浆强度等级有 M15.0、M10.0、M7.5、M5.0 和 M2.5 等 5 个级别。

影响砂浆抗压强度的主要因素：

① 基层为不吸水材料(如致密的石材)时，影响强度的因素主要是水泥强度和水灰比，水泥标号选择不当，水灰比偏大时，则强度降低。

② 基层为吸水材料(如砖)时,因砂浆有一定的保水性,经基层吸水后,保留在砂浆中的水分几乎相同,因此,影响砂浆强度的因素主要是水泥强度与水泥用量,与水灰比无关。

3. 黏结力

由于砖石等砌体是靠砂浆黏结成坚固整体的,因此要求砂浆与基层之间有一定的黏结力。一般,砂浆的抗压强度越高,则其与基层之间的黏结力越强。此外,黏结力也与基层材料的表面状态、清洁程度、润湿状况及施工养护条件等有关。

5.3 砌筑砂浆

砌筑砂浆用来砌筑砖、石或砌块,使之成为坚固整体。配合比可为体积比,也可为质量比。其配合比可查阅有关手册和资料选定,也可由计算得到初步配合比,再经试配进行调整后确定。

计算砌筑砖或其他多孔材料的水泥混合砂浆的初步配合比步骤如下。

1. 确定砂浆的配置强度 $f_{m,0}$

$$f_{m,0} = k \times f_{m,k} \tag{5.1}$$

式中:$f_{m,k}$——砂浆的设计强度标准值,MPa;

k——系数,按表 5-1 取值。

表 5-1 砂浆强度标准差 σ, k 系数与施工水平关系

施工水平	砂浆强度标准差 σ							k
	M5.0	M7.5	M10.0	M15.0	M20	M25	M30	
优良	1.00	1.50	2.00	3.00	4.00	5.00	6.00	1.15
一般	1.25	1.88	2.50	3.75	5.00	6.25	7.50	1.20
较差	1.50	2.25	3.00	4.50	6.00	7.50	9.00	1.25

注:σ——砂浆强度标准差,MPa,

当有统计资料时 σ 按公式(5.2)计算

$$\sigma = \sqrt{\frac{\sum_{i=1}^{n} f_{m,i}^2 - n\mu_{fm}^2}{n-1}} \tag{5.2}$$

式中:$f_{m,i}$ ——统计周期内同一品种砂浆第 i 组试件的强度,MPa;

μ_{fm} ——统计周期内同一品种砂浆 n 组试件强度的平均值,MPa;

n ——统计周期内同一品种砂浆试件组数,n 值应大于或者等于 25。

当无统计资料时,砂浆强度标准差可按表 5-1 取值。

2. 确定水泥用量 Q_C (kg/m³)

水泥砂浆配合比可从《砌筑砂浆配合比设计规程》(JGJ 98—2010) 直接查表确定。

$$Q_C = 1\,000(f_{m,0} - \beta)/\alpha f_{ce} \tag{5.3}$$

式中：Q_C——每立方米砂浆的水泥用量，kg；

f_{ce}——水泥的实测强度，MPa；

α,β——砂浆的特征系数，其中 α 取 3.03，β 取 15.09。

注：各地区也可用本地区试验资料确实 α,β 值，统计用的试验组数不得少于 30 组。

3. 确定混合材料用量 $D(\text{kg/m}^3)$

$$D=(300\sim350)-Q_c \tag{5.4}$$

式中：D——每立方米砂浆中石灰膏或黏土用量，kg/m^3；

300～350——统计系数，砂浆中胶结材料总量，kg。

4. 确定砂用量 $S(\text{kg/m}^3)$

$$S=1\cdot\rho_{0干} \tag{5.5}$$

式中：$\rho_{0干}$——砂干燥状态的堆集密度，kg/m^3。

砌筑砂浆配合比可从《砌筑砂浆配合比设计规程》(JGJ/T 98—2010) 直接查表确定。

5.4 抹灰砂浆

5.4.1 普通抹灰砂浆

普通抹灰砂浆用来涂抹建筑物和构筑物的表面，其主要技术要求是工作性与黏结力。抹灰砂浆的功能是保护结构主体免遭各种侵害，提高结构的耐久性，改善结构的外观。常用的普通抹面砂浆有石灰砂浆、水泥砂浆、水泥混合砂浆、麻刀石灰砂浆或纸筋石灰砂浆等。为改善抹面砂浆的保水性和黏结力，胶凝材料的量应比砌筑砂浆多，必要时还可加入少量的 108 胶，以增强其黏结力。为提高抗拉强度、防止抹面砂浆的开裂，常加入部分麻刀等纤维材料。通常分为两层或三层进行施工，各层要求(如组成材料、工作性、黏结力等)不同。底层抹灰主要起与基层黏结的作用，用于砖墙的底层抹灰，多用石灰砂浆；板条墙及顶棚的底层多用混合砂浆；混凝土墙、梁、柱、顶板等底层抹灰多用混合砂浆麻刀石灰浆等。中层抹灰主要是为了找平，多用混合砂浆或石灰砂浆；面层抹灰主要起装饰作用，多用细砂配置的混合砂浆、麻刀石灰砂浆或纸筋石灰砂浆。在容易碰撞或潮湿部位应采用水泥砂浆，如墙裙、地面、窗台及水井等处可用 1∶2.5 水泥砂浆。

5.4.2 防水砂浆

制作防水层的砂浆叫防水砂浆。防水砂浆具有防水、防渗的作用，砂浆防水层又叫刚性防水层。适用于不受震动和具有一定刚度的混凝土和砖石砌体工程。防水砂浆可以用普通水泥砂浆制作，也可以在水泥砂浆中掺入防水剂以提高砂浆的抗渗性。常用的防水剂有氯化物金属盐类防水剂、硅酸钠类防水剂(如二矾、三矾等多种)以及金属皂类防水剂等。

防水砂浆的配合比，一般为水泥∶砂=1∶2.0～1∶3.0，水灰比应为 0.50～0.55。宜用 32.5 等级以上的普通水泥与中砂。施工时一般分五层涂抹，每层约 5 mm，第一层、第三层可用防水水泥净浆。

5.5 装饰砂浆

涂抹在建筑物内外墙表面,具有美观装饰效果的抹面砂浆通称为装饰砂浆。若选用具有一种颜色的胶凝材料和集料以及采用某种特殊的操作工艺,便可使表面呈现出各种不同的色彩、线条与花纹等装饰效果。其中,常用的胶凝材料有普通水泥、火山灰质水泥、矿渣水泥与白水泥等,并且在它们中掺入耐碱矿物质颜料,当然也可直接使用彩色水泥。而集料则常采用带颜色的细石渣或碎粒(如大理石、陶瓷、花岗石和玻璃等)。

装饰砂浆可分为两大类:灰浆类砂浆饰面、石碴类砂浆饰面。灰浆类饰面根据施工工艺的不同分为拉毛灰、撒毛灰、搓毛灰、假面砖、假大理石、喷涂、滚涂、弹涂等;石碴类饰面则根据施工工艺分为水刷石、斩假石、干黏石、水磨石等。同样通过采用不同的原材料和施工工艺可达到不同的装饰效果。以下为部分施工操作方法:

1. 拉毛灰

拉毛灰是在水泥砂浆或水泥混合砂浆抹灰的表面用拉毛工具(棕刷子、铁抹子或麻刷子等)将砂浆拉成波纹、斑点等花纹而做成的装饰面层。

2. 撒毛灰

撒是用茅草、高粱穗或竹条等绑成的茅扫帚蘸罩面砂浆均匀地撒在抹灰层上,形成云朵状、大小不一但有规律的饰面。

3. 扒拉灰

扒拉灰是用钢丝刷子在罩面上刷毛扒拉而形成的装饰面层。

4. 扒拉石

扒拉石适用于外墙装饰抹灰面层,用 1∶2 水泥细砾石浆,厚度一般为 10～12 mm,然后用钉耙子扒拉表面。

5. 拉条抹灰

拉条抹灰是用专用模具把面层砂浆做出竖线条的装饰抹灰做法。

6. 假面砖

假面砖是用彩色砂浆抹成相当于外墙面砖分块形式与质感的装饰抹灰面。假面砖抹灰用的彩色砂浆,一般按设计要求的色调调配数种,多配成土黄、淡黄或咖啡等颜色。

7. 仿石抹灰

仿石抹灰又称“仿假石”,是用砂浆分出大小不等的横平竖直的矩形格块,用竹丝绑扎成能手握的竹丝帚,用人工扫出横竖毛纹或斑点,有如石面质感的装饰抹灰。它适用于影剧院、宾馆内墙面和庭院外墙面等装饰抹灰。

5.6 其他特种砂浆

特种砂浆主要是指具有某种特殊性能的砂浆,如绝热、吸声、耐酸、防辐射、膨胀、自流平等。根据不同要求,选用相应的材料,并配以适合的工艺操作而成。

1. 吸声砂浆

吸声砂浆采用水泥、石膏、砂、锯末按体积比1∶1∶3∶5配制，或在石灰、石膏砂浆中掺加玻璃棉、矿棉等纤维材料制作，主要用于建筑内墙壁及平顶吸声。

2. 绝热砂浆

绝热砂浆采用水泥、石灰、石膏等胶凝材料与多孔集料（膨胀珍珠岩、膨胀蛭石等）按比例制成，用于屋面、墙壁绝热层。

3. 耐酸砂浆

耐酸砂浆用水玻璃与氟硅酸钠拌制，还可加入粉状细集料（石英岩、花岗岩、铸石等）制作而成，可用于砌衬耐酸地面。

4. 防辐射砂浆

防辐射砂浆是在水泥浆中加入重晶石粉、重晶石砂，比例约为水泥∶重晶石粉∶重晶石砂＝1∶0.25∶(4～5)，还可加入硼砂、硼酸，用于射线防护工程。

5. 膨胀砂浆

膨胀砂浆是在水泥中加入膨胀剂或使用膨胀水泥制成，主要用于修补及大型工程中填隙密封。

6. 自流平砂浆

自流平砂浆制作时掺加合适的化学外加剂和水泥，严格控制砂的级配、颗粒形态、含泥量，主要用于现代化施工中地坪敷设。

5.7 砂浆在园林工程中的应用

砂浆体现在硬质景观中主要体现了面层结合、防水作用以及面层处理上的特色景观效果（图5-1～5-4）。

图5-1　水泥砂浆在园路工程上的运用

图 5-2　水池池底嵌卵石

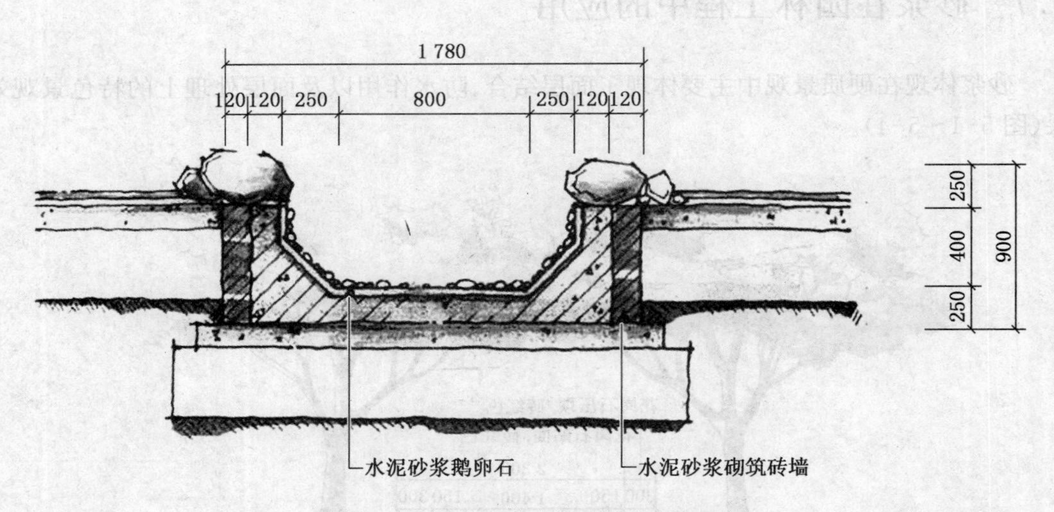

图 5-3　水泥砂浆在水池底嵌卵石的应用

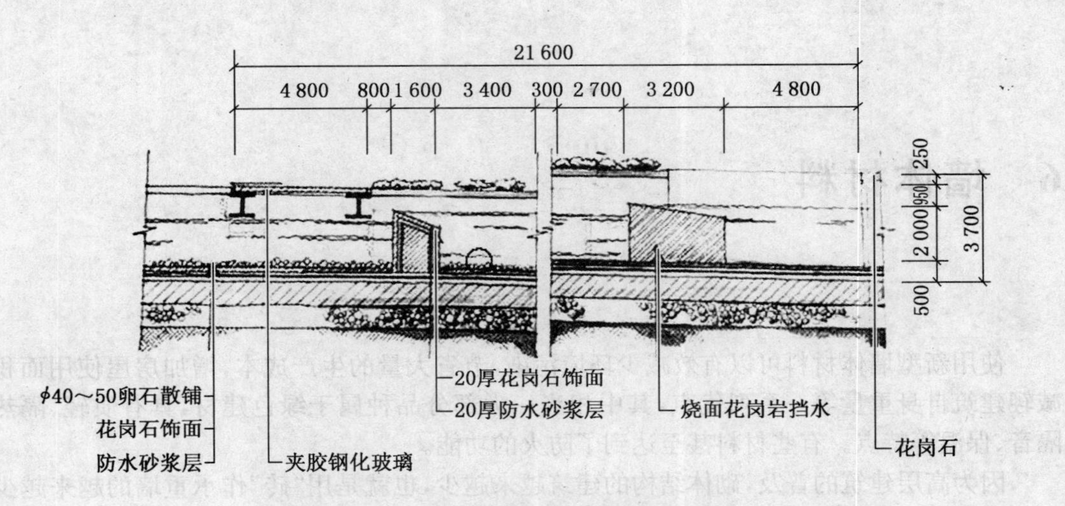

图 5-4　水池剖面结构中防水砂浆的应用

复习思考题

1. 什么是建筑砂浆？有哪些类别？
2. 建筑砂浆有哪些技术性质？
3. 装饰砂浆的施工工艺有哪些？

6 墙体材料

使用新型墙体材料可以有效减少环境污染，节省大量的生产成本，增加房屋使用面积，减轻建筑自身重量等一系列优点，其中相当一大部分品种属于绿色建材，具有质轻、隔热、隔音、保温等特点。有些材料甚至达到了防火的功能。

因为高层建筑的普及，砌体结构的建筑越来越少，也就是用“砖”作承重墙的越来越少，大量的“砖”改为轻质、隔音、保温的仅起围护作用轻质“砖”或砌块。

墙体材料的发展方向是逐步限制和淘汰实心黏土砖，大力发展多孔砖、空心砖、废渣砖、各种建筑砌块和建筑板材等各种新型墙体材料，其主要优点有：

① 轻质高强。能适应高层建筑的需要，减轻建筑物自重，简化地基处理等。

② 隔声、保温隔热多功能。降低居住和工作环境的噪声，增强音响效果，同时改善建筑物的热工性能、降低使用能耗，从而起到改善居住质量的目的，另外许多新型墙体材料还兼有防火、防霉、防盗、防水等功能。

③ 生产能耗低、保护粮田。新型墙体材料绝大多数是利用工农业废料和黏土以外的其余地方材料生产的，与普通黏土砖相比，生产能耗大为降低(一般无需高温煅烧)，且不毁坏良田。

④ 施工速度快，劳动生产率高。新型墙体材料的尺寸一般较大，并且多为预制化、单元化。因此，配以相应的施工机具可以大大加快施工速度、降低劳动强度，有利于机械化施工进程和加强施工质量管理，提高劳动生产率和工程质量。

⑤ 抗震性能好。由于新型墙体材料的表观密度小、几何尺寸大，结构整体性强，故抗震性能比黏土砖建筑物好。

⑥ 使用面积增大。由于轻质、高强、多功能，墙体厚度可相应减薄，增加建筑物有效使用面积。

⑦ 平面布置灵活，便于房屋改造。许多新型墙体材料可以根据使用要求随时进行重新拆拼。

⑧ 社会效益和经济效益好。由于新型墙体材料的众多优越性，其在瑞典、日本、英国、美国等发达国家发展很快，黏土砖的使用越来越少，90%以上的墙体材料已被新型墙体材料替代。我国起步较晚，加上经济实力不足，配套工程跟不上，虽然近年来研究和生产出了一大批新型墙体材料，但由于造价偏高、设计不配套、施工机具和技术跟不上，推广应用阻力较大。

6.1 砌墙砖

6.1.1 烧结普通砖

烧结普通砖是指以黏土、页岩、煤矸石或粉煤灰等为主要原料，经成型、焙烧而成的实心或孔洞率不大于15%的砖。根据所用原料不同，可分为烧结黏土砖(N)、烧结页岩砖(Y)、烧结煤矸石砖(M)、烧结粉煤灰砖(F)。

为了节约燃料，常将炉渣等可燃物的工业废渣掺入黏土中，用以烧制而成的砖称为内燃砖。按砖坯在窑内焙烧气氛及黏土中铁的氧化物的变化情况，可将砖分为红砖和青砖。

1. 烧结普通砖的技术要求

根据国家标准《烧结普通砖》(GB 5101—2003)的规定，烧结普通砖的技术要求包括尺寸偏差、外观质量、强度等级、抗风化性、泛霜和石灰爆裂等。强度、抗风化性能和放射性物质合格的砖，根据尺寸偏差、外观质量、泛霜和石灰爆裂等情况分为优等品(A)、一等品(B)、合格品(C)三个质量等级。烧结普通砖优等品用于清水墙的砌筑，一等品、合格品可用于混水墙的砌筑。中等泛霜的砖不能用于潮湿部位。

(1) 尺寸偏差

烧结普通砖为矩形块体材料，其标准尺寸为240 mm×115 mm×53 mm。在砌筑时加上砌筑灰缝宽度10 mm，则1 m^3砖砌体需用512块砖。每块砖的240 mm×115 mm的面称为大面，240 mm×53 mm的面称为条面，115 mm×53 mm的面称为顶面。具体参见图6-1所示。

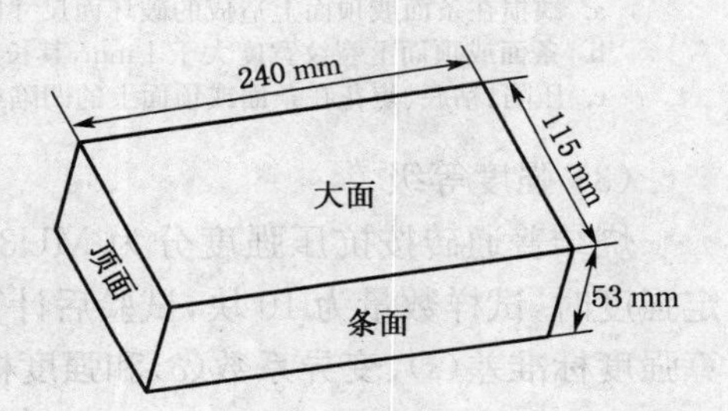

图6-1 砖的尺寸及平面名称

为保证砌筑质量，要求烧结普通砖的尺寸偏差必须符合国家标准(GB 5101—2003)的规定，见表6-1。

表6-1 烧结普通砖尺寸允许偏差 (mm)

公称尺寸	优等品		一等品		合格品	
	样本平均偏差	样本极差≤	样本平均偏差	样本极差≤	样本平均偏差	样本极差≤
240	±2.0	6	±2.5	7	±3.0	8
115	±1.5	5	±2.0	6	±2.5	7
53	±1.5	4	±1.6	5	±2.0	6

(2) 外观质量

砖的外观质量包括两条面高度差、弯曲、杂质凸出高度、缺棱掉角、裂纹、完整面等内容，各项内容均应符合表6-2的规定。

表6-2 烧结普通砖的外观质量 (mm)

项目		优等品	一等品	合格品
两条面高度差	≤	2	3	4
弯曲	≤	2	3	4
杂质凸出高度	≤	2	3	4
缺棱掉角的三个破坏尺寸	不得同时大于	5	20	30

续表

项目		优等品	一等品	合格品
裂纹长度≤	a. 大面上宽度方向及其延伸至条面的长度	30	60	80
	b. 大面上长度方向及其延伸至顶面的长度或条顶面上水平裂纹的长度	50	80	100
完整面	不得少于	两条面和两顶面	一条面和一顶面	—
颜色		基本一致	—	—

注：为装饰而加的色差，凹凸纹、拉毛、压花等不算作缺陷。
凡有下列缺陷之一者，不得称为完整面：
a. 缺损在条面或顶面上造成的破坏面尺寸同时大于 10 mm × 10 mm。
b. 条面或顶面上裂纹宽度大于 1 mm，其长度超过 30 mm。
c. 压陷、粘底、焦花在条面或顶面上的凹陷或凸出超过 2 mm，区域尺寸同时大于 10 mm × 10 mm。

(3) 强度等级

烧结普通砖按抗压强度分为 MU30、MU25、MU20、MU15、MU10 五个强度等级。测定强度时，试样数量为 10 块，试验后计算 10 块砖的抗压强度平均值，并分别按下列公式计算强度标准差(s)、变异系数(δ)和强度标准值。

$$s = \sqrt{\frac{1}{9}\sum_{i=1}^{10}(f_i - \bar{f})^2} \tag{6.1}$$

$$\delta = \frac{s}{\bar{f}} \tag{6.2}$$

$$f_k = \bar{f} - 1.8s \tag{6.3}$$

式中：s——10 块砖试样的抗压强度标准差，MPa；

δ——强度变异系数；

$\bar{f}$——10 块砖试样的抗压强度平均值，MPa；

f_i——单块砖试样的抗压强度测定值，MPa；

f_k——抗压强度标准值，MPa。

各强度等级砖的强度值应符合表 6-3 的规定。

表 6-3 烧结普通砖强度等级 (MPa)

强度等级	抗压强度平均值 $\bar{f} \geqslant$	变异系数 $\delta \leqslant 0.21$	变异系数 $\delta > 0.21$
		强度标准值 $f_k \geqslant$	单块最小抗压强度值 $f_{min} \geqslant$
MU30	30.0	22.0	25.0
MU25	25.0	18.0	22.0
MU20	20.0	14.0	16.0
MU15	15.0	10.0	12.0
MU10	10.0	6.5	7.5

(4) 泛霜

泛霜是指黏土原料中含有硫、镁等可溶性盐类时，随着砖内水分蒸发而在砖表面产生的盐析现象，一般为白色粉末，常在砖表面形成絮团状斑点。轻微泛霜即对清水砖墙建筑外观产生较大影响；中等程度泛霜的砖用于建筑中的潮湿部位时，7～8 年后因盐析结晶膨胀将使砖砌体表面产生粉化剥落，在干燥环境使用约经 10 年以后也将开始剥落；严重泛霜对建筑结构的破坏性则更大。要求优等品无泛霜现象，一等品不允许出现中等泛霜，合格品不允许出现严重泛霜。

(5) 石灰爆裂

如果烧结砖原料中夹杂有石灰石成分，在烧砖时可被烧成生石灰，砖吸水后生石灰熟化产生体积膨胀，导致砖发生胀裂破坏，这种现象称为石灰爆裂。石灰爆裂严重影响烧结砖的质量，并降低砌体强度。国家标准《烧结普通砖》(GB 5101—2003)规定：优等品砖不允许出现最大破坏尺寸大于 2 mm 的爆裂区域，一等品砖不允许出现最大破坏尺寸大于 10 mm 的爆裂区域，合格品砖不允许出现最大破坏尺寸大于 15 mm 的爆裂区域。

(6) 抗风化性能

抗风化性能是在干湿变化、温度变化、冻融变化等物理因素作用下，材料不破坏并长期保持原有性质的能力。抗风化性能是烧结普通砖的重要耐久性能之一，对砖的抗风化性要求应根据各地区风化程度的不同而定。烧结普通砖的抗风化性通常以其抗冻性、吸水率及饱和系数等指标判别。国家标准《烧结普通砖》(GB 5101—2003)指出：风化指数大于等于 12 700 时为严重风化区；风化指数小于 12 700 时为非严重风化区，部分属于严重风化区的砖必须进行冻融试验，其他地区砖的抗风化性能符合表 6-4 规定时可不做冻融试验。

表 6-4 抗风化性能

砖种类	严重风化区				非严重风化区			
	5 h 沸煮吸水率/%≤		饱和系数 ≤		5 h 沸煮吸水率/%≤		饱和系数 ≤	
	平均值	单块最大值	平均值	单块最大值	平均值	单块最大值	平均值	单块最大值
黏土砖	18	20	0.85	0.87	19	20	0.88	0.90
粉煤灰砖	21	23			23	25		
页岩砖	16	18	0.74	0.77	18	20	0.78	0.80
煤矸石砖								

注：粉煤灰掺入量(体积比)小于 30%时，按黏土砖规定判定。

2. 烧结普通砖的性质与应用

烧结普通砖具有较高的强度，又因多孔结构而具有良好的绝热性、透气性和稳定性，还具有较好的耐久性及隔热、保温等性能，加上原料广泛，工艺简单，是应用历史最长、应用范围最为广泛的砌体材料之一。烧结普通砖广泛用于砌筑建筑物的墙体、柱、拱、烟囱、窑身、沟道及基础等。

由于烧结黏土砖主要以毁田取土烧制，加上其自重大、施工效率低及抗震性能差等缺点，已不能适应建筑发展的需要。随着墙体材料的发展和推广，烧结黏土砖必将被其他墙体材料所取代。

6.1.2 烧结多孔砖和烧结空心砖

烧结普通砖具有自重大、体积小、生产能耗高、施工效率低等缺点，用烧结多孔砖和烧结空心砖代替烧结普通砖，可使建筑物自重减轻30%左右，节约黏土20%～30%，节省燃料10%～20%，施工工效提高40%，并能改善砖的隔热隔声性能。所以，推广使用多孔砖和空心砖是加快我国墙体材料改革，促进墙体材料工业技术进步的重要措施之一。

烧结多孔砖和烧结空心砖的生产工艺与烧结普通砖相同，但由于坯体有孔洞，增加了成型的难度，对原料的可塑性要求更高。

1. 烧结多孔砖

烧结多孔砖是以黏土、页岩或煤矸石为主要原料烧制的主要用于结构承重的多孔砖。其主要技术要求如下：

(1) 规格要求

烧结多孔砖有190 mm×190 mm×90 mm(M型)和240 mm×115 mm×90 mm(P型)两种规格，如图6-2所示。多孔砖大面有孔，孔多而小，孔洞率在15%以上。其孔洞尺寸为：圆孔直径<22 mm，非圆孔内切圆直径<15 mm，手抓孔(30～40)mm×(75～85)mm。

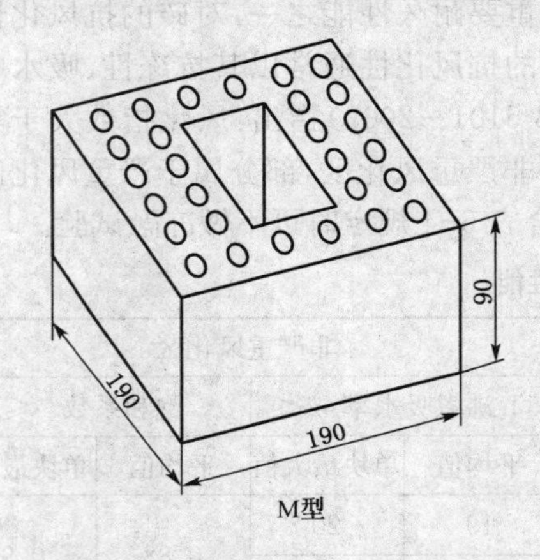

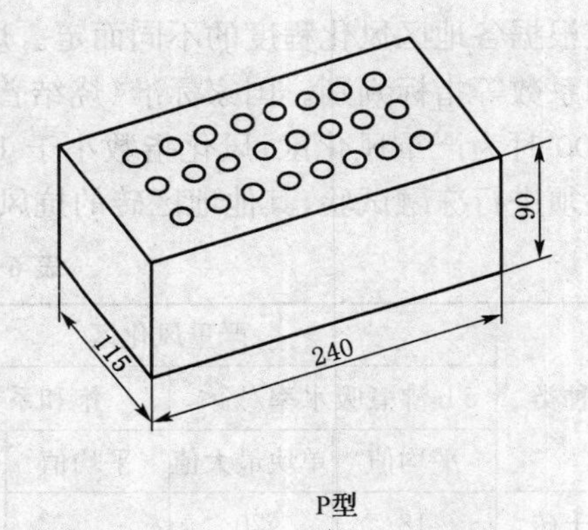

图6-2 烧结多孔砖

(2) 强度等级

根据砖的抗压强度将烧结多孔砖分为MU30、MU25、MU20、MU15、MU10五个强度等级，各强度等级的强度值应符合国家标准的规定，见表6-5。

表6-5 烧结多孔砖强度等级(GB 13544—2011) (MPa)

强度等级	抗压强度平均值 $\bar{f} \geqslant$	强度标准值 $f_k \geqslant$
MU30	30.0	22.0
MU25	25.0	18.0
MU20	20.0	14.0
MU15	15.0	10.0
MU10	10.0	6.5

(3) 其他技术要求

除了上述技术要求外，烧结多孔砖的技术要求还包括冻融、泛霜、石灰爆裂和抗风化性能等。

(4) 应用

烧结多孔砖强度较高，主要用于多层建筑物的承重墙体和高层框架建筑的填充墙和分隔墙。

2. 烧结空心砖

烧结空心砖是以黏土、页岩或粉煤灰为主要原料烧制成的主要用于非承重部位的空心砖，烧结空心砖自重较轻，强度较低，多用作非承重墙，如多层建筑内隔墙或框架结构的填充墙等。其主要技术要求如下：

(1) 规格要求

烧结空心砖的外形为直角六面体，有 290 mm×190 mm×90 mm 和 240 mm×180 mm×115 mm 两种规格。砖的壁厚应大于 10 mm，肋厚应大于 7 mm。空心砖顶面有孔，孔大而少，孔洞为矩形条孔或其他孔形，孔洞平行于大面和条面，孔洞率一般在 35%以上。空心砖形状如图 6-3 所示。

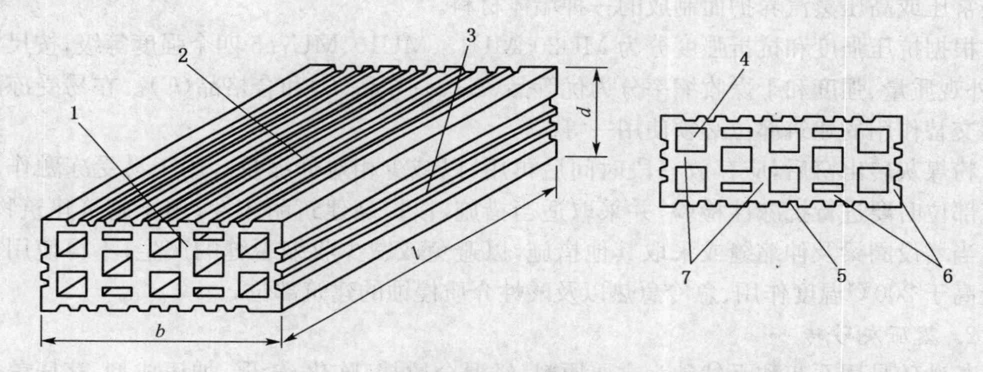

图 6-3　烧结空心砖外形

l—长度；b—宽度；d—高度；1—顶面；2—大面；
3—条面；4—壁孔；5—粉刷槽；6—外壁；7—肋

(2) 强度等级

根据空心砖大面的抗压强度，将烧结空心砖分为 MU10.0、MU7.5、MU5.0、MU3.5 四个强度等级，各产品等级的强度应符合国家标准的规定，见表 6-6。

表 6-6　烧结空心砖强度等级(GB 13545—2014)

强度等级	抗压强度/MPa		
	抗压强度平均值 $\bar{f}\geqslant$	变异系数 $\delta\leqslant0.21$	变异系数 $\delta>0.21$
		强度标准值 $f_k\geqslant$	单块最小抗压强度值 $f_{min}\geqslant$
MU10.0	10.0	7.0	8.0
MU7.5	7.5	5.0	5.8
MU5.0	5.0	3.5	4.0
MU3.5	3.5	2.5	2.8

(3) 密度等级

按砖的体积密度不同,把空心砖分成800级、900级、1 000级和1 100级四个密度等级。

(4) 其他技术要求

除了上述技术要求外,烧结空心砖的技术要求还包括冻融、泛霜、石灰爆裂等。产品的外观质量、物理性能均应符合标准规定。

6.1.3 蒸压砖

蒸压砖属硅酸盐制品,是以石灰和含硅材料(砂子、粉煤灰、煤矸石、炉渣和页岩等)加水拌和、成型、蒸养或蒸压而制成的。目前使用的主要有粉煤灰砖、灰砂砖和煤渣砖,其规格尺寸与烧结普通砖相同。

1. *蒸压粉煤灰砖*

粉煤灰砖是以粉煤灰和石灰为主要原料,加水混合拌成坯料,经陈化、轮碾、加压成型,再经常压或高压蒸汽养护而制成的一种墙体材料。

根据抗压强度和抗折强度分为MU20、MU15、MU10、MU7.5四个强度等级,按尺寸偏差、外观质量、强度和干燥收缩率分为优等品(A)、一等品(B)和合格品(C)。在易受冻融和干湿交替作用的建筑部位必须使用一等砖。

粉煤灰砖出窑后,应存放一段时间后再用,以减少相对伸缩量。用于易受冻融作用的建筑部位时要进行抗冻性检验,并采取适当措施,以提高建筑耐久性;用于砌筑建筑物时,应适当增设圈梁及伸缩缝或采取其他措施,以避免或减少收缩裂缝的产生;不得使用于长期受高于200℃温度作用、急冷急热以及酸性介质侵蚀的建筑部位。

2. *蒸压灰砂砖*

灰砂砖是用石灰和天然砂为主要原料,经混合搅拌、陈化、轮碾、加压成型、蒸压养护而制得的墙体材料。

按抗压强度和抗折强度分为MU25、MU20、MU15、MU10四个强度等级。根据尺寸偏差、外观质量、强度及抗冻性分为优等品(A)、一等品(B)和合格品(C)三个等级。

灰砂砖表面光滑平整,使用时注意提高砖与砂浆之间的黏结力;其耐水性良好,但抗流水冲刷的能力较弱,可长期在潮湿、不受冲刷的环境使用;15级以上的砖可用于基础及其他建筑部位,10级砖只可用于防潮层以上的建筑部位;另外,不得使用于长期受高于200℃温度作用、急冷急热和酸性介质侵蚀的建筑部位。

6.2 墙用砌块

砌块是用于砌筑的、形体大于砌墙砖的人造块材,一般为直角六面体,按产品主规格的尺寸可分为大型砌块(高度大于980 mm)、中型砌块(高度为380～980 mm)和小型砌块(高度大于115 mm,小于380 mm)。砌块高度一般不大于长度或宽度的6倍,长度不超过高度的3倍。根据需要也可生产各种异形砌块。

砌块是一种新型墙体材料,可以充分利用地方资源和工业废料,并可节省土资源和改善环境。其具有生产工艺简单,原料来源广,适应性强,制作及使用方便灵活并可改善墙体功能等特点，因此发展较快。

砌块的分类方法很多，若按用途可分承重砌块和非承重砌块；按有无孔洞可分为实心砌块（无孔洞或空心率<25%）和空心砌块（空心率>25%）；按材质又可分为硅酸盐砌块、轻骨料混凝土砌块、混凝土砌块等。

6.2.1 蒸压加气混凝土砌块

蒸压加气混凝土砌块是以钙质材料（水泥、石灰等）、硅质材料（砂、矿渣、粉煤灰等）以及加气剂（铝粉等），经配料、搅拌、浇注、发气、切割和蒸压养护而成的多孔轻质块体材料。

1. 主要技术性质

（1）规格尺寸

砌块的规格尺寸见表6-7。

表6-7 砌块的尺寸规格 (mm)

长度 L	宽度 B	高度 H
600	100 120 125 150 180 200 240 250 300	200 240 250 300

注：如需要其他规格，可由供需双方协商解决。

（2）砌块的强度等级与密度等级

根据国家标准《蒸压加气混凝土砌块》（GB/T 11968—2006），砌块按抗压强度分为A1.0、A2.0、A2.5、A3.5、A5.0、A7.5、A10七个强度等级，见表6-8。按干密度分为B03、B04、B05、B06、B07、B08六个级别，见表6-9。按尺寸偏差与外观质量、干密度、抗压强度和抗冻性分为优等品（A）、合格品（B）两个等级。

表6-8 加气混凝土砌块的强度等级 (MPa)

强度等级	立方体抗压强度		强度等级	立方体抗压强度	
	平均值≥	单组最小值≥		平均值≥	单组最小值≥
A1.0	1.0	0.8	A5.0	5.0	4.0
A2.0	2.0	1.6	A7.5	7.5	6.0
A2.5	2.5	2.0	A10.0	10.0	8.0
A3.5	3.5	2.8			

表6-9 加气混凝土砌块的干体积密度 (kg/m³)

干密度级别		B03	B04	B05	B06	B07	B08
干密度	优等品（A）≤	300	400	500	600	700	800
	合格品（B）≤	325	425	525	625	725	825

2. 应用

加气混凝土砌块质量轻，具有保温、隔热、隔音性能好，抗震性强、热导率低、传热速度慢、耐火性好、易于加工、施工方便等特点，是应用较多的轻质墙体材料之一。适用于低层建筑的承重墙、多层建筑的间隔墙和高层框架结构的填充墙，作为保温隔热材料也可用于复合墙板和屋面结构中。在无可靠的防护措施时，该类砌块不得用于处于水下、高湿度、有碱化学物质侵蚀等环境中，也不得用于建筑物的基础和温度长期高于 80℃的建筑部位。

6.2.2 混凝土空心砌块

混凝土空心砌块主要是以普通混凝土拌和物为原料，经成型、养护而成的空心块体墙材，其有承重砌块和非承重砌块两类。为减轻自重，非承重砌块可用炉渣或其他轻质骨料配制。常用混凝土砌块外形如图 6-4 所示。

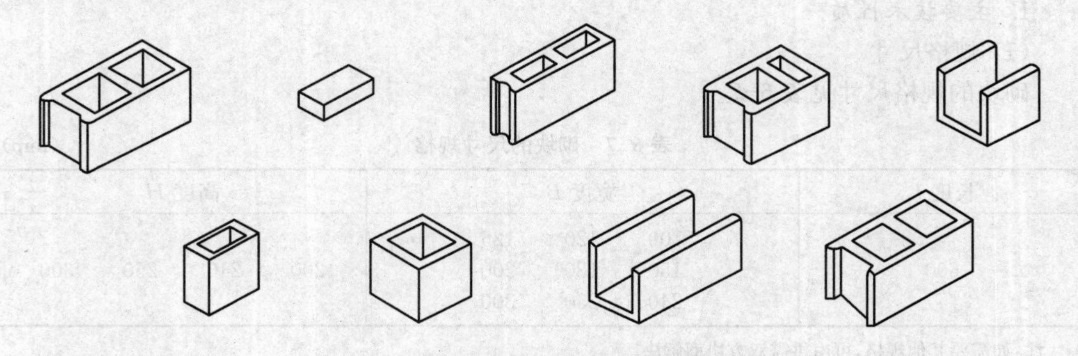

图 6-4 几种混凝土空心砌块外形示意图

1. 混凝土小型空心砌块

(1) 尺寸规格

混凝土小型空心砌块主规格尺寸为 390 mm×190 mm×190 mm，一般为单排孔，也有双排孔，其空心率为 25%～50%。其他规格尺寸可由供需双方协商。

(2) 强度等级

按砌块抗压强度分为 MU5.0、MU7.5、MU10.0、MU15.0、MU20.0、MU25 六个强度等级，具体指标见表 6-10。

表 6-10 混凝土小型空心砌块的抗压强度(GB 8239—2014) (MPa)

强度等级		MU5.0	MU7.5	MU10.0	MU15.0	MU20.0	MU25.0
抗压强度	平均值≥	5.0	7.5	10.0	15.0	20.0	25.0
	单块最小值≥	4.0	6.0	8.0	12.0	16.0	20.0

(3) 应用

混凝土空心小型砌块适用于地震设计烈度为 8 度及 8 度以下地区的一般民用与工业建筑物的墙体。出厂时的相对含水率必须满足标准要求；施工现场堆放时，必须采取防雨措施；砌筑前不允许浇水预湿。

2. 轻集料混凝土小型空心砌块

轻集料混凝土小型空心砌块是以陶粒、膨胀珍珠岩、浮石、火山渣、煤渣、自燃煤矸石等各种轻粗细集料和水泥按一定比例配制，经搅拌、成型、养护而成的空心率大于 25%、体积密度小于 1 400 kg/m³ 的轻质混凝土小砌块。

该砌块的主规格为 390 mm×190 mm×190 mm，其他规格尺寸可由供需双方协商。强度等级为 MU2.5、MU3.5、MU5.0、MU7.5、MU10.0，其各项性能指标应符合国家标准的要求。

轻集料混凝土小型空心砌块是一种轻质高强、能取代普通黏土砖的很有发展前景的一种墙体材料，不仅可用于承重墙，还可以用于既承重又保温或专门保温的墙体，更适合于高层建筑的填充墙和内隔墙。

6.3 墙板

6.3.1 水泥类墙板

水泥类的墙用板材具有较好的力学性能和耐久性，生产技术成熟，产品质量可靠，可用于承重墙、外墙和复合墙板的外层面。其主要缺点是体积密度大，抗拉强度低（大板在起吊过程中易受损）。生产中可制作预应力空心板材以减轻自重和改善隔音隔热性能，也可制作以纤维等增强的薄型板材，还可在水泥类板材上制作成具有装饰效果的表面层（如花纹线条装饰、露骨料装饰、着色装饰等）。

1. 轻集料混凝土配筋板

轻集料混凝土配筋板可用于非承重外墙板、内墙板、楼板、屋面板和阳台板等。

2. 玻璃纤维增强低碱度水泥轻质板（GRC 板）

玻璃纤维增强低碱度水泥轻板是以低碱水泥为胶结料、耐碱玻璃纤维或其网格布为增强材料，膨胀珍珠岩为骨料（也可用炉渣、粉煤灰等），并配以发泡剂和防水剂等，经配料、搅拌、浇注、振动成型、脱水、养护而成。其可用于工业和民用建筑的内隔墙及复合墙体的外墙面。

3. 纤维增强低碱度水泥建筑平板

纤维增强低碱度水泥建筑平板是以低碱水泥、耐碱玻璃纤维为主要原料，加水混合成浆，经制浆、抄取、制坯、压制、蒸养而成的薄型平板。其中，掺入石棉纤维的称为 TK 板，不掺的称为 NTK 板。其质量轻、强度高、防潮、防火、不易变形，可加工性（锯、钻、钉及表面装饰等）好，适用于各类建筑物的复合外墙和内隔墙，特别是高层建筑有防火、防潮要求的隔墙。

4. 水泥木丝板

水泥木丝板是以木材下脚料经机械刨切成均匀木丝，加入水泥、水玻璃等经成型、冷压、养护、干燥而成的薄型建筑平板。它具有自重轻、强度高、防火、防水、防蛀、保温、隔音等性能，可进行锯、钻、钉、装饰等加工，主要用于建筑物的内外墙板、天花板、壁橱板等。

5. 水泥刨花板

水泥刨花板以水泥和木板加工的下脚料刨花为主要原料，加入适量水和化学助剂，经搅拌、成型、加压、养护而成，其性能和用途同水泥木丝板。

6.3.2 石膏类墙板

石膏制品有许多优点，石膏类板材在轻质墙体材料中占有很大比例，主要有纸面石膏板、石膏纤维板、石膏空心板和石膏刨花板等。

1. 纸面石膏板

纸面石膏板材是以石膏芯材与牢固结合在一起的护面纸组成，分普通型、耐水型和耐火型三种。由建筑石膏及适量纤维类增强材料和外加剂为芯材，与具有一定强度的护面纸组成的石膏板为普通纸面石膏板；若在芯材配料中加入防水、防潮外加剂，并用耐水护面纸，即可制成耐水纸面石膏板；若在配料中加入无机耐火纤维和阻燃剂等，即可制成耐火纸面石膏板。

纸面石膏板常用规格为：

长度：1 800 mm、2 100 mm、2 400 mm、2 700 mm、3 000 mm、3 300 mm、3 600 mm。

宽度：900 mm 和 1 200 mm。

厚度：普通纸面石膏板为 9 mm、12 mm、15 mm 和 18 mm；

耐水纸面石膏板为 9 mm、12 mm 和 15 mm；

耐火纸面石膏板为 9 mm、12 mm、15 mm、18 mm、21 mm 和 25 mm。

纸面石膏板的体积密度为 800～950 kg/m³，导热系数约为 0.20 W/(m·K)，隔声系数为 35～50 dB，抗折荷载为 400～800 N，表面平整、尺寸稳定。具有自重轻、隔热、隔声、防火、抗震，以及可调节室内湿度、加工性好、施工简便等优点，但其用纸量较大、成本较高。

普通纸面石膏板可作室内隔墙板、复合外墙板的内壁板、天花板等。耐水型板可用于相对湿度较大(≥75%)的环境，如厕所、盥洗室等。耐火型纸面石膏纸主要用于对防火要求较高的房屋建筑中。

2. 石膏纤维板

石膏纤维板材是以纤维增强石膏为基材的无面纸石膏板材，常用无机纤维或有机纤维为增强材料，与建筑石膏、缓凝剂等经打浆、铺装、脱水、成型、烘干而制成，可节省护面纸，具有质轻、高强、耐火、隔声、韧性高的性能，可加工性好，其尺寸规格和用途与纸面石膏板相同。

3. 石膏空心板

石膏空心板外形与生产方式类似于水泥混凝土空心板。它是以熟石膏为胶凝材料，适量加入各种轻质集料(如膨胀珍珠岩、膨胀蛭石等)和改性材料(如矿渣、粉煤灰、石灰、外加剂等)，经搅拌、振动成型、抽芯模、干燥而成。其长度为 2 500～3 000 mm，宽度为 500～600 mm，厚度为 60～90 mm。该板生产时不用纸和胶，安装墙体时不用龙骨，设备简单，较易投产。

石膏空心板的体积密度为 600～900 kg/m³，抗折强度为 2～3 MPa，导热系数约为 0.22 W/(m·K)，隔声指数大于 30 dB。具有质轻、比强度高、隔热、隔声、防火、可加工性好等优点，且安装方便。其适用于各类建筑的非承重内隔墙，但若用于相对湿度大于 75%的环境中，则板材表面应作防水等相应处理。

4. 石膏刨花板

石膏刨花板材是以熟石膏为胶凝材料，木质刨花为增强材料，添加所需的辅助材料，经配合、搅拌、铺装、压制而成，具有上述石膏板材的优点，适用于非承重内隔墙和作装饰板材的基材板。

6.3.3 复合墙板

以单一材料制成的板材，常因材料本身的局限性而使其应用受到限制。如质量较轻、隔热、隔声效果较好的石膏板、加气混凝土板等因其耐水性差或强度较低所限，通常只能用于非承重的内隔墙。而水泥混凝土类板材虽有足够的强度和耐久性，但其自重大，隔声保温性能较差。为克服上述缺点，常用不同材料组合成多功能的复合墙体以满足需要。

常用的复合墙板主要由承受(或传递)外力的结构层(多为普遍混凝土或金属板)和保温层(矿棉、泡沫塑料、加气混凝土等)及面层(各类具有可装饰性的轻质薄板)组成，其优点是承重材料和轻质保温材料的功能都得到合理利用，实现物尽其用，开拓材料来源。复合墙体构造如图 6-5 所示。

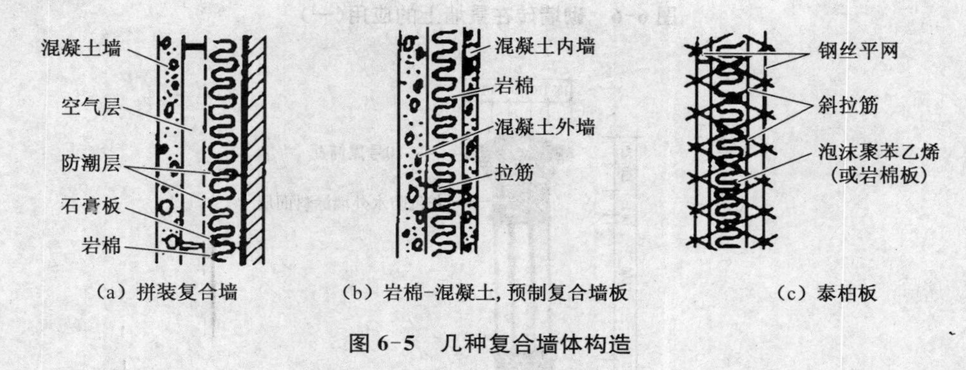

图 6-5 几种复合墙体构造

1. 混凝土夹心板

混凝土夹心板以 20～30 mm 厚的钢筋混凝土作内外表面层，中间填以矿渣毡或岩棉毡、泡沫混凝土等保温材料，夹层厚度视热工计算而定。内外两层面板以钢筋件连接。用于内外墙。

2. 泰柏板

泰柏板是以钢丝焊接成的三维钢丝网骨架与高热阻自熄性聚苯乙烯泡沫塑料组成的芯材板，两面喷(抹)涂水泥砂浆而成。

泰柏板的标准尺寸为 1 220 mm×2 440 mm，标准厚度为 100 mm。由于所用钢丝网骨架构造及夹芯层材料、厚度的差别等，该类板材有多种名称，如 GY 板(夹芯为岩棉毡)、三维板、3D 板、钢丝网节能板等，但它们的性能和基本结构均相似。

泰柏板轻质高强、隔热隔声、防火防潮、防震、耐久性好、易加工、施工方便。适用于自承重外墙、内隔墙、屋面板、3 m 跨内的楼板等。

6.4 墙体材料在园林工程中的应用

墙体材料在园林工程上的应用主要体现在砖在景墙、花池、水池等方面的应用，以及以青砖为主的材料在景墙方面的应用，如图 6-6～6-15 所示。

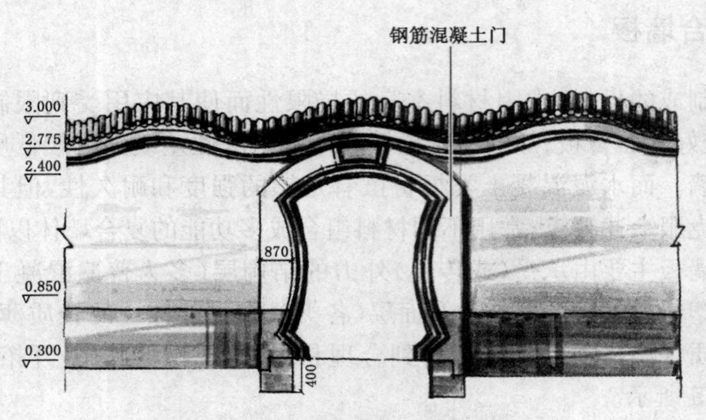

图 6-6　砌墙砖在景墙上的应用(一)

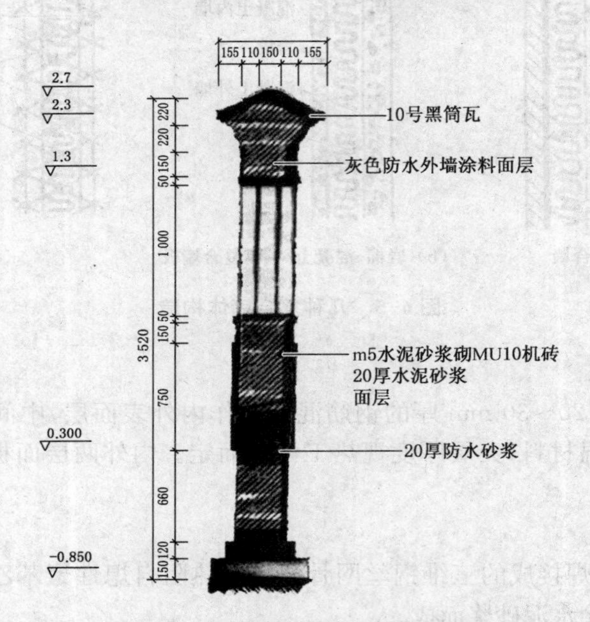

图 6-7　砌墙砖在景墙上的应用(二)

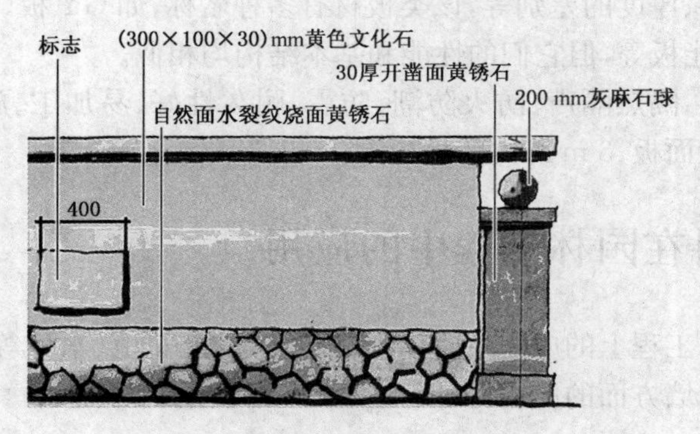

图 6-8　砌墙砖在景墙上的应用(三)

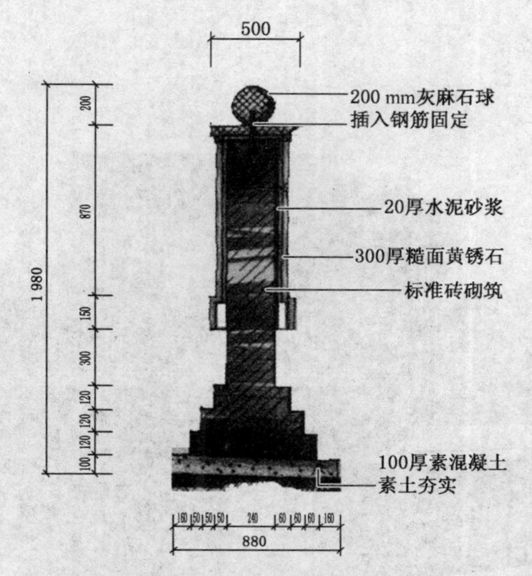

图 6-9 砌墙砖在景墙上的应用(四)

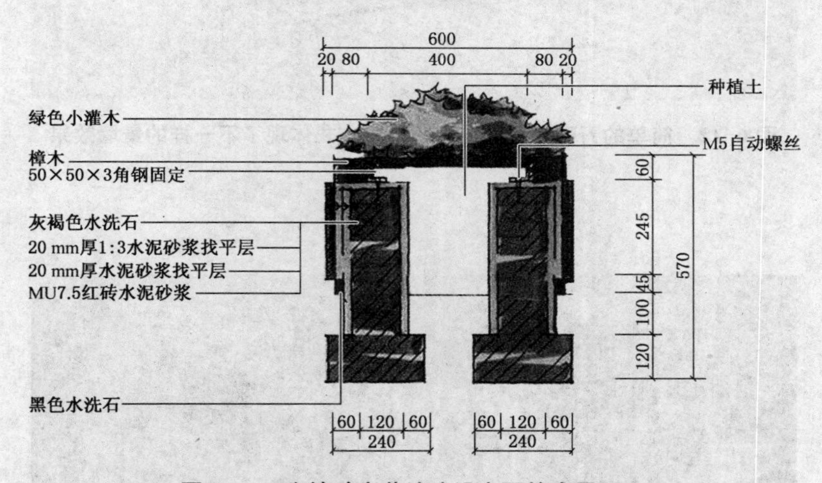

图 6-10 砌墙砖在花池建设方面的应用(一)

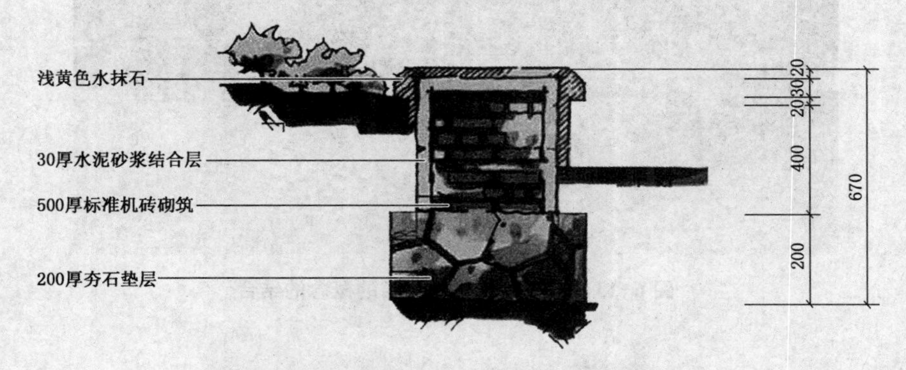

图 6-11 砌墙砖在花池建设方面的应用(二)

图 6-12　简单的青砖以互相搭接的巧妙方式体现了不一样的景墙效果

图 6-13　青砖和传统中国窗的概念的结合

图 6-14 青砖墙和绿地的搭配

图 6-15 青砖结合艺术字共同形成的景墙

复习思考题

1. 按材质分类，墙用砌块有哪几类？砌块与烧结普通融土砖相比，有什么优点？

2. 在墙体材料中，有哪些材料不宜长期处于潮湿的环境中？有哪些材料不宜长期处于高热（>200℃）的环境中？

3. 简述墙板的种类和工程应用。

4. 采用烧结多孔砖及空心砖有何技术经济意义？

7 装饰石材及建筑陶瓷

装饰石材包括天然石材和人造石材两大类。

天然石材主要是指天然大理石和天然花岗石。它们具有较高的强度、硬度和耐磨、耐久等优良的性能，而且具有丰富多彩的天然纹理，美观而自然，因而受到人们的青睐。

人造石材包括水磨石、人造大理石、人造花岗石和其他人造石材，与天然石材相比，人造石材具有质量轻、强度高，耐污耐磨、造价低廉等优点，从而成为一种很有发展前途的装饰材料。

7.1 天然石材

天然岩石不经机械加工或经机械加工而得到的材料统称天然石材。天然石材是古老的建筑材料，具有强度高、装饰性好、耐久性高、来源广泛等特点。由于现代开采与加工技术的进步，使得石材在现代建筑中，特别是建筑装饰中得到了广泛的应用。

岩石按地质形成条件分为岩浆岩(即火成岩，例如花岗岩、正长岩、玄武岩、辉绿岩等)、沉积岩(即水成岩，例如砂岩、页岩、石灰岩、石膏等)和变质岩(例如大理石、片麻岩、石英岩等)三大类，它们具有不同的结构、构造和性质。用于建筑装饰用的主要有花岗石和大理石两类。

1. *岩浆岩*

岩浆岩由地壳内部熔融岩浆上升冷却而成。岩浆在地表深处缓慢冷却结晶而成的岩石称为深成岩，其结构致密，晶粒粗大，体积密度大，抗压强度高，吸水性小，耐久性高。建筑上常用的花岗岩、正长岩、灰长岩、闪长岩等属于深成岩。

(1) 花岗岩(俗称豆渣石)

花岗岩属于深成火成岩，是火成岩中分别最广的岩石，其主要矿物组成为长石、石英和少量云母，为全晶质，有细粒、中粒、粗粒、斑状等多种构造，以细粒构造性质为好。通常有灰、白、黄、粉红、红、纯黑等多种颜色，具有很好的装饰性。

① 天然花岗石的特点。天然花岗石密度一般为 2 700～2 800 kg/m^3；抗压强度高，为 120～250 MPa；吸水率低于 0.2%；抗冻性高达 100～200 次；耐风化；使用年限 25～200 年。

天然花岗石构造细密，质地坚硬，耐摩擦，耐酸碱，耐腐蚀，耐高温，耐光照好。

天然花岗石自重大，增加了建筑体的重量；硬度大，开采与加工不易，质脆、耐火性差，含有大量的石英在 573～870℃的高温下均会发生晶态转变，产生体积膨胀，火灾时会造成花岗石的爆裂。

② 天然花岗石的应用。天然花岗石可制成高级饰面板，用于宾馆、饭店、纪念性建筑物等门厅、大堂的墙面、地面、墙裙、勒脚及柱面的饰面等。

③ 天然花岗石的品种。天然花岗石荒料经锯切加工制成花岗石板材后，可采用不同的加工工序将花岗石板材制成多种品种，以满足不同的用途需要，其主要品种有：

剁斧板材：石材表面经手工剁斧加工，表面粗糙，呈有规则的条状斧纹。表面的质感粗犷大方，一般用于外墙、防滑地面、台阶等。

机刨板材：石材表面被机械刨成较为平整的表面，有相互平行的刨切纹，用于与剁斧板材类似的场合。

粗磨板材：石材表面经过粗磨，表面平滑无光泽，主要用于需要柔光效果的墙面、柱面、台阶、基座、纪念碑等。

磨光板材：石材表面经磨细加工和抛光，表面光亮，花岗石的晶体纹理清晰，颜色绚丽多彩，多用于室内外地面、墙面、立柱、台阶等装饰。

④ 天然花岗石板材的分类、等级和命名标记。花岗石板材按形状分为普通型板材(N)和异形板材(S)。常用普通型板材厚度 20 mm。

花岗石板材按加工程度的不同，可分为以下三种。

细面板材(RB)：它是表面平整、光滑的板材。

镜面板材(PL)：它是表面平整，具有镜面光泽的板材。

粗面板材(RU)：它是表面平整、粗糙，具有较规则加工条纹的机刨板、剁斧板、锤击板等。

花岗石板材按其外观质量分为优等品(A)、一等品(B)、合格品(C)三个等级。

命名顺序为：荒料产地地名、花纹色调特征名称、花岗石(G)。

标记顺序为：命名、分类、规格尺寸、等级、标准号。如：命名为济南青花花岗石标记为：济南青(G) N PL 400 mm×400 mm×20 mm A JC205。

产地：北京西山，山东泰山、崂山，江苏金山，安徽黄山、大别山，陕西华山、秦岭，湖南衡山，浙江莫干山，广东云浮、丰顺县，河南太行山，四川峨眉山、横断山以及云南、广西、贵州等。

(2) 玄武岩

玄武岩为岩浆冲破覆盖岩层喷出地表冷凝而成的岩石，由辉石和长石组成。体积密度为 2 900～3 300 kg/m^3、抗压强度为 100～300 MPa，脆性大、抗风化性较强。主要用于基础、桥梁等石砌体，破碎后可作为高强混凝土的骨料。

(3) 辉长岩、闪长岩、辉绿岩

辉长岩、闪长岩、辉绿岩由长石、辉石和角闪石等组成。三者的体积密度均较大，为 2 800～3 000 kg/m^3、抗压强度为 100～280 MPa，耐久性及磨光性好。常呈深灰、浅灰、黑灰、灰绿、黑绿和斑纹。除用于基础等石砌体外，还可用作名贵的装饰材料。

(4) 火山碎屑岩

岩浆被喷到空气中，急速冷却而形成的岩石称火山碎屑岩，又称火山碎屑。因喷到空气中急速冷却而成，故内部含有大量的气孔，并多呈玻璃质，有较高的化学活性。常用的有火山灰、火山渣、浮石等，主要用作轻骨料混凝土的骨料、水泥的混合材料等。

2. 沉积岩

地表的各种岩石在外力地质作用下经风化、搬运、沉积成岩作用（压固、胶结、重结晶等），在地表或地表不太深处形成的岩石称沉积岩，又称为水成岩。沉积岩的主要特征是呈层状构造，各层岩石的成分、构造、颜色、性能均不同，且各向异性。与深成火成岩相比，沉积岩的体积密度小、孔隙率和吸水率大、强度和耐久性较低。

(1) 石灰岩

石灰岩俗称青石，为海水或淡水中的生物残骸沉积而成，主要由方解石组成，常含有一定数量的白云石、菱镁矿（碳酸镁晶体）、石英、黏土矿物等，分布极广。分为密实、多孔和散粒构造，密实构造的即为普通石灰岩。常呈灰、灰白、白、黄、浅红色、黑、褐红等颜色。

密实石灰岩的体积密度为2 400～2 600 kg/m^3、抗压强度为20～120 MPa、莫氏硬度为3～4，当含有的黏土矿物超过3%～4%时，抗冻性和耐水性显著降低，当含有较多的氧化硅时，强度、硬度和耐久性提高。石灰岩遇稀盐酸时强烈起泡，硅质和镁质石灰岩起泡不明显。

石灰岩可以用于大多数基础、墙体、挡土墙等石砌体。破碎后可用于混凝土。石灰岩也是生产石灰和水泥等的原料。石灰岩不得用于酸性或二氧化碳含量多的水中，因方解石会被酸或碳酸溶蚀。

(2) 砂岩

砂岩主要由石英等胶结而成，根据胶结物的不同可分为下面几种。

硅质砂岩：由氧化硅胶结而成，呈白、浅灰、浅黄、淡红色，强度可达300 MPa，耐久性、耐磨性、耐酸性高，性能接近花岗岩。纯白色硅质砂岩又称白玉石。硅质砂岩可用于各种装饰及浮雕、踏步、地面及耐酸工程。

钙质砂岩：由碳酸钙胶结而成，为砂岩中最常见和最常用的，呈白、灰白色，强度较大，但不耐酸，可用于大多数工程。

镁质砂岩：由氧化铁胶结而成，常呈褐色，性能较差，密实者可用于一般工程。

黏土质砂岩：由黏土胶结而成，易风化、耐水性差，甚至会因水作用而溃散。一般不用于建筑工程。

此外还有长石砂岩、硬砂岩，二者强度较高，可用于建筑工程。

由于砂岩的性能相差较大，使用时需加以区别。

3. 变质岩

岩石由于岩浆等的活动（主要为高温、高湿、压力等），发生再结晶，使它们的矿物成分、结构、构造以至化学组成都发生改变而形成的岩石。常用的变质岩主要有下面几种。

(1) 大理石

大理石由石灰岩或白云岩变质而成，主要矿物组成为方解石、白云石，具有等粒、不等粒、斑状结构，常呈白、浅红、浅绿、黑、灰等颜色（斑纹），抛光后具有优良的装饰性。白色大理石又称为汉白玉，主要成分为碳酸钙，占50%以上，其次还有碳酸镁、氧化钙、氧化镁及氧化硅等。

天然大理石板材是由天然大理石荒料经锯切、打磨、抛光及切割而成。

① 天然大理石的特点。天然大理石属于中硬石材，密度 2 500～2 600 kg/m³，抗压强度高，为 47～140 MPa。质地细密，抗压性强，吸水率小于 1.0%，耐磨，耐弱酸碱，不变形，花纹多样，色泽鲜艳。

大理石的抗风化性能较差，主要化学成分为碱性物质，大理石的化学稳定性不如花岗岩，不耐强酸，空气和雨水中所含酸性物质和盐类对大理石有腐蚀作用，故大理石不宜用于建筑物外墙和其他露天部位的装饰，适用于室内。

② 天然大理石的应用。天然大理石可制成高级装饰工程的饰面板，用于宾馆、展览馆、影剧院、商场、图书馆、机场、车站等公共建筑工程的室内墙面、柱面、栏杆、地面、窗台板、服务台的饰面等。此外还可用于制作大理石壁画、工艺品、生活用品等，使用年限达 30～80 年。

③ 天然大理石的品种。天然大理石颜色花纹各有不同，可根据其特点分为云灰、单色和彩色三大类：

云灰大理石：花纹如灰色的色彩，灰色的石面上或是像乌云，或是像浮云漫天，有些云灰大理石的花纹很像水的波纹，又称水花石。云灰大理石纹理美观大方，加工性能好，是较理想的饰面材料。

单色大理石：色泽洁白的汉白玉、象牙白等属于单色大理石，纯黑如墨的中国黑、墨玉等属于黑色大理石。这些单色的大理石是很好的雕刻和装饰材料。

彩花大理石：这种石材是层状结构的结晶或斑状条纹，经过抛光打磨后，显现出各种色彩斑斓的天然图案。经过精心挑选和研磨，可以制成由天然纹理构成的山水、花木等美丽的画面。

④ 天然大理石板材的分类、等级和命名标记。天然大理石板材按形状分为普通型板材(N)和异形板材(S)。普通型板材，是指正方形或长方形的板材；异形板材，是指其他形状的板材。常用普通型板材的厚度为 20 mm，长度从 300 mm 至 1 200 mm 不等，宽度从 150 mm 至 900 mm 不等。

大理石板材按板材的规定尺寸允许偏差，平面度允许极限公差，角度允许极限公差，以及按其外观质量和镜面光泽度，分为优等品(A)、一等品(B)、合格品(C)三个等级。

命名顺序为：荒料产地地名、花纹色调特征名称、大理石(M)。

标记顺序为：命名、分类、规格尺寸、等级标准号。如：命名为北京房山白色大理石标记为：房山汉白玉(M) N 600 mm×400 mm×20 mm B JC79。

产地：云南大理，北京房山，湖北大冶、黄石，河北曲阳，山东平度、莱阳，广东云浮，江苏高资，安徽灵璧、怀宁，广西桂林，浙江杭州等地区。

(2) 片麻石

片麻石由花岗岩变质而成，呈片状构造，各向异性。片麻石在冰冻作用下易成层剥落，体积密度为 2 600～2 700 kg/m³，抗压强度为 120～250 MPa(垂直解理方向)。可用于一般建筑工程的基础、勒脚等石砌体，也作混凝土骨料。

(3) 石英石

石英石由硅质砂岩变质而成，结构致密、均匀、坚硬，加工困难，非常耐久，耐酸性好，抗压强度为 250～400 MPa。主要用于纪念性建筑等的饰面以及耐酸工程，使用寿命可达千年以上。

7.2 人造石材

用人工的方法制造的具有天然石材的纹理和质感的合成石，称人造石材。它的花纹图案可以人为的控制，如仿天然大理石、仿花岗石、仿玛瑙石等，且质量轻、强度高、耐污染、耐腐蚀、施工方便，是现代建筑理想的装饰材料，广泛应用在室内装饰材料中。

人造石材的类型按其所用的材料的不同，一般分为树脂型、水泥型、复合型和烧结型四类。

1. 树脂型人造石材

树脂人造石材也称聚酯型人造石材。

(1) 定义

树脂型人造石材是以不饱和聚酯树脂为黏结剂，配以天然的大理石碎石、石英砂、方解石、石粉等无机矿物填料，以及适量的阻燃剂、稳定剂、颜料等附加剂，经配料、混合、浇注、震动、压缩、固化成型、脱模烘干、表面抛光等工序加工而成的一种人造石材。

(2) 树脂型人造石材的品种按其表面图案的不同可分为人造大理石、人造花岗石、人造玛瑙石和人造玉石等几种。

① 人造大理石。有类似大理石的云朵状花纹和质感，填料可在 0.5～1.0 mm，可用石英砂、硅石粉和碳酸钙。

② 人造花岗石。有类似花岗石的星点花纹质感，如粉红底星点、白底黑点等品种，填充料配比是按其花色而特定的。

③ 人造玛瑙石。有类似玛瑙的花纹和质感，所使用的填料有很高的细度和纯度；制品具有半透明性，填充料可使用氢氧化铝和合适的大理石粉料。

④ 人造玉石。有类似玉石的色泽、半透明状，所使用的填料有很高的细度和纯度，有仿山田玉、仿芙蓉玉、仿紫晶等品种。

(3) 性能及应用

① 色彩花纹仿真性强，其质感和装饰效果完全可以与天然大理石和天然花岗石媲美。

② 强度高、不易碎，其板材厚度薄，重量轻，可直接用聚酯砂浆或 107 胶水泥净浆进行粘贴施工。

③ 具有良好的耐酸碱性、耐腐蚀性和抗污染性。

④ 可加工性好，比天然石材易于锯切、钻孔。

⑤ 会老化。树脂型人造石材在大气中长期受阳光、大气、热量、水分等的综合作用后，随时间的延长会逐渐老化，表面将失去光泽，颜色变暗，从而降低其装饰效果。

应用于室内外的地面装饰，卫生洁具如洗面盆、浴缸、便器等产品，还可以作为楼梯面板、窗台板、服务台面、茶几面等。

2. 水泥型的人造石材

(1) 定义

水泥型人造石材是以水泥为黏结剂，砂为细骨料、碎大理石为粗骨料，经过成型、养护、研磨、抛光等工序而制成的一种人造石材。常用白水泥、彩色水泥、普通水泥、普通硅水泥、铝酸盐水泥为胶结材料。

(2) 性能及应用

① 强度高,坚固耐用。

② 表面光泽度高,花纹耐久,抗风化,耐久性好。

③ 防潮性优于一般的人造大理石。

④ 美观大方,物美价廉,施工方便等。

广泛应用于开间较大的地面、墙面及门厅的柱面、花台、窗台等部位。

3. 复合型人造石材

(1) 定义

复合型人造石材是指所用的黏结剂既有无机材料又有有机高分子材料,所以称为复合型人造石材。

(2) 制作工艺

先将无机填料用无机胶结剂胶结成型、养护后,再将坯体浸渍在有机单体中,使其在一定的条件下聚合。复合型人造石材一般为三层,底材要采用无机材料,其性能稳定具有价格较低;面层可采用聚酯和大理石粉制作,以获得最佳的装饰效果。

(3) 性能及应用

复合型人造石材制品造价较低,但它受温差影响后,聚酯面易产生剥落或开裂。

复合型人造石材应用在室内的品种,如石面的装饰。

4. 烧结型人造石材

烧结型人造石材的生产工艺是将斜长石、石英、辉石的石粉及赤铁矿粉和高岭土等混合,一般用40%的黏土和60%的矿粉制成泥浆后,采用泥浆法制备坯料,再用半干法成型,在窑炉中以1 000℃左右的高温焙烧而成。烧结型人造石材需要高温烧成,能耗高、造价高,产品易破损,但它的装饰性好,性能稳定。

7.3 建筑陶瓷

7.3.1 陶瓷

(1) 概念

陶瓷的生产经历了漫长的发展过程,工艺由简单到复杂、制作由粗糙到精细、烧制由低温到高温、装饰由无釉到有釉。随着生产力的发展和科学技术水平的提高,人们对陶瓷所赋予的含义与功能也在发生着显著的变化。

传统的陶瓷产品如日用陶瓷、建筑陶瓷、电力陶瓷等是用黏土类及其他天然矿物原料经过粉碎加工、成型、煅烧等过程而得到的。随着材料科学的发展,陶瓷的基本原料组成发生了巨大的变化和革新,一些化工矿物原料也成为陶瓷制品的原料。由于陶瓷所用的原料主要是硅酸盐矿物,所以有时也会归属于硅酸盐类材料。甚至在有些国家,陶瓷就是硅酸盐或窑业产品的同义词。

因此,传统的陶瓷的概念在今天就显得不适用了。一般传统上对陶瓷的定义是:使用黏土类及其他天然矿物(瓷土粉)等为原料经过粉碎加工、成型、煅烧等过程而得到的产品。

很多新的陶瓷品种,如氧化物陶瓷、压电陶瓷等,它们还是按照传统的生产工艺过程制成,所不同的只是采用了现代化的制造设备。因此,现代陶瓷的概念通常是指传统陶瓷生产方法制成的无机多晶产品。

(2) 陶瓷的分类

陶瓷是陶器、炻器和瓷器的总称。炻器是介于陶器与瓷器之间的一类产品,或称其为半瓷、石胎瓷等。三类陶瓷的原料和制品性能的变化是连续和相互交错的,很难有明确的区分界限。从陶器、炻器到瓷器,其原料是从粗到精,烧成温度由低到高,坯体结构由多孔到致密。

① 陶质制品。陶器通常有一定的吸水率,为多孔结构,通常吸水率较大,断面粗糙无光,不透明,敲之声音喑哑,有的无釉,有的施釉。陶质制品主要以陶土、沙土为原料配以少量的瓷土或熟料等,经 1 000℃左右的温度烧制而成。

陶质制品可分为粗陶和精陶两种。粗陶坯料一般由一种或多种含杂质较多的黏土组成,有时还需要掺瘠性原料或熟料以减少收缩。建筑上使用的砖、瓦、陶管、盆、罐等都属此类。

精陶是指坯体呈白色或象牙色的多孔性陶制品,其制品的选料要比粗陶精细,多以可塑性黏土、高岭土、长石、石英为原料。精陶的外表大多数都施釉,饰釉通常要经过素烧和釉烧两次烧成,其中素烧的温度在 1 250～1 280℃。精陶的吸水率一般在 9%～12%之间,最大不应超过 17%。通常建筑上所用的各种釉面内墙砖均属此类。

② 瓷质制品。瓷质制品是以粉碎的岩石粉(如瓷土粉、长石粉、石英粉等)为主要原料经 1 300～1 400℃高温烧制而成。其结构致密、吸水率极小,色彩洁白,具有一定的半透明性,其表面施有釉层。瓷质制品按其原料的化学成分与加工工艺的不同,又分为粗瓷和细瓷两种。

(3) 炻器。炻器结构比陶质致密、略低于瓷质,一般吸水率较小,其坯体多数带有颜色而且呈半透明性。炻器按其坯体的致密性、均匀性以及粗糙程度分为粗炻器和细炻器两大类。建筑装饰上用的外墙砖、地砖以及耐酸化工陶瓷均属于粗炻器。日用炻器和工艺陈设品属于细炻器。中国的细炻器中不乏名品,享誉世界的江苏宜兴紫砂陶就是一种不施釉的有色细炻器。

细炻质制品与陶质、瓷质制品相比,在一些性能上具有一定的优势。它比陶器强度高、吸水率低,比瓷器热稳定性好、成本低。此外,炻器的生产原料较广泛,对原料杂质的控制不需要像瓷器那样严格,因此在建筑工程中得以广泛应用。

7.3.2 陶瓷的主要生产原料

陶瓷坯体的主要原料有可塑性原料、瘠性原料、熔剂原料三大类。

可塑性原料即黏土原料,它是陶瓷坯体的主体。瘠性原料可降低黏土的塑性,减少坯体的收缩,防止高温烧成时坯体变形。熔剂原料能够降低烧成温度,有些石英颗粒及高岭土的分解产物能被其溶解,常用的熔剂原料有长石、滑石等。

1. 可塑性材料——黏土

(1) 黏土的形成

黏土是由天然岩石经过长期风化、沉积而成，它是多种微细矿物的混合体，是很复杂的一类矿物原料。它的化学组成、矿物成分、技术特性以及生成条件都是非常复杂的，也是不完全固定的。黏土的种类和性能好坏对陶瓷制品质量有着重要影响。

黏土的风化作用分为机械风化（温度变化、冰冻、水力等）和化学风化（空气中的 CO_2 和水作用）以及有机物风化（动植物遗骸腐蚀）等多种情况。

(2) 黏土的分类

① 按地质构造分，黏土可分为残留黏土和沉积黏土。

② 按构成黏土的主要矿物可分为高岭石类、水云母类、蒙脱石类、叶蜡石类和水铝英石类。

③ 按其耐火度不同，可分为耐火黏土（耐火度 1 580℃以上）、难熔黏土（耐火度 1 350～1 358℃）和易熔黏土（耐火度 1 350℃以下）。

④ 按习惯分类法，可分为高岭土、黏性土、瘠性黏土和页岩。

⑤ 按黏土杂质含量的高低、耐火度和可制作陶瓷的类别等，将黏土分为瓷土、陶土、砖土和耐火黏土等四类，其中陶土是制造建筑陶瓷的主要原料。

(3) 黏土的工艺特性

① 可塑性。可塑性是黏土制品所必须具备的一项关键性技术指标。可塑性是指黏土加适量水搅拌之后，在外力作用下能获得任意形状而不发生裂纹和破裂，以及在外力作用停止后，仍能保持该形状的特殊性能。利用黏土的可塑性，可将其塑造成各种形状和尺寸的坯体，而不发生裂纹破损。

黏土可塑性的优劣受很多原因的影响，但主要取决于黏土组成的矿物成分及含量，颗粒形状、细度与级配，以及拌和加水量的多少等因素。

② 收缩性。黏土在干燥过程中由于水分的减少，以及煅烧过程中的物理、化学变化都会产生收缩。黏土加水调和后，经过塑制成型获得坯体，坯体在干燥和焙烧过程中，通常会产生体积收缩。这种体积收缩可分为干燥收缩（称为干缩）和焙烧收缩（称为烧缩），其中干缩比烧缩大得多。收缩可用干燥收缩率、烧成收缩率和总收缩率来衡量。

③ 烧结性。黏土的烧结程度随焙烧温度的升高而增加，温度越高形成的熔融物越多、制品的强度越高、密实度越大、吸水率越小。当焙烧温度高至某一值时，使黏土中未熔化颗粒间的空隙基本上被熔融物充满时，即达到完全烧结，这时的温度称为烧结极限温度。

此外，黏土的稀释性能、耐火度都会影响其工艺性质。

2. 瘠性原料

瘠性原料主要包括石英、熟料和废砖粉。

石英是自然界分布很广的矿物，其主要成分是 SiO_2。一般作瘠性原料的有脉石英、石英岩、石英砂岩、硅砂等四种。

石英在煅烧过程中会发生多次晶型转变，随着晶型转变，其体积会发生很大变化，因此在生产工艺上必须加以控制。一般来说，温度升高时，SiO_2 密度会变小，结构变松散，体积膨胀；温度降低时，其密度增大，体积收缩。

晶型转化时的体积变化能形成相当大的应力，这种应力往往是陶瓷产品开裂的原因。

在陶瓷加工原料内加入熟料和废砖粉的目的是为了减少坯体的收缩和烧成收缩。因此在陶瓷产品烧成制度规范中，往往要求在石英晶型转化的温度范围内采用慢速升温，以避免产品发生过大的体积变化以致开裂。

3. 熔剂原料

（1）长石

长石是陶瓷制品中常用的熔剂，也是釉料的主要原料。釉面砖坯体中一般引入少量长石。长石的种类分为四种：钾长石、钠长石、钙长石和钾微斜长石。长石与石英一样都是瘠性原料，能够缩短坯体的干燥时间，还能够减少坯体干燥时的收缩和变形。同时，长石也是熔剂原料，其主要作用是降低陶瓷坯体的烧成温度。在高温下长石会熔化为长石玻璃，填充于坯体颗粒间的空隙，黏结颗粒使坯体致密，并有助于改善坯体的力学性能。

（2）硅灰石原料

硅灰石是硅酸钙类矿物，它的化学通式为 $CaO \cdot SiO_2$。硅灰石作为陶瓷墙地砖坯料，除降低烧成温度外，还具有减少收缩、容易压制成型、热稳定性好、烧成时间短、吸水膨胀率小等特点。

4. 釉料

（1）釉的组成和性质

釉是指附着于陶瓷坯体表面的连续玻璃质层。它与玻璃有很多相类似的物理与化学性质。釉具有均质玻璃体所具有的很多性质，如没有固定熔点而只有熔融范围、具有亮丽的光泽、透明感好等。

施釉的主要目的在于提高陶瓷制品的力学强度和改善坯体的表面性能。通常疏松多孔的陶瓷坯体表面粗糙，即使坯体烧结后孔隙率接近于零，但由于它的玻璃相中含有晶体，所以坯体表面仍然粗糙无光，易于玷污和吸湿，影响美观、卫生、机械和电学性能。

施釉后的制品在很多方面的性能都获得了很大的提高，其表面平整光滑、色泽亮丽、不吸湿、不透气。在釉下装饰中，釉层能够有效保护画面，防止彩料中有毒元素溶出的作用。作为装饰用产品，还能增加制品的装饰性，掩盖坯体的不良颜色和某些缺陷。

釉料应当具备以下性质：

① 釉层质地必须较为坚硬，使之不易磕碰或磨损。

② 釉料的组成要选择适当，使釉层不易发生破裂或剥离的现象。

③ 釉料必须在坯体的烧成温度下成熟。为了让釉在坯体上铺展顺利，要求釉的成熟温度接近并略低于坯体的烧成温度。

④ 釉料在高温熔化后，要具有适当的黏度和表面张力，以使其在冷却后能形成优质的釉面。

（2）釉的分类

釉按化学组成分类可分为以下几种：

① 长石釉、石灰釉：长石釉、石灰釉是使用最广泛的两种釉料。它们具有强度高、透光性好、与坯体结合良好的特点。

② 滑石釉。滑石釉与上述两釉的区别是，在原有基础上加入了滑石粉。

③ 混合釉。混合釉是在传统的釉料中加入多种助熔剂组成的釉料。现代釉料的发展，均趋向于多熔剂的组成。因为根据各种熔剂的不同特性进行配制，可以获得很多单一熔剂

无法达到的良好效果。

④ 食盐釉。食盐釉在施釉方式上很有特点，它不是在陶瓷生坯上直接施釉，而是当制品焙烧至接近止火温度时，把食盐投入燃烧室中。在高温和烟气中水蒸气的作用下，被分解的食盐以气体状态均匀地分布在窑内，并作用于以黏土制作的坯体表面，形成一种薄薄的玻璃质层。食盐釉的特点是釉层厚度比喷涂的釉层要小很多，仅0.002 5 mm左右，但与坯体结合良好，并且坚固结实，不易脱落和开裂，还具有热稳定性好、耐酸性强的优点。

⑤ 土釉、铅釉、硼釉、铅硼釉等。

另外，釉按照烧成温度可分为易熔釉(1 100℃以下)、中温釉(1 100～1 250℃之间)和高温釉(1 250℃以上)；釉按照制备方法分类可分为生料釉、熔块釉；釉按照外表特征分类可分为光亮釉、乳浊釉、沙金釉、碎纹釉、珠光釉、花釉、流动釉、有色釉、透明釉、无光釉、结晶釉等。

7.3.3 陶瓷表面装饰

如上文所述，陶瓷制品越来越向着装饰材料的方向发展，其表面装饰效果的好坏，直接影响到产品的使用价值。陶瓷的表面装饰能够大大提高制品的外观效果，同时很多装饰手段对制品也有保护的作用，从而有效地把产品的实用性和艺术性有机地结合起来，使之成为一种能够广泛应用的优良陶瓷产品。

陶瓷制品的装饰方法有很多种，较为常见的是施釉、彩绘和用贵金属装饰。

1. 施釉

施釉是对陶瓷制品进行表面装饰的主要方法之一，也是最常用的方法。烧结的坯体表面一般粗糙无光，多孔结构的陶坯更是如此，这不仅影响产品装饰性和力学性能，而且也容易被沾污和吸湿。对坯体表面采用施釉工艺之后，其产品表面会变得平滑光亮、不吸水、不透气，并能够大大地提高产品的机械强度和装饰效果。

陶瓷制品的表面釉层又称瓷釉，是指附着于陶瓷坯体表面的连续的玻璃质层。它是将釉料喷涂于坯体表面，经高温焙烧后产生的。在高温焙烧时釉料能与坯体表面之间发生相互反应，熔融后形成玻璃质层。使用不同的釉料，会产生不同颜色和装饰效果的画面。

2. 彩绘

陶瓷彩绘可分为釉下彩和釉上彩两种。

(1) 釉下彩绘

釉下彩绘是在生坯上进行彩绘，然后喷涂上一层透明釉料，再经釉烧而成。釉下彩绘的特征在于彩绘画面是在釉层以下，受到釉层的保护，从而不易被磨损，使得画面效果能得到较长时间的保持。

釉下彩绘常常采用手工绘制，造成生产效率低、价格昂贵，所以应用不很广泛。但在大机器、流水线生产方式普及的今天，人们越来越重视手工制作的精致性、独特性以及手工产品中体现的匠人们的审美情趣和优秀的传统文化。我国传统的青花瓷器、釉里红以及釉下五彩等都是名贵的釉下彩制品，深受海内外人们的喜爱。

(2) 釉上彩绘

釉上彩绘是在已经釉烧的陶瓷釉面上，使用低温彩料进行彩绘，再在600～900℃的温度下经彩烧而成。

由于釉上彩的彩烧温度低，使陶瓷颜料的选择性大大提高，可以使用很多釉下彩绘不能使用的原料，这使彩绘色调十分丰富、绚烂多彩。而且，由于彩绘是在强度相当高的陶瓷坯体上进行，因此可以采用机械化生产，大大提高了生产效率、降低了成本。因此，釉上彩绘的陶瓷价格便宜，应用量远远超过釉下彩绘的制品。釉上彩绘由于没有了釉层的保护，釉上彩绘的图案易被磨损，而且在使用过程中，因颜料中加入一种铅的原料，会对人体产生有害影响。

目前广泛采用釉上贴花、刷花、喷花和堆金等"新彩"方法，其中"贴花"是釉上彩绘中应用最广泛的一种方法。使用先进的贴花技术，采用塑料薄膜贴花纸，用清水就可以把彩料转移至陶瓷制品的釉面上，操作十分简单。

3. 贵金属装饰

高级贵重的陶瓷制品，常常采用金、铂、钯、银等贵金属对陶瓷进行装饰加工，这种陶瓷表面装饰方法被称为贵金属装饰。其中最为常见的是以黄金为原料进行表面装饰，如金边、图画描金装饰方法等。

饰金方法所使用的材料基本上有金水(液态金)与金粉两种。金材装饰陶瓷的方法有亮金、磨光金和腐蚀金等多种。亮金在饰金装饰中应用最为广泛。它采用金水为着色材料，在适当温度下彩烧后，直接获得光彩夺目的金属层。亮金所使用的金水的含金量必须严格控制在10%～12%以内，否则金层容易脱落，并造成耐热性的降低。

贵金属装饰的瓷器，成本高昂，做工精心，制品雍容华贵、光泽闪闪动人，常常作为高档的室内陈设用品，营造室内高雅华贵的空间氛围。

7.3.4 常用建筑装饰陶瓷

建筑陶瓷包括釉面砖、墙地砖、卫生陶瓷、园林陶瓷和耐酸陶瓷五大类。按坯体的性质不同，常将陶瓷材料分为瓷质(坯体致密，不吸水，白色半透明)、陶质(多孔、吸水率大，有色或白色不透明)以及炻质(介于瓷砖与陶质之间，一般吸水率较小，有色不透明)三种。

1. 釉面砖

(1) 釉面砖的定义和规格

釉面砖是用于建筑物内墙面装饰的薄板精陶制品，又称内墙贴面砖、瓷砖、瓷片，只能用于室内，属精陶类制品。以黏土、长石、石英、颜料及助熔剂等为原料烧成。其表面的釉性质与玻璃相类似。它表面施釉，制品经烧成后表面平滑、光亮，颜色丰富多彩，图案五彩缤纷，是一种高级内墙装饰材料。釉面砖除装饰功能外，还具有防水、耐火、抗腐蚀、热稳定性良好、易清洗等特点。

釉面砖品种繁多，规格不一，过去常用的是108 mm×108 mm和152 mm×152 mm以及与之相配套的边角材料，现在已发展到200 mm×150 mm、250 mm×150 mm、300 mm×150 mm甚至更大的规格。颜色也由比较单一的白、红、黄、绿等色向彩色图案方向发展，彩色图案釉面砖的市场越来越广阔。由于装饰内墙面砖表面的釉层品种繁多、类型多样，几乎所有的陶瓷装饰方法都可应用，因此，釉面砖的种类也是极其丰富，主要包含单色、彩色、印花和图案砖等品种。釉面砖的主要品种和特点见表 7-1。

表 7-1 釉面砖的主要种类及特点

<table>
<tr><th colspan="2">种类</th><th>代号</th><th>特　点</th></tr>
<tr><td colspan="2">白色釉面砖</td><td>FJ</td><td>色纯白，釉面光亮，简洁大方</td></tr>
<tr><td rowspan="2">彩色釉面砖</td><td>有光彩色釉面砖</td><td>YG</td><td>釉面光亮晶莹，色彩丰富雅致</td></tr>
<tr><td>无光彩色釉面砖</td><td>SHG</td><td>釉面半无光，不晃眼，色泽一致柔和</td></tr>
<tr><td rowspan="4">装饰釉面砖</td><td>花釉砖</td><td>HY</td><td>系在同一砖上施工多种彩釉，经高温烧成。色釉互相渗透</td></tr>
<tr><td>结晶釉面砖</td><td>JJ</td><td>晶花辉映，纹理多姿</td></tr>
<tr><td>斑纹釉面砖</td><td>BW</td><td>斑纹釉面，丰富多彩</td></tr>
<tr><td>理石釉面砖</td><td>LSH</td><td>具有天然大理石花纹，颜色丰富，美观大方</td></tr>
<tr><td rowspan="2">图案砖</td><td>白地图案砖</td><td>BT</td><td>在白色釉面砖上装饰各种图案，经高温烧成。纹样清晰，色彩明朗，清洁优美</td></tr>
<tr><td>色地图案砖</td><td>YGT
DYGT
SHGT</td><td>在有光（YG）或无光（SHG）　彩色釉面砖上装饰各种图案，经高温烧成。产生浮雕，缎光、绒毛、彩漆等效果</td></tr>
<tr><td colspan="2">字画釉面砖</td><td></td><td>以各种釉面砖拼各种瓷砖字画，或根据以有画稿烧制成釉面砖，组合拼装而成，色彩丰富，光亮美观，永不退色</td></tr>
</table>

釉面内墙砖按釉面颜色分为单色（含白色）、花色和图案砖。形状分为正方形、矩形和异形配件砖。图 7-1 为异形配件砖形状。异形配件砖有阴角、阳角、压顶条、腰线砖、阴三角、阳三角、阴角座、阳角座等，起配合建筑物内墙阴、阳角等处镶贴釉面砖时的配件作用。

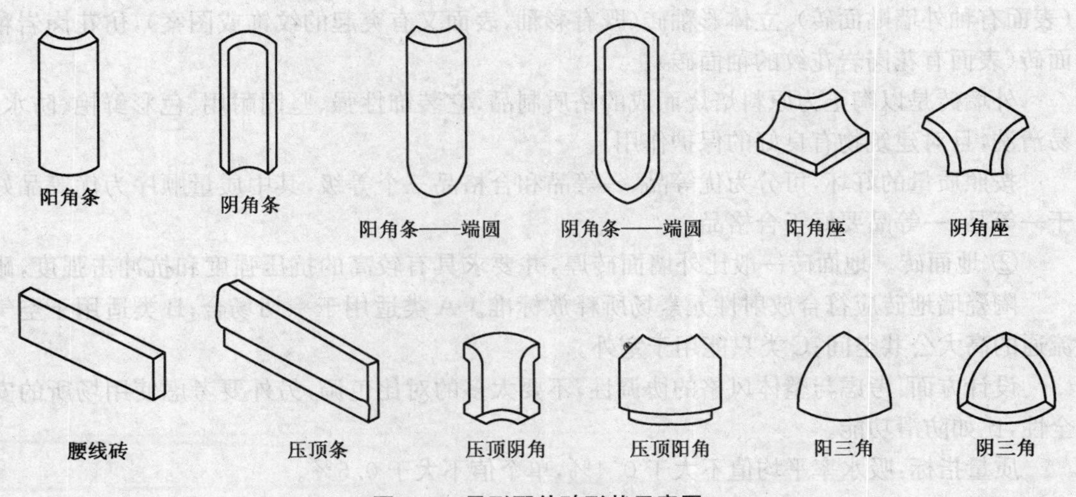

图 7-1 异形配件砖形状示意图

(2) 釉面砖的应用

因为釉面砖为多孔坯体，吸水率较大，会产生湿涨现象，而其表面釉层的吸水率和湿涨性又很小，再加上冻胀现象的影响，会在坯体和釉层之间产生应力。当坯体内产生的胀应力超过釉层本身的抗拉强度时，就会导致釉层开裂或脱落，严重影响饰面效果。因此釉面砖不能用在室外。

釉面砖耐污性好，便于清洗，外形美观、耐久性好，因此常被用在对卫生要求较高的室内环境中，如厨房、卫生间、浴室、实验室、精密仪器车间及医院等处。由于釉面砖的花色品种很多、装饰性较好和易清洗的特点，现在一些室内台面、墙面的装饰也会使用一些花色品种好的高档釉面砖。

2. 陶瓷墙地砖

陶瓷墙地砖是外墙面砖和地面砖的统称。陶瓷墙地砖属炻质或瓷质陶瓷制品，是以优质陶土为主要原料，加入其他辅助材料配成生料，经半干压后在 1 100℃左右的温度环境中焙烧而成。

外墙砖和地砖虽然它们在外观形状、尺寸及使用部位上都有不同，但由于它们在技术性能上的相似性，使得部分产品可用既可用于墙面装饰，也可以用于地面装饰，成为墙地通用面砖。因此，我们通常把外墙面砖和地面砖统称为陶瓷墙地砖。而且，墙地两用也是其主要的发展方向之一。

墙地砖分无釉和有釉两种。有釉的墙地砖在已烧成的素坯上施釉，然后经釉烧而成。墙地砖的生产工艺与釉面内墙砖相似，但它增加了坯体的厚度和强度，降低了吸水率。墙地砖的表面质感丰富，通过改变配料和相应的制作工艺，可获得多种装饰效果。墙地砖的装饰日趋华丽高雅，某些产品已经具有一些天然高级材料的表面质感(特别是天然石材的表面质感)，使墙地砖应用更加广泛。

(1) 墙地砖的分类

根据使用部位的不同大体分为室内墙面砖、室内地砖、室外墙面砖、室外地砖四大类。

① 外墙面砖。根据表面装饰方法的不同，分为单色砖(表面无釉外墙贴面砖)、彩釉砖(表面有釉外墙贴面砖)、立体彩釉砖(既有彩釉，表面又有突起的纹饰或图案)，仿花岗岩釉面砖(表面有花岗岩花纹的釉面砖)。

外墙砖是以陶土为原料焙烧而成的炻质制品，它装饰性强、坚固耐用、色彩鲜艳、防水、易清洗，且对建筑物有良好的保护作用。

按照质量的好坏，可分为优等品、一等品和合格品三个等级，其中质量顺序为优等品好于一等品，一等品要好于合格品。

② 地面砖。地面砖一般比外墙面砖厚，并要求具有较高的抗压强度和抗冲击强度，耐磨

陶瓷墙地砖应符合放射性元素场所释放标准。A 类适用于一切场合；B 类适用于空气流通的高大公共空间；C 类只能用于室外。

设计方面：考虑与整体风格的协调性，不要太多的对比色调，另外要考虑使用场所的安全性，比如防滑功能。

质量指标：吸水率平均值不大于 0.4%，单个值不大于 0.6%。

3. 陶瓷锦砖

陶瓷锦砖又称为马赛克，是同各种颜色、多种几何形状的小块瓷片贴在牛皮纸上的装

饰砖。

基本特点：质地坚实、色泽美观、图案多样，而且耐酸、耐碱、耐磨、耐水、耐用压、耐冲击。

质量标准：无釉锦砖吸水率不大于0.2%，有釉锦砖吸水率不大于0.1%，有釉锦砖耐急冷急热性能好。

一般规格：一般每联尺寸为305.5 mm×305.5 mm，每联的铺贴面积为0.093 m^2。

马赛克按照材质可以分为陶瓷马赛克、石材马赛克、玻璃马赛克、金属马赛克等。陶瓷马赛克是最传统的一种马赛克，以小巧玲珑著称，但较为单调，档次较低。大理石马赛克是中期发展的一种马赛克品种，丰富多彩，但其耐酸碱性差，防水性能不好，所以市场反映并不是很好。玻璃的色彩斑斓给马赛克带来蓬勃生机，它依据玻璃的品种不同，又分为多种小品种。

① 熔融玻璃马赛克是指以硅酸盐等为主要原料，在高温下熔化成型并呈乳浊或半乳浊状，内含少量气泡和未熔颗粒的玻璃马赛克。

② 烧结玻璃马赛克是指以玻璃粉为主要原料，加入适量黏结剂等压制成一定规格尺寸的生坯，在一定温度下烧结而成的玻璃马赛克。

③ 金星玻璃马赛克是指内含少量气泡和一定量的金属结晶颗粒，具有明显遇光闪烁的玻璃马赛克。

陶瓷锦砖有挂釉和不挂釉两种，现在的主流产品大部分不挂釉。陶瓷锦砖的规格较小，直接粘贴很困难，故在产品出厂前按各种图案粘贴在牛皮纸上（正面与纸相粘），每张牛皮纸制品为一"联"。联的边长有284.0 mm、295.0 mm、305.0 mm、325.0 mm四种。应用基本形状的锦砖小块，每联可拼贴成变化多端的拼画图案，具体使用时，联和联可连续铺粘形成连续的图案饰面，常用的几种基本拼花图案如图7-2所示。

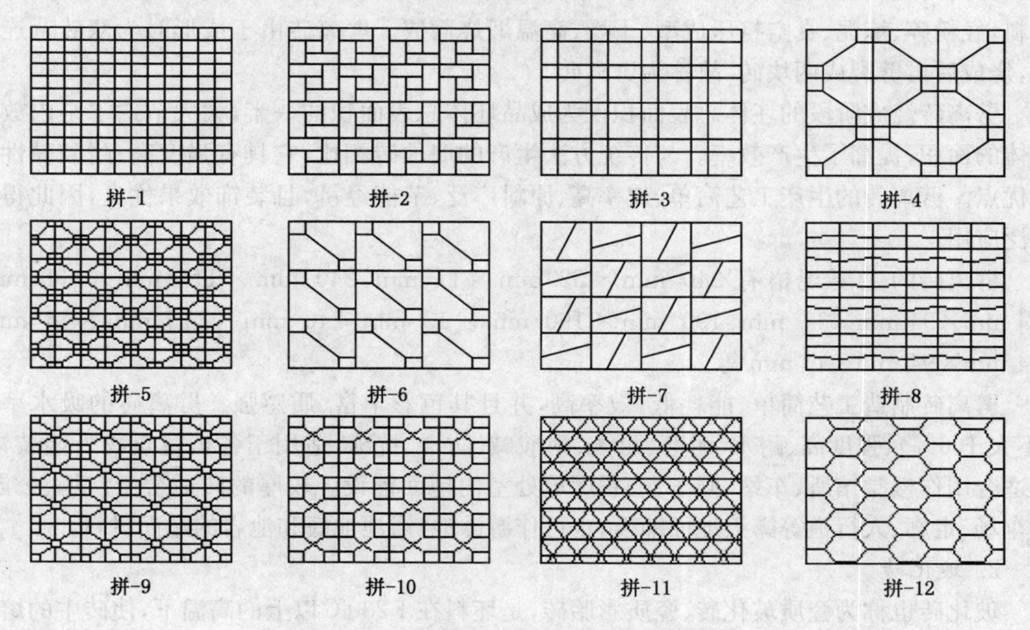

图7-2 陶瓷锦砖几种基本拼花图案

陶瓷锦砖具有美观、不吸水、防滑、耐磨、耐酸、耐火以及抗冻性好等性能。陶瓷锦砖由于块小,不易踩碎,因此主要用于室内地面装饰,如浴室、厨房、卫生间等环境的地面工程。陶瓷锦砖也可用于内、外墙饰面,并可镶拼成有较高艺术价值的陶瓷壁画,提高其装饰效果并增强建筑物的耐久性。由于陶瓷锦砖在材质、颜色方面选择种类多样,可拼装图案相当丰富,为室内设计师提供了很好的发挥创造力的空间。

陶瓷锦砖在施工时反贴于砂浆基层上,把牛皮纸润湿,在水泥初凝前把纸撕下,经调整、嵌缝,即可得到连续美观的饰面。为保证在水泥初凝前将衬材撕掉,露出正面,要求正面贴纸陶瓷锦砖的脱纸时间不大于 40 min。陶瓷锦砖与铺贴衬材应黏结合格,将成联锦砖正面朝上两手捏住联一边的两角,垂直提起,然后放平反复 3 次,锦砖不掉为合格。

4. 彩胎砖

彩胎砖是一种本色无釉瓷质饰面砖,是采用花岗岩的彩色颗粒土原料混合配料,压制成多彩坯体后,经高温一次烧成的陶瓷制品。其表面花纹细腻柔和,质地坚硬,耐腐蚀,分为麻面砖、磨光彩胎砖、抛光砖、玻化砖等。

5. 卫生陶瓷

卫生陶瓷多用耐火黏土或难熔黏土上釉烧成。

7.3.5 新型建筑装饰陶瓷制品

社会经济的发展和人民生活水平的提高,产生了对新型陶瓷墙地砖的需求。市场需要具有绿色环保、节能耐用、造型新颖、施工方便、价格低廉的产品。而科技的飞速发展使这种需要得以满足,大量的新型陶瓷产品不断涌现。

1. 劈离砖

劈离砖是一种炻质墙地通用饰面砖,又称劈裂砖、劈开砖等。劈离砖是将一定配比的原料,经粉碎、炼泥、真空挤压成型、干燥、高温煅烧而成。劈离砖由于成形时为双砖背连坯体,烧成后再劈裂成两块砖,故称为劈离砖。

劈离砖烧成阶段的坯体总表面积仅为成品坯体总表面积的一半,大大节约了窑内放置坯体的面积,提高了生产效率。与传统方法生产的墙地砖相比,它具有强度高、耐酸碱性强等优点。劈离砖的生产工艺简单、效率高、原料广泛、节能经济,且装饰效果优良,因此得到广泛应用。

劈离砖的主要规格有 240 mm×52 mm×11 mm、240 mm×115 mm×11 mm、194 mm×94 mm×11 mm、190 mm×190 mm×13 mm、240 mm×115 mm×13 mm、194 mm×94 mm×13 mm 等。

劈离砖制造工艺简单、能耗低、效率高,并且其色彩丰富、质感强。劈离砖的吸水率低(不大于 6%)、强度高、耐水、耐磨、耐久、耐酸碱、防滑、抗冻,适用于各类建筑物外墙装饰,也适合用作楼堂馆所、车站、候车室、餐厅等处室内地面铺设。较厚的砖适合于广场、公园、停车场、走廊、人行道等露天地面铺设,也可作游泳池、浴池池底和池岩的贴面材料。

2. 玻化砖

玻化砖也称为瓷质玻化砖、瓷质彩胎砖,是坯料在 1 230℃以上的高温下,使砖中的熔融成分成玻璃态,具有玻璃般亮丽质感的一种新型高级铺地砖。玻化砖的表面有平面、浮雕两种，又有无光与磨光、抛光之分。

玻化砖的主要规格有 200 mm、300 mm、400 mm、500 mm、600 mm 等正方形砖和部分长方形砖，最小尺寸 95 mm×95 mm，最大尺寸 600 mm×900 mm，厚度为 8～10 mm。色彩多为浅色的红、黄、蓝、灰、绿、棕等基色，纹理细腻，色彩柔和莹润，质朴高雅。

玻化砖的吸水率小于 1%，抗折强度大于 27 MPa，具有耐腐蚀、耐酸碱、耐冷热、抗冻等特性。广泛地用于各类建筑的地面及外墙装饰，是适用于各种位置的优质墙地砖。

3. 陶瓷麻面砖

麻面砖的表面酷似人工修凿过的天然岩石，它表面粗糙，纹理质朴自然，有白、黄等多种颜色。它的抗折强度大于 20 MPa，抗压强度大于 250 MPa，吸水率小于 1%，防滑性能良好，坚硬耐磨。薄型砖适用于外墙饰面，厚型砖适用于广场、停车场、人行道等地面铺设。

麻面砖一般规格较小，有长方形和异形之分。异形麻面砖很多是广场砖，在铺设广场地面时，经常采用鱼鳞形铺砌或圆环形铺砌方法，如果加上不同色彩和花纹的搭配，铺砌的效果十分美观且富有韵律。

4. 陶瓷壁画、壁雕

陶瓷壁画、壁雕，是以凹凸的粗细线条、变幻的造型、丰富的色调，表现出浮雕式样的瓷砖。陶瓷壁雕砖可用于宾馆、会议厅等公共场合的墙壁，也可用于公园、广场、庭院等室外环境的墙壁。

同一样式的壁画、壁雕砖可批量生产，使用时与配套的平板墙面砖组合拼贴，在光线的照射下，形成浮雕图案效果。当然，使用前应根据整体的艺术设计，选用合适的壁雕砖和平板陶瓷砖，进行合理的拼装和排列，来达到原有的艺术构思。

由于壁画砖铺贴时需要按编号粘贴瓷砖，才能形成一幅完整的壁画，因此要求粘贴必须严密、均匀一致。每块壁画、壁雕在制作、运输、储存各个环节，均不得损坏，否则造成画面缺损，将很难补救。

5. 金属釉面砖

金属釉面砖是运用金属釉料等特种原料烧制而成的，是当今国内市场的领先产品。金属釉面砖具有光泽耐久、质地坚韧、网纹淳朴等优点赋予墙面装饰动态的美，还具有良好的热稳定性、耐酸碱性、易于清洁和装饰效果好等性能。

金属光泽釉面砖是采用钛的化合物，以真空离子溅射法将釉面砖表面呈现金黄、银白、蓝、黑等多种色彩，光泽灿烂辉煌，给人以坚固豪华的感觉。这种砖耐腐蚀、抗风化能力强，耐久性好，适用于高级宾馆、饭店以及酒吧、咖啡厅等娱乐场所的墙面、柱面、门面的铺贴。

6. 黑瓷钒钛装饰板

黑瓷钒钛装饰板是以稀土矿物为原料研制成功的一种高档墙地饰面板材。黑瓷钒钛装饰板是一种仿黑色花岗岩板材，具有比黑色花岗岩更黑、更硬、更亮的特点，其硬度、抗压强度、抗弯强度、吸水率均好于天然花岗岩，同时又弥补了天然花岗岩由于黑云母脱落造成的表面凹坑的缺憾。黑瓷钒钛装饰板规格有 400 mm×400 mm 和 500 mm×500 mm，厚度为 8 mm，适用于宾馆饭店等大型建筑物的内、外墙面和地面装饰，也可用作台面、铭牌等。

7.4 饰面石材、建筑陶瓷在园林工程中的应用

从天然石材到人工石材，从花岗石到砂岩和板岩，在园林工程硬质景观各要素上体现了非常广泛的应用，也体现了非常重要的景观效果。

1. 花岗石（图 7-3～7-16）

图 7-3 芝麻白花岗石在室外铺地上的应用（一）

图 7-4 芝麻白花岗石在室外铺地上的应用（二）

图 7-5 芝麻白花岗石在室外铺地上的应用(三)

图 7-6 中国黑花岗石在室外铺地上的应用(边条)(一)

图 7-7 中国黑花岗石在室外铺地上的应用(边条)(二)

图 7-8　中国黑花岗石在室外铺地上的应用(边条)(三)

图 7-9　中国黑花岗石光面打造的入口花池

图 7-10　黄锈石花岗石在铺地上的应用(左右两边黑色边条中的菱形铺地)

图 7-11　黄锈石花岗石在铺地上的应用(大块黄色铺地)

图 7-12　黄锈石花岗石在铺地上的应用(两行灰色边条中的铺地)

图 7-13　黑金砂花岗石打造的入口 logo 墙(背景墙)

图 7-14　芝麻白花岗石光面板(外)和芝麻白花岗石火烧板(内)打造形成的入口 logo 墙

图 7-15　黄锈石花岗石斧凿面(下)和黄锈石花岗石自然面(上)共同形成的 logo 墙效果

图 7-16　中国黑花岗石做饰面材料的无边水池景观效果

2. 砂岩和板岩(图 7-17～7-30)

图 7-17 青石板的铺地应用(一)

图 7-18 青石板的铺地应用(二)

图 7-19 青砂石荔枝面铺地材料打造的小径景观效果

图 7-20　青砂石汀步景观效果

图 7-21　黄木纹板岩碎拼铺地景观效果

图 7-22　黄木纹板岩冰裂纹小径景观效果

图 7-23　中国黑花岗石(压顶和其中边条)和黄木纹板岩(立面大块面铺贴)和砂岩浮雕(文字下浮雕)共同形成的景墙效果

图 7-24　黄锈石花岗石(花池池沿)和中国黑光面(水池池沿)和黄木纹板岩共同形成的入口景观效果

图 7-25　火山岩作饰面材料形成的构筑物景观效果

图 7-26　芝麻白花岗石(水池沿)和
黄色文化石(蘑菇面)形成的景观效果

图 7-27　黄木纹作饰面材料形成的亭子景观效果

图 7-28　砂岩浮雕装饰成的构筑物景观效果

图 7-29　砂岩材质的吐水小品

图 7-30　以砂岩材质创作的雕塑

复习思考题

1. 岩石按地质形成条件分为几类？各有何特性？
2. 花岗石、大理石、石灰岩、砂岩的主要性质和用途有哪些异同点？
3. 为什么大理石一般不宜用于室外？
4. 建筑陶瓷分为哪几类？种类与坯体性质有何关系？

8　金属装饰材料

用于园林建筑装饰工程的金属材料，主要为金、银、铜、铝、铁及其合金。特别是钢和铝合金更以其优良的机械性能、较低的价格而被广泛应用，在建筑装饰工程中主要应用的是金属材料的板材、型材及其制品。近代，将各种涂层、着色工艺用于金属材料，不但大大改善了金属材料的抗腐蚀性能，而且赋予了金属材料多变、华丽的外表，更加确立了其在建筑装饰艺术中的地位。本章主要介绍建筑装饰工程中广泛应用的钢、铝、铜及其合金材料。

8.1　金属装饰材料概述

每一种材料由于其内部结构的不同而表现出其独特的自然属性，金属是指那些原子与自由电子结合形成的晶体结构的化学元素。

尽管地球上绝大多数化学元素都是金属。但它们在地壳中的含量不足15%。只有像金、银、铂金一类的贵重金属是以纯金属形态存在于自然界的。对建筑业意义重大的金属(如铁、铝、铜)源于矿石(硫化物和碳酸盐)，但这些矿石要经过各种预备过程，先转换成氧化物，然后送入高炉熔炼(还原)。

金属材料是指由一种或一种以上的金属元素或金属元素与某些非金属元素组成的合金的总称。在建筑装饰工程中，金属材料品种繁多，主要有钢、铁、铝、铜及其合金材料。应用最多的还是铝与铝合金以及钢材和其复合制品。

1. 金属材料的特点

与其他材料相比，金属装饰材料具有很多特点：

① 强度高、密度高、熔点高、高导电、高导热性、塑性大，能承受较大的荷载和变形。

② 有独特的金属光泽、颜色和质感，具有精美、高雅、高科技的特性，表现力强，装饰性能好。

③ 有良好的耐磨、耐腐蚀、抗冻、抗渗性能，它们耐久、轻盈、不燃烧。

④ 有良好的可加工性，可根据需要熔铸或轧制成各种型材，制造出形态多样的装饰制品。同时，金属可以回收再加工，而不会损害后延续产品的质量。可以说回收利用是金属的一大优势，因为熔化金属耗费的能源很少。金属废料的再利用率是90%，而钢则是100%。因此，金属是世界上回收利用率最高的材料，是名副其实的环保材料。

⑤ 金属材料易锈蚀、切割加工困难、保温隔热性能差。

⑥ 耐火性与防火。金属不易燃，但是在高温状态下强度会降低，弹性模量和屈服点下降，导致金属发生变形。钢材最大的耐热温度为500～600℃，取决于横断面大小。

⑦ 腐蚀性。金属在高湿条件下或通过接触湿气或潮湿物质会被氧化。两种活性不同的金属在电解质中，比如在水中接触，电化学腐蚀就发生了。在这种情况下，活性较大的金属将受到腐蚀。

⑧ 金属材料与石材相比质量更轻，可以减少荷载，并具有一定的延展性，韧性强；它易于工厂化规模加工，无湿作业，机械加工精度高，在施工过程中更方便，更可以降低人工成本，缩短工期。

2. 金属材料的分类

金属材料一般分为黑色金属及有色金属两大类。黑色金属指铁碳合金，主要是铁和钢。铁和铁合金，特别是钢材，适用于各种技术应用，它们的需求量非常巨大。黑色金属以外的所有金属及其合金通称为有色金属，如铜、铝、锌、锡及其合金等。

3. 金属材料的防腐措施

防腐蚀主要有两种基本方法：主动防腐和被动防腐。主动防腐方法是指那些令腐蚀没有机会立足的结构形式。有目标地“牺牲”带有电导体装置的活性金属能够积极防腐。被动防腐方法是指使用各种形式的金属或非金属镀层，比如油漆、粉末和塑料涂层、珐琅、电镀和喷镀锌。这种涂层或覆盖层在安装时不能出现破损（比如通过螺栓连接）。在湿度较高的地区，防腐措施能够延长内部组件或外部组件的使用寿命。金属装饰材料表面处理方式及用途见表8-1。

表8-1 金属装饰材料表面处理方式及用途

处理方式	用　途
表面腐蚀出图案或文字	多用于不锈钢板或铜板
表面印花	花纹色彩直接印于金属表面，多用于铝板
表面喷漆	多用于铁板、铁棒、铁管、钢板，如铁门、铁窗
表面烤漆	多用于钢板条、铁板条、铝板条
电解阳极处理（电镀）	多用于铝材或铝板，表面有保护作用
发色处理	如发色铝门窗、发色铝板
表面刷漆	多用于铁板、铁杆，如楼梯扶手、栏杆
表面贴特殊薄膜保护	使金属不与外界接触
加其他元素成合金	具有防蚀作用
立体浮压成图案	如花纹铁板、花纹铝板

8.2 园林建筑装饰工程常用金属材料

近年来，随着园林艺术和材料的不断更新，现代金属加工工艺的发展及结构技术的进步，金属材料在园林建筑中的应用也越来越广泛，如柱子外包不锈板或铜板，墙面、顶棚镶贴铝合金板，楼梯扶手采用不锈钢管或铜管等。金属材料造型丰富、装饰表面具有独特艺术风格与强烈的时代感、特点鲜明、坚固耐用、维护简易，安装方便，且跟土、木、石、水泥等材料都能和谐搭配，被广泛应用在园林建筑之中，并带来形式上的创新。

在园林建筑装饰工程中，应用最多的金属材料是钢材、铝合金、铜及铜合金材料等。

8.2.1 建筑钢材

在现代建筑装饰工程中，钢材愈来愈受到关注，如柱子外包不锈钢、栏杆扶手采用不锈钢管等。目前，建筑装饰工程中常用的钢材制品主要有不锈钢板与钢管、彩色不锈钢板、彩色涂层钢板和彩色压型钢板以及塑料复合钢板及轻钢龙骨等。

1. 钢材定义

钢材是铁和碳的合金，含碳量少于 2%，在特定的条件下熔炼而成，碳量低的钢有更高的熔点，但是更易锻造加工并更坚韧，它的弹性模量与可焊性是其被广泛用于建筑中的决定性因素。若在普通钢材基体中添加多种元素或在基体表面上进行艺术处理，便可使普通钢材成为一种金属感强、性能优良、美观大方的装饰材料。

2. 建筑常用钢材

建筑常用钢材包括各种型钢、钢板、钢管，以及钢筋混凝土用的钢筋和钢丝。型钢包括工字钢、槽钢、角钢、扁钢、窗框钢等。钢板有厚板、中板和薄板之分。钢管按壁厚分为普通镀锌钢管和加厚镀锌钢管。常用的钢筋和钢丝品种有很多，按钢种分，有普通碳素钢和普通低合金钢。

钢材是园林建筑装饰工程上应用最广、最重要的建筑材料之一，主要有以下四个方面：

① 钢结构用钢。有角钢、方钢、槽钢、工字钢、钢板及扁钢等。

② 钢筋混凝土结构用钢。有光圆钢筋、带肋钢筋、钢丝和钢绞线等。

③ 钢管。有焊缝钢管和无缝钢管等。

④ 建筑装饰用钢材。不锈钢板、彩色涂层钢板、压型钢板、轻钢龙骨等。

3. 钢材主要特点

① 强度高。钢材的抗拉、抗压、抗弯、抗剪强度都很高，常温下具有承受较大冲击荷载的韧性，为典型的韧性材料。在钢筋混凝土中，能弥补混凝土抗拉、抗弯、抗剪和抗裂性能较低的缺点。

② 塑性好。在常温下钢材能承受较大的塑性变形，便于冷弯、冷拉、冷拔、冷轧等各种冷加工。冷加工能改变钢材的断面尺寸和形状，并改变钢材的性能。

③ 质量均匀，性能可靠，可以用多种方法焊接或铆接，并可进行热轧和锻造，还可通过热处理方法，在很大范围内改变和控制钢材的性能。

4. 建筑装饰用钢材制品

在普通钢材基体中添加多种元素或在基体表面上进行艺术处理，可使普通钢材不失为一种金属感强、美观大方的装饰材料。以各种金属作为建筑装饰材料，有着源远流长的历史。北京颐和园的铜亭、山东泰山顶上的铜殿、云南昆明的金殿等都是古代留下来使用金属材料的典范。在现代建筑中，金属材料更是以它独特的性能——耐腐、轻盈、高雅、光辉、质地、力度愈来愈受到关注。从高层建筑的金属铝门窗到围墙、栅栏、阳台、入口、柱面、楼梯扶手等，金属材料无处不在。

(1) 不锈钢及其制品

钢材的锈蚀可分为化学锈蚀和电化学锈蚀两类。前者由于大气中的氧和工业废气中的硫酸气体、碳酸气体与钢材表面作用形成锈蚀物（如疏松的氧化铁）而锈蚀；后者因钢材处于潮湿空气中，其表面发生“原电池”作用形成锈蚀物（如氢氧化铁）而锈蚀。电化学锈蚀是钢材最主要的锈蚀形式。

若在钢材中加入提高合金组织的电极电位的合金元素，则可以大大改善钢材的防锈能力。实践证明：向钢材中加入铬，由于铬的性质比较活泼，铬首先与环境中的氧化合，生成一层与钢材基体牢固结合的致密的氧化膜层，称为钝化膜，它使钢材得到保护，不致锈蚀，这就是所谓的不锈钢。铬含量越高，钢的抗腐蚀性越好。除铬外，不锈钢中还含有镍、锰、钛、硅等元素，这些元素都能影响不锈钢的强度、塑性、韧性和耐蚀性。

按腐蚀特点，不锈钢可以分为普通不锈钢和耐酸不锈钢两种，前者具有耐大气和水蒸气侵蚀的能力，后者除对大气和水蒸气有抗蚀能力外，还对某些化学侵蚀介质（如酸、碱、盐溶液）具有良好的抗蚀性。

不锈钢的定义是各式各样的，因此，不锈钢所包含的钢种范围也是不固定的。常用的不锈钢有 40 多个品种，根据比较标准的定义，不锈钢是指以铬（Cr）为主加元素的合金钢。其中，建筑装饰用不锈钢主要是 Cr18Ni8、1Cr17Mn2Ti 等几种。

不锈钢作为建筑材料，既可用于室内，也可用于室外，即可作为非承重墙的纯粹装饰、装修制品，也可作承重构造，如工业建筑的屋顶、侧墙、幕墙等。为了满足建筑师们的美学要求，已开发出了多种不同的商用表面加工。例如，表面可以是高反射的或者是无光泽的；可以是光面的、抛光的或者压花的；可以是着色的、彩色的、电镀的或者在不锈钢表面蚀刻的图案，以满足设计人员对外观的各种要求。

不锈钢装饰材料具有以下特点：其一，不锈钢装饰件与其他金属装饰件一样，具有金属的光泽和质感。其二，不锈钢与铝合金一样，具有不易锈蚀的特点，因此可以较长时间地保持初始的装饰效果。其三，不锈钢具有如同镜面的效果。其四，不锈钢饰件与铝合金饰件相比，具有强度和硬度较大的优点，在施工和使用过程中不易发生变形。其五，安装方便。其六，装饰效果好，具有时代感。综上所述，不锈钢用作建筑装饰具有非常明显的优越性。

① 普通不锈钢装饰制品。建筑装饰用不锈钢制品包括薄钢板、管材、型材及各种异型材。主要的是薄钢板，常用不锈钢板的厚度在 0.2～2 mm，其中厚度小于 1 mm 的薄钢板用得最多。

不锈钢制品在建筑上可用作屋面、幕墙、门、窗、内外装饰面、栏杆扶手等。常用的不锈钢包柱就是将不锈钢板进行技术和艺术处理后广泛用于建筑柱面的一种装饰。目前不锈钢包柱被广泛用于大型商场、宾馆和餐馆的入口、门厅、中厅等处，在通高大厅和四季厅之中，也常被采用。这是由于不锈钢包柱不仅是一种新颖的具有观赏价值的建筑装饰手段，而且由于其镜面反射作用，可取得与周围环境中各种色彩、景物交相辉映的效果。同时，在灯光的配合下，还可形成晶莹明亮的高光部分，从而有助于在这些共享空间中，形成空间环境中的兴趣中心，对空间环境的效果起到强化、点缀和烘托的作用。

不锈钢装饰制品除板材外，还有管材、型材，如各种弯头规格的不锈钢楼梯扶手，以它轻巧、精致、线条流畅展示了优美的空间造型，使周围环境得到了升华。不锈钢自动门、转门、拉手、五金与晶莹剔透的玻璃，使建筑达到了尽善尽美的境地。不锈钢龙骨是近年才开始应用的，其刚度高于铝合金龙骨，因而具有更强的抗风压性和安全性，并且光洁、明亮，因而主要用于高层建筑的玻璃幕墙中。

② 彩色不锈钢板。彩色不锈钢板是在不锈钢板上进行技术性和艺术性加工，使其表面成为具有各种绚丽色彩的不锈钢装饰板，颜色有蓝、灰、紫、红、青、绿、金黄、橙、茶色等多种。

彩色不锈钢板具有色彩斑斓，色泽艳丽、柔和、雅致，光洁度高、抗腐蚀性强、力学性能较高、彩色面层经久不褪色、色泽随光照角度不同会产生色调变幻等特点，而且彩色面层能耐 200℃的温度，耐盐雾腐蚀性能比一般不锈钢好，耐磨和耐刻划性能相当于箔层涂金的性能。当弯曲 90°时，彩色层不会损坏。

彩色不锈钢装饰制品的原料除板材外还有方钢、圆钢、槽钢、角钢等彩色不锈钢型材。

彩色不锈钢板可用作厅堂墙板、柱面、天花板、电梯厢板、车厢板、建筑装潢、招牌等装饰之用。采用彩色不锈钢板装饰墙面，不仅坚固耐用，美观新颖，而且具有强烈的时代感。

③ 花纹图案不锈钢板。不锈钢花纹图案装饰表面的形成方法，是以厚度在 0.6～3 mm 的本色（银白色）或彩色的不锈钢板上，贴上图像模具，经过喷砂处理，在不锈钢表面上形成喷砂花纹图案，在花纹图案的表面设置一层透明的保护膜，这种制作形成方法简单方便，而由此制作出来的彩色不锈钢喷砂花纹图案装饰表面富丽堂皇、色彩丰富。它不仅保持了原彩色不锈钢装饰材料的优点，而且花纹图案变化繁多，其表面形成的镜面与喷砂面的强烈对比，使之具有更强的装饰效果，适用于家用电器、厨房设备、装饰装潢、工艺美术等多种需要装饰的行业。

（2）彩色涂层钢板

彩色涂层钢板（旧称彩色有机涂层钢板，简称彩板）是以冷轧薄钢板或镀锌钢板为基材，经适当处理后，在其表面上涂覆彩色的聚氯乙烯、环氧树脂、不饱和聚酯树脂等而制成的产品。它一方面起到了保护金属的作用，同时又起到了装饰作用。这种钢板涂层可分为有机涂层、无机涂层和复合涂层，以有机涂层钢板发展最快。有机涂层可以配制各种不同色彩和花纹，故称之为彩色涂层钢板。彩色涂层钢板具有优异的装饰性，涂层附着力强，可长期保持新颖的色泽，并且具有良好的耐污染性能、耐高低温性能和耐沸水浸泡性能，具有绝缘、耐磨、耐酸碱、耐油及醇的侵蚀等特点，另外加工性能也好，可进行切断、弯曲、钻孔、铆接、卷边等。它可以用作墙板、层面板、瓦楞板、防水汽渗透板、排气管、通风板等。

彩色涂层钢板的长度为 1 000～6 000 mm，宽度为 600～1600 mm，厚度为 0.2～2.0 mm。

彩色涂层钢板及钢带的最大特点是发挥了金属材料与有机材料的各自特性，板材具有良好的加工性，可切、弯、钻、铆、卷等。彩色涂层附着力强，色彩、花纹多样，经加热、低温、沸水、污染等作用后涂层仍能保持色泽新颖如初。色彩主要有红色、绿色、乳白色、棕色、蓝色等。

彩色涂层钢板可用作各类建筑物内外墙板、吊顶、工业厂房的屋面板和壁板，还可作为排气管道、通风管道及其他类似的具有耐腐蚀要求的物件及设备罩等。

彩色涂层钢板可用作建筑外墙板、屋面板、护壁板、拱覆系统等。如作商业亭、候车亭的瓦、楞板，工业厂房大型车间的壁板与屋顶等。另外，还可用作防水气渗透板、排气管道、通风管道、耐腐蚀管道、电气设备罩等。

(3) 彩色压型钢板

彩色压型钢板是以镀锌钢板为基材，经过成型机的轧制，并涂敷各种耐腐蚀涂层与彩色烤漆而制成的轻型围护结构材料。这种压型钢板具有质量轻(板厚 0.5～1.2 mm)、抗震性高、波纹平直坚挺、色彩鲜艳丰富、造型美观大方、耐久性强(涂敷耐腐涂层)、加工简单、施工方便等特点，适用于工业与民用及公共建筑的内外墙面、屋面吊顶、墙板及墙壁装贴的装饰以及轻质夹芯板材的面板等。

(4) 轻钢龙骨

所谓龙骨指罩面板装饰中的骨架材料。罩面板装饰包括室内隔墙、隔断、吊顶。轻钢龙骨以冷轧钢板(带)、镀锌钢板(带)或彩色喷塑钢板(带)作原料，采用冷弯工艺生产的薄壁型钢称为轻钢龙骨。它具有强度大、通用性强、耐火性好、安装简易等优点，可装配各种类型的石膏板、钙塑板、吸声板等。用作墙体隔断和吊顶的龙骨支架，美观大方。它广泛用于各种民用建筑工程以及轻纺工业厂房等场所，对室内装饰造型、隔声等功能起到良好效果。

轻钢龙骨按断面分，有 U 形龙骨、C 形龙骨、T 形龙骨及 L 形龙骨(也称角铝条)。

按用途可分为墙体(隔断)龙骨(代号 Q)和吊顶龙骨(代号 D)。墙体龙骨和吊顶龙骨的构造分别如图 8-1 所示。

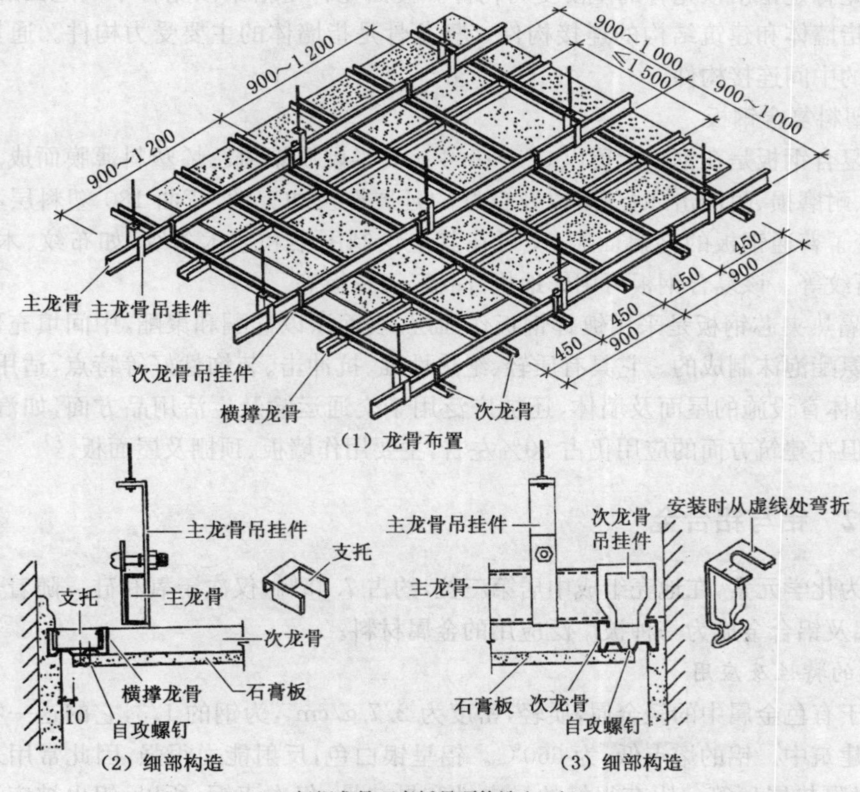

(a) 轻钢龙骨石膏板吊顶构造(mm)

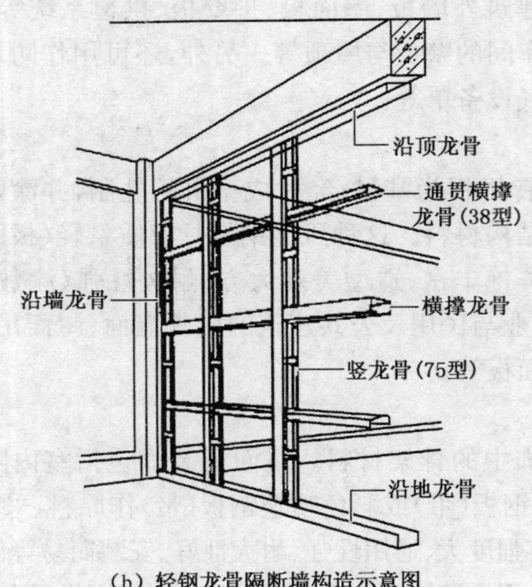

(b) 轻钢龙骨隔断墙构造示意图

图 8-1　墙体龙骨安装示意图、吊顶龙骨安装示意图

(资料来源:8-1-(a)赵俊学,建筑装饰材料与应用,2011;
8-1-(b)何向玲,园林建筑构造与材料,2008)

按结构可分为吊顶龙骨、有承载龙骨、覆面龙骨。墙体龙骨有竖龙骨、横龙骨和通贯龙骨。承载龙骨是指吊顶龙骨的主要受力构件。覆面龙骨是指吊顶龙骨中固定面层的构件。横龙骨是指墙体和建筑结构的连接构件。竖龙骨是指墙体的主要受力构件。通贯龙骨是指竖龙骨的中间连接构件。

(5) 塑料复合钢板

塑料复合钢板是在钢板上覆以 0.2～0.4 mm 半硬质聚氯乙烯塑料薄膜而成。它具有绝缘性好、耐磨损、耐冲击、耐潮湿以及良好的延展性及加工性,弯曲 180°塑料层不脱离钢板,既改变了普通钢板的乌黑面貌,又可在其上绘制图案和艺术条纹,如布纹、木纹、皮革纹、大理石纹等。该复合钢板可用作地板、门板、天花板等。

复合隔热夹芯钢板是采用镀锌钢板作面层,表面涂以硅酮和聚酯,中间填充聚苯乙烯泡沫或聚氨酯泡沫制成的。它具有质轻、绝热性强、抗冲击、装饰性好等特点,适用于厂房、冷库、大型体育设施的屋面及墙体,还被广泛用于交通运输及生活用品方面,如汽车外壳、家具等。但在建筑方面的应用仍占 50%左右,主要用作墙板、顶棚及屋面板。

8.2.2　铝与铝合金

铝作为化学元素,在地壳组成中居第三位,约占 7.45%,仅次于氧和硅。随着炼铝技术的提高,铝及铝合金成为一种被广泛应用的金属材料。

1. 铝的特性及应用

铝属于有色金属中的轻金属,质轻,密度为 2.7 g/cm^3,为钢的 1/3,它的这一特性被广泛应用到建筑中。铝的熔点低,为 660℃。铝呈银白色,反射能力很强,因此常用来制造反射镜、反射隔热屋顶等。铝有很好的导电性和导热性,仅次于铜,所以,铝也被广泛用来制造导电材料、导热材料和蒸煮器具等。

铝是活泼的金属元素，它和氧的亲和力很强，暴露在空气中，表面易生一层致密而坚固的氧化铝(Al_2O_3)薄膜，可以阻止铝继续氧化，从而起到保护作用，所以铝在大气中的耐腐蚀性较强。但氧化铝薄膜的厚度一般小于 0.1 μm，因而它的耐腐蚀性亦是有限的，如纯铝不能与盐酸、浓硫酸、氢氟酸、强碱及氯、溴、碘等接触，否则将会产生化学反应而被腐蚀。在建筑工地，铝必须被覆层保护起来，或采用相似的方法防治混凝土、石灰、水泥砂浆的侵蚀，因为这些材料中的碱性成分能损害铝的表面。铝无毒，抗核辐射性好，表面呈银色光泽，对光、热、电波有高反射性，还可接受多种方式的多彩的表面处理，有更多的漂亮外观。

铝的强度和硬度较低，所以，常可用冷压法加工成制品。铝在低温环境中塑性、韧性和强度不下降，因此，铝常作为低温材料用于航空和航天工程及制造冷冻食品的储运设备等。铝具有良好的延展性，可焊接，铸造性能好，无磁性，塑性好，加工成型性好，易加工成板、管、线及箔(厚度 6～25 μm)等。铝可合金化，一些铝合金还可通过热处理来改善性能。铝还有更为良好的可回收再利用性，是无公害可循环使用的绿色、环保型材料。

2. 铝合金及其性质和应用

纯铝强度较低，为提高其实用价值，常在铝中加入适量的铜、镁、锰、硅、锌等元素组成铝合金，如 Al－Cu 系合金、Al－Cu－Mg 系硬铝合金(杜拉铝)、Al－Zn－Mg－Cu 系超硬铝合金(超杜拉铝)等。这样，铝合金既保持铝的质轻的特点，又明显提高了其力学性能。因此，结构及装饰工程中常使用的是铝合金。

(1) 铝合金的一般性质

铝中加入合金元素后，其力学性能明显提高，并仍能保持铝质量轻的固有特性，使用也更加广泛，不仅用于建筑装修，还能用于建筑结构。铝合金装饰材料具有质量轻、不燃烧、耐腐蚀、经久耐用、不易生锈以及施工方便、装饰华丽等优点。

铝合金的主要缺点是弹性模量小(约为钢材的 1/3)，热膨胀系数大，耐热性能差，焊接需采用惰性气体保护等技术。

(2) 铝合金的应用

目前铝合金广泛用于建筑工程结构和建筑装饰工程中，如屋架、屋面板、幕墙、门窗框、活动式隔墙、顶棚、暖气片、阳台和楼梯扶手、室内家具、商店货柜、其他室内装修、建筑五金以及施工用的模板等。近些年，建筑铝材的产品不断更新，彩色铝板、复合铝板、复合门窗框、铝合金模板等新颖建筑制品被广泛用于工业与民用建筑中。

用于支撑框架、窗户和立柱横梁里面的挤压铝部件是铝在建筑领域最重要的应用形式。而且，大量的挤压铝部件形状几乎可以随心所欲变化，而无需多少工作量。铝的进一步应用还包括用于建筑立面和屋顶的平铝板和异型铝板、穿孔铝板(吸声天花板)、灯体、铸铝制成的小五金，等等。此外，铝箔在防水方面的应用也很广泛。薄铝板适用于屋面覆盖层和立面。由于它的抗侵蚀能力强，同样可作为防护层(如电缆防护套)来使用。

日本制成铝、聚乙烯(Al－PE)复合板，可做建筑室内装饰材料。复合板的两面是 0.1～0.3 mm 厚的铝板，中间的夹心材料主要采用中低压聚乙烯(高密度聚乙烯)。铝板的表面进行防腐、轧花、涂装、印刷等二次加工，这种复合板的特点是质量轻，有适当的刚性，能耐振和隔声。德国在工业建筑上使用两层铝板之间填充泡沫材料的保温板材，可以用螺栓固定，质量仅为 8 kg/m²，其构件长度可达 15.4 m。掺入有玻璃棉的沥青，外贴铝箔(厚度仅为 0.05～0.08 mm)

而成的复合材料，用于防水屋面可使平屋面完全不透水，且耐久性好，还可反射夏季日照的热量，对顶层房间具有良好的隔热效果，又能防止沥青受到热冲击作用。贴有铝箔的三聚氰胺，具有良好的耐久性和耐热性，可代替装饰用纸，它具有金属的外观，耐磨，不开裂。

3. 铝质型材的加工与表面处理

(1) 型材加工

建筑铝质型材主要指铝合金型材，其加工方法可分为挤压法和轧制法两大类。在国内外生产中，绝大多数采用挤压方法，仅在批量较大，尺寸和表面要求较低的中、小规格的棒材和断面形状简单的型材时，才采用轧制方法。

挤压法是金属压力加工的一种方法，有正挤压、反挤压、正反向联合挤压之分。铝合金型材主要采用正挤压法。它是将铝合金锭放入挤压筒中，在挤压轴的作用下，强行使金属通过挤压筒端部的模孔流出，得到与模孔尺寸形状相同的挤压制品。铝挤压材包括管材、棒材、型材，建筑用铝挤压材被习惯称为"建筑铝型材"，事实上建筑用铝挤压材中除了型材之外也还有管材和棒材，不过其中型材最多。

挤压型材的生产工艺，常因材料的品种、规格、供应状态、质量要求、工艺方法及设备条件等因素而不同，常按具体条件综合选择与制定。一般的过程如下：铸锭→加热→挤压→型材空气或水淬火→张力矫直→锯切定尺→时效处理→型材。

(2) 表面处理与装饰加工

① 阳极氧化处理。建筑用铝型材必须全部进行阳极氧化处理，一般用硫酸法。ISH 极氧化处理的目的是使铝型材表面形成比自然氧化膜(厚度＜0.1 μm)厚得多的人工氧化膜层(5～20 μm)，并进行"封孔"处理，使处理后型材表面显银白色，提高表面硬度、耐磨性、耐蚀性等。同时，光滑、致密的膜层也为进一步着色创造了条件。

处理方法是将铝型材作为阳极，在酸溶液中，水电解时在阴极上放出氢气，在阳极上产生氧，该原生氧和铝阳极上形成的三价铝离子(Al^{3+})结合形成氧化铝膜层。Al_2O_3 膜层本身是致密的，但在其结晶中存在缺陷，电解液中的正负离子会侵入皮膜，使氧化皮膜局部溶解，在型材表面上形成大量小孔，直流电得以通过，使氧化膜层继续向纵深发展。这样就使氧化膜在厚度增长的同时形成一种定向的针孔结构，断面呈六棱体蜂窝状态(图 8-2)。

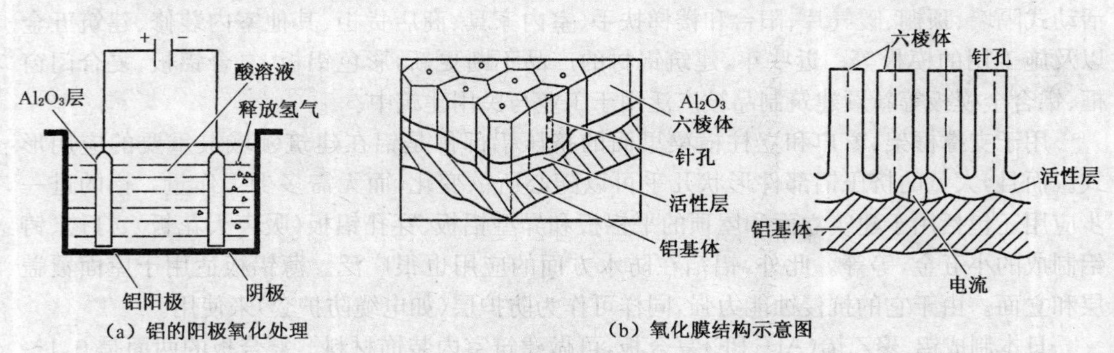

(a) 铝的阳极氧化处理　　(b) 氧化膜结构示意图

图 8-2　阳极氧化处理

(资料来源：陈宝璠，建筑装饰材料，2009)

经阳极氧化处理后的铝可以着色，做成装饰制品。

② 表面着色处理。经中和水洗(中和也叫出光或光化，其目的在于用酸性溶液除去挂

灰或残留碱液，以获得光亮的金属表面）或阳极氧化后的铝型材，可以进行表面着色处理。着色方法有自然着色法、电解着色法、化学浸渍着色法、涂漆法等。常用的是自然着色法和电解着色法。前者是在进行阳极氧化的同时产生着色，后者在含金属的电解液中对氧化膜进一步进行电解，实际上就是电镀，是把金属盐溶液中的金属离子通过电解沉积到铝阳极氧化膜针孔底部，光线在这些金属离子上漫射，使氧化膜呈现颜色。喷涂着色有粉末喷涂及氟碳漆喷涂，材质外观受涂料覆盖，不显金属质感，而是涂料质感，可有任意色系。

除上之外，还有砂面、拉纹、镜面、亚光等诸多表面形式。

4. 铝合金装饰板

在建筑上，铝合金装饰制品应用最广的是各种装饰板。它们是以纯铝或铝合金为原料，经滚轧而成的饰面板材，广泛用于内外墙面、柱面、地面、屋面、顶棚等部位的装修。

(1) 铝质浅花纹板

铝合金浅花纹板是优良的建筑装饰材料之一。它花纹精巧别致，色泽美观大方，除具有普通铝板共有的优点外，刚度较普通铝板提高 20%，抗污垢、抗划伤、抗擦伤能力均有提高，尤其是增加了立体图案和美丽的色彩，更使建筑物生辉。它是我国所特有的建筑装修产品。

(2) 铝合金花纹板

铝合金花纹板是采用防锈铝合金(Al - Mg)等坯料，用特制的花纹轧制而成的，花纹美观大方，不易磨损，防滑性能好，防腐蚀性强，便于冲洗。通过表面处理可以得到不同的颜色。花纹板材平整，裁剪尺寸精确，便于安装，广泛用于墙面装饰、楼梯及楼梯踏板处。

铝合金花纹板对白光反射率达 75%～90%，热反射率达 85%～95%。在氨、硫、硫酸、磷酸、亚磷酸、浓硝酸、浓醋酸中耐蚀性好。通过电解、电泳涂漆等表面处理可得到不同色彩的浅花纹板。

铝合金花纹板的花纹图案有多种，一般分为七种：1 号花纹板方格形；2 号花纹板扁豆形；3 号花纹板五条形；4 号花纹板三条形；5 号花纹板指针形；6 号花纹板菱形；7 号花纹板四条形(图 8-3)。

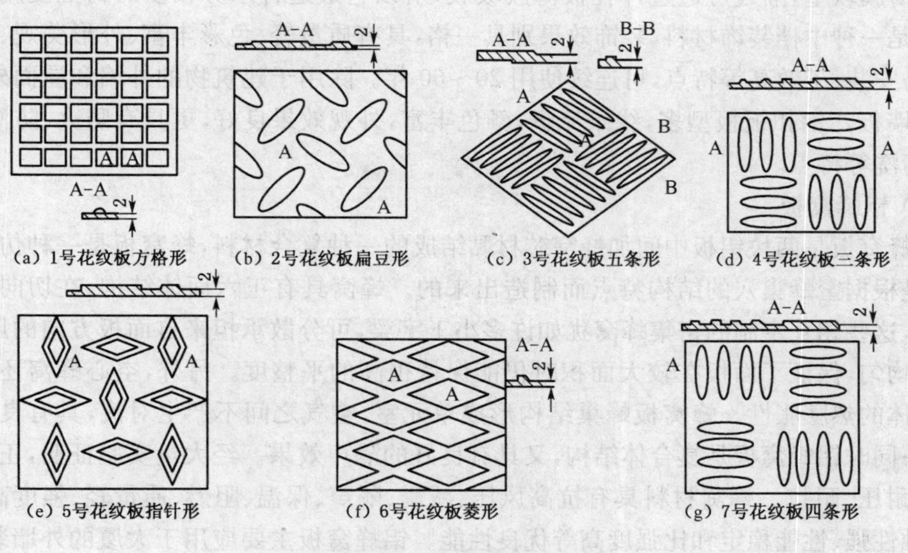

图 8-3 铝合金花纹板

(资料来源：陈宝璠，建筑装饰材料，2009)

(3) 铝合金波纹板和铝合金压型板

将纯铝或防锈铝在波纹机上轧制形成的铝及铝合金波纹板，以及在压型机上压制形成的铝及铝合金压型板是目前世界上广泛应用的新型建筑装饰材料。它主要用于墙面装饰，也可用于屋面，表面经化学处理可以有各种颜色，有较好的装饰效果，又有很强的反射阳光能力。它具有质量轻、外形美观、经久耐用、防火、防潮、耐腐蚀、安装容易、施工进度快等优点，尤其是通过表面着色处理的各种色彩的波纹板和压型板在建筑装修中得到广泛应用。它适合于旅馆、饭店、商场等建筑墙面和屋面的装饰。

(4) 铝合金穿孔吸声板

铝合金穿孔板采用各种铝合金平板经机械穿孔而成。孔形根据需要有圆孔、方孔、长圆孔、三角孔等。这是一种降低噪声并兼有装饰作用的新产品。

铝合金穿孔板材质轻、耐高温、耐腐蚀、防火、防潮、防震、化学稳定性好，可以将孔形处理成一定图案，造型美观、色泽优雅、立体感强、装饰效果好。同时，内部放置吸声材料后可以解决建筑中吸声的问题，是一种兼有降噪和装饰双重功能的理想材料。且组装简便，可用于宾馆、饭店、影院、播音室等公共建筑和中高档民用建筑，也可用于各类车间厂房、人防地下室、各种控制室、计算机机房的顶棚或墙壁，以改善音质、降低噪声。

(5) 铝合金扣板

铝合金扣板是因为安装方法扣在龙骨上，所以称为铝扣板。铝扣板一般厚 0.4～0.8 mm，有条形、方形、菱形等，是 20 世纪 90 年代出现的一种吊顶材料，主要用于厨房和卫生间的吊顶、墙面和屋面装修。

铝合金扣板按功能分为吸声板和装饰板两种。吸声板孔形有圆孔、方孔、长圆孔、长方孔、三角孔、大小组合孔等，吸声板大多是白色或银色；装饰板更注重装饰性，线条简洁流畅，有古铜、金黄、红、蓝、乳白等多种颜色。

铝合金扣板按表面形式分为表面冲孔和平面两种。表面冲孔可以通气吸声，扣板内部铺一层薄膜软垫，潮气可透过冲孔被薄膜吸收，所以它最适合水分较多的厨卫使用。铝合金扣板是一种中档装饰材料，装饰效果别具一格，具有质量轻、色彩丰富、外形美观、经久耐用、容易安装、工效高等特点，可连续使用 20～60 年。除用于建筑物的外墙和屋面外，还可做复合墙板。铝扣板板型多，线条流畅，颜色丰富，外观效果良好，更具有防火、防潮、易安装、易清洗等特点。

(6) 铝蜂窝板

铝蜂窝板是两块铝板中间加蜂窝芯材黏结成的一种复合材料，蜂窝板是一种仿生结构产品，是根据蜜蜂巢穴的结构特点而制造出来的。蜂窝具有正六面体结构，在切向上承受压力时，这些相互牵制的密集蜂窝犹如许多小工字梁，可分散承担来自面板方向的压力，使板受力均匀，保证了面板在较大面积时仍能保持很高的平整度。另外，空心蜂窝还能大大减弱板体的热膨胀性。蜂窝板蜂巢结构形成单元室，空气之间不产生对流，具有良好的隔热性能；同时铝蜂窝板是复合体结构，又具有良好的隔声效果。经大量实验证明，正六面体结构更耐压、耐拉。蜂窝材料具有抗高风压、减震、隔声、保温、阻燃、质量轻、强度高、刚度好、耐蚀性强、性能稳定和比强度高等优良性能。铝蜂窝板主要应用于大厦的外墙装饰，也可运用于室内天花、吊顶。

5. 铝塑板

铝塑板，其实是铝塑复合板的简称。铝塑复合板是由内外两面铝合金板、低密度聚乙烯芯层与黏结剂复合为一体的轻型墙面装饰材料。作为一种新型建材，铝塑板广泛用于建筑物的外墙装饰、招牌、展板、广告宣传牌、建筑隔板、内墙用装饰板等。

铝塑复合板大致可分室外、室内用两种，其中又可分为防火型和一般型。现在市场销售的多为一般型。室外用铝塑复合板上下均为0.5 mm铝板(一般为纯铝板)，中间夹层为PE(聚乙烯)或PVC(聚氯乙烯)，夹层厚度为3～5 mm。防火型铝塑复合板中间夹层为FR(防火塑胶)。室外用复合铝塑板厚度为4～6 mm。室内用铝塑板上下面一般为0.2～0.25 mm铝板，夹层厚度为2.5～3 mm，室内用铝塑板厚度为3～4 mm。铝塑板产品标准规格一般为1 220 mm(宽)×2 440 mm(长)×厚度，宽度也可以达到1 250 mm或1 500 mm。室外常采用厚度最薄应为4 mm，室内采用厚度应为3 mm。

铝塑复合板有多种颜色，其板面平整，颜色均匀，色差较小(有方向性)，质轻，有一定的刚度和强度，由于板材表面用的是氟碳涂料，能抗酸碱腐蚀，耐粉化、耐紫外线照射不变色等优点；但一般铝塑板不防火，表面遇到高温时，铝板会鼓泡，0.5 mm铝板如遇到火灾，很容易熔化，中间夹层PE、PVC均会燃烧，发出有害的气体，有窒息的危险。铝塑复合板由于它优良的特性，在建筑装饰上应用甚广。例如：在建筑用幕墙(不用于高层)旧房改造，大量的街道店面的装饰，室内装饰，室内包柱，室内办公间的隔断、吊顶、家具、车辆内装饰等。此外，为了减少大面积隐框玻璃幕墙的光污染，在低层幕墙不透光部分用复合板带状幕墙，减少隐框玻璃幕墙大面积镜面效果。

6. 铝合金龙骨

龙骨是用来支撑造型、固定结构的一种材料。铝合金龙骨是装饰中常用的一种材料，可以起到支架的作用，铝合金龙骨具有不锈、质轻、防火、抗震、安装方便等特点，适用于室内吊顶、隔断装饰。铝合金龙骨多做成T形、U形、L形。T形龙骨主要用于吊顶。吊顶龙骨可与板材组成450 mm×450 mm、500 mm×500 mm、600 mm×600 mm的方格，不需要大幅面的吊顶板材，可灵活选用小规格吊顶材料。铝合金材料经过电氧化处理，光亮、不锈、色调柔和，吊顶龙骨呈方格状外露，美观大方。铝合金龙骨除用于吊顶外，还广泛用于广告栏、橱窗及室内隔断等。

7. 铝合金吊顶格栅

铝合金吊顶格栅也称吊顶花栅或敞透式吊顶，是将铝合金薄片拼装成网格状，悬吊作顶棚。这种吊顶形式往往与采光、照明、造型结合在一起，以达到完整的艺术效果。

8. 铝合金门窗

(1) 铝合金门窗的加工装配

铝合金门窗是将表面已处理过的型材，经过下料、打孔、铣槽、攻螺纹、制配等加工工艺制成的门窗框料构件，再加连接件、密封件、开闭五金件一起组合装配而成。门窗框料之间的连接采用直角榫头，不锈钢螺钉结合。在现代建筑装修工程中，铝合金门窗因其长期维修费用少、性能好、美观、节约能源等，在国内外得到广泛应用。

(2) 铝合金门窗的品种

铝合金门窗按结构与开闭方式可分为推拉窗(门)、平开窗(门)、固定窗(门)、悬挂窗、回转窗、百叶窗，铝合金门还分地弹簧门、自动门、旋转门、卷闸门等。

(3) 铝合金门窗的特点

铝合金门窗与普通门窗相比，具有以下特点：

① 质量轻。铝合金的相对密度为 2.7 g/cm^3，只有钢的 1/3，且铝合金门窗框多为中空型材，厚度薄(1.5～2.0 mm)，因而用材省，质量轻，每平方米门窗用铝型材质量约为钢门窗质量的 50%。

② 密封性好。气密性、水密性、隔声性均好。

③ 色泽美观。表面光洁，外观美丽。可着成银白色、古铜色、暗灰色、黑色等多种颜色。

④ 耐腐蚀，使用维修方便。铝合金门窗不锈蚀、不退色、不需要油漆，维修费用少。

⑤ 铝合金门窗强度高，刚度好，坚固耐用。

⑥ 便于工业化生产。有利于实行设计标准化、生产工厂化、产品系列化、零配件通用化。

(4) 铝合金门窗的性能

铝合金门窗在出厂前须经过严格的性能试验，只有达到规定的性能指标后才可以安装使用。铝合金门窗通常要检测以下主要技术性能指标：

① 强度。铝合金门窗的强度是在压力箱内进行压缩空气加压试验，用所加风压的等级来表示的，单位是 Pa。一般性能的铝合金窗可达 1 961～2 353 Pa，高性能铝合金窗可达 2 353～2 764 Pa。在上述压力下测定窗扇中的最大位移量应小于窗框内沿高度的 1/70。

② 气密性。铝合金窗在压力试验箱内，使窗的前后形成 4.9～2.94 Pa 的压力差，用每平方米面积每小时的通气量(m^3)表示窗的气密性，单位是 $m^3/(h \cdot m^2)$。一般性能的铝合金窗前后压力差为 10 Pa 时，气密性可达 8 $m^3/(h \cdot m^2)$以下，高密封性能的铝合金窗可达 2 $m^3/(h \cdot m^2)$以下。

③ 水密性。铝合金窗在压力试验箱内，对窗的外侧加入周期为 2 s 的正弦波脉冲压力，同时向窗内每分钟每平方米喷射 4 L 的人工降雨，进行连续 10 min 的“风雨交加”的试验，这样在室内一侧不应有可见的渗漏水现象。用水密性试验施加的脉冲风压平均压力表示，一般性能铝窗为 343 Pa，抗台风的高性能窗可达 490 Pa。

④ 开闭力。装好玻璃后，窗扇打开或关闭所需外力应在 49 Pa 以下。

⑤ 隔热性。通常用窗的热对流阻抗值来表示隔热性能(单位是 $m^2 \cdot h \cdot ℃/kJ$)，一般可分为三级：$R_1=0.05$，$R_2=0.06$，$R_3=0.07$。采用 6 mm 双层玻璃高性能的隔热窗，热对流阻抗值可以达到 0.05 $m^2 \cdot h \cdot ℃/kJ$。

⑥ 隔声性。在音响实验室内对铝合金窗的音响声透过损失进行试验发现，当声频达到一定值后，铝合金窗的响声透过损失趋于恒定。用这种方法可以测定出隔声性能的等级曲线。有隔声要求的铝合金窗，响声透过损失可达 25 dB。高隔声性能的铝合金窗，音响透过可降低 30～45 dB。

⑦ 尼龙导向轮的耐久性。推拉窗活动窗扇用电动机经偏心连杆机构做连续往复行走试验，用直径 12～16 mm 尼龙轮试验 1 万次，直径 20～24 mm 尼龙轮试验 5 万次，直径 30～60 mm 尼龙轮试验 10 万次，窗及导向轮等配件无异常损坏。

9. 铝合金百叶窗帘

铝合金百叶窗帘启闭灵活、质量轻巧、使用方便、经久不锈、造型美观，并且可以调整角度来满足室内光线明暗和通风量大小的要求，也可遮阳或遮挡视线，因此受到用户的青睐。

铝合金百叶窗帘是铝镁合金制成的百叶片，由梯形尼龙绳串联而成。拉动尼龙绳可将叶片翻转 180°，达到调节通风量和调节光线明暗等作用，其百叶有多种颜色。铝合金百叶窗帘应用于宾馆、工厂、医院、学校和住宅建筑的遮阳和室内装潢设施。

10. 铝箔

铝箔是用纯铝或铝合金加工成 6.3～200 μm 的薄片制品。按铝箔的形状分为卷状铝箔和片状铝箔，按铝箔的状态和材质分为硬质箔、半硬质箔和软质箔，按铝箔的表面状态分为单面光铝箔和双面光铝箔，按铝箔的加工状态分为素箔、压花箔、复合箔、涂层箔、上色箔、印刷箔等。

当厚度为 0.025 mm 以下时，尽管有针孔存在，但仍比没有针孔的塑料薄膜防潮性好。铝是一种温度辐射性能极差而对太阳光反射力很强(反射比 87%～97%)的金属。在热工设计时常把铝箔视为良好的绝热材料。铝箔以全新的多功能保温隔热材料、防潮材料和装饰材料广泛用于建筑工程。

建筑上应用较多的卷材是铝箔牛皮纸和铝箔布，它是将牛皮纸和玻璃纤维布作为依托层，用黏结剂粘贴铝箔而成。前者用在空气间层中作绝热材料，后者多用在寒冷地区作保温窗帘，炎热地区作隔热窗帘。另外，将铝箔复合成板材或卷材，如铝箔泡沫塑料板、铝箔石棉夹心板等，常用于室内或者设备表面，有较好的装饰性。若在铝箔波形板上打上微孔，则还有很好的吸声作用。

另外，铝合金还可压制五金零件，如把手、铰锁、标志、商标、提把、提攀、嵌条、包角等装饰制品，既美观，金属感强，又耐久不腐。

11. 泡沫铝

由铝制成的金属泡沫表现出较低的导热性和良好的隔音性能。它具有很高的抗压强度，而且质量轻，易于处理加工。泡沫铝已在汽车制造领域得到了应用。原则上，其他金属泡沫也是可以制造出来的。

8.2.3 铜与铜合金

人类最先造出的金属是铜，人们用它来制铜镜、铜针、铜壶和兵器，这一时代被称为青铜器时代。随后古希腊、古罗马及我国的许多宗教宫殿建筑以及纪念性建筑均较多地采用了金、铜等金属材料用于装饰和雕塑。

1. 铜的特性与应用

铜是我国历史上使用较早、用途较广的一种有色重金属，密度为 8.92 g/cm^3。纯铜由于表面氧化生成的氧化铜薄膜呈紫红色，故常称紫铜。纯铜具有较高的导电性、导热性、耐蚀性及良好的延展性、可塑性，可碾压成极薄的板(紫铜片)，拉成很细的丝(铜线材)，它既是一种古老的建筑材料，又是一种良好的导电材料。

铜广泛用于建筑装饰及各种零部件。在现代建筑中，铜材仍是一种集古朴和华贵于一身的高级装饰材料，可用于扶手、外墙板、栏杆、楼梯防滑条或把手、门锁、纱窗(紫铜纱窗)、西式高级建筑的壁炉等其他细部需要装饰点缀的部位，可使建筑物显得光彩耀目、富丽堂皇。如南京五星级金陵饭店正门大厅选用铜扶手和铜栏杆，可体现出一种华丽、高雅的气氛。在古建筑装饰中，铜材是一种高档的装饰材料，多用于宫廷、寺庙、纪念性建筑以及商店招牌等，可用铜包柱，使建筑物光彩照人、美观雅致、光亮耐久，并烘托出华丽、神秘的氛围。除此之外，园林景观的小品设计中，铜材也有着广泛的应用。

2. 铜合金的特性与应用

铜是一种容易精炼的金属材料。纯铜由于强度不高，不宜制作结构材料，由于纯铜的价格贵，工程中更广泛使用的是铜合金（即在铜中掺入锌、锡等元素形成的铜合金）。铜合金最初是用于制造兵器而发展起来的，它也可以用作生活用品，如宗教祭具、货币和装饰品等。铜合金既保持了铜的良好塑性和高抗蚀性，又改善了纯铜的强度、硬度等机械性能。常用的铜合金有黄铜（铜锌合金）、青铜（铜锡合金）等，其强度、硬度等力学性能得到提高，且价格比纯铜低。

（1）黄铜

黄铜以铜、锌为主要合金元素的铜合金称为黄铜。黄铜不仅有良好的力学性能、耐腐蚀性能和工艺性能，而且价格也比纯铜便宜。锌是影响黄铜力学性能的主要因素，随着含锌量的不同，不但色泽随之变淡，力学性能也随之改变。含锌量约为 30%的黄铜其塑性最好，含锌量约为 4%的黄铜其强度最高，一般黄铜含锌量多在 30%以内。

黄铜的牌号用“黄”字的汉语拼音首字母“H”加数字表示，数字代表平均含铜量。例如 H68 表示含铜量约为 68%，其余为锌。黄铜可进行挤压、冲压、弯曲等冷加工成型，但因此而产生的残余内应力必须进行退火处理，否则在湿空气、氮气、海水作用下，会发生蚀裂现象，称为黄铜的自裂。黄铜不易偏析，韧性较大，但切削加工性差。

黄铜分为普通黄铜和特殊黄铜。

① 普通黄铜。铜中只加入锌元素时，称为普通黄铜。普通黄铜呈现金黄色或黄色。黄铜不易生锈腐蚀，延展性较好，易于加工成各种建筑五金，装饰制品，水暖器材和机械零件。

② 特殊黄铜。为了进一步改善黄铜的力学性能、耐蚀性或某些工艺性能，在铜锌合金中再加入其他合金元素，即成为特殊黄铜，常加入的元素有铅、锡、镍、铝、锰、硅等，并分别称为铅黄铜、锡黄铜、镍黄铜等。

加入铝、锡、铅、锰、硅均可提高黄铜的强度、硬度和耐蚀性。

加入镍可改善其力学性质、耐热性和耐腐性，多用于制作弹簧，或用于制作首饰、餐具，也用于建筑、化工、机械等行业。

锡黄铜中含锡 2%以上时，则硬度和强度增大，但延伸性显著减小。在（α+β）黄铜或 α 黄铜中添加的 1%的锡，有较强的抵抗海水侵蚀的能力，故称为海军黄铜。

黄铜粉俗称“金粉”，是一种由铜合金制成的金色颜料，主要成分为铜及少量的锌、铝、锡等金属，常用以调制装饰涂料代替“贴金”。

（2）青铜

青铜是铜和锡为主要成分的合金。青铜具有良好的强度、硬度、耐蚀性和铸造性。青铜的牌号以字母“Q”（“青”字的汉语拼音首字母）表示，后面第一个是主加元素符号，之后是除了铜以外的各元素的百分含量，如 QSn4～3。如果是铸造的青铜，牌号中还应加“Z”字，如 ZQAl9～4 等。

① 锡青铜：锡青铜含锡量在 30%以下，它的抗拉强度以含锡量在 15%～20%为最大；而延伸率则以含锡量在 10%以内比较大，超过这个限度，就会急剧变小。含锡 10%的铜称炮铜，炮铜的铸造性能好，机械性质也好。因其在近代炼铜方法发明之前，曾用于制造大炮，故得名炮铜。

② 铝青铜：铜铝合金中含铝在 15%以下时称铝青铜，工业用的这种铜合金含铝量大部在 12%以下。单纯的铜铝合金是没有的，实际上大都还添加少量的铁和锰，以改善其力学

性能。含铝10%以上的铜合金，随着热处理不同其性质各异。这种青铜耐腐蚀性很好，经过加工的材料，其强度近于一般碳素钢，在大气中不变色，即使加热到高温也不会氧化。这是由于合金中铝经氧化形成致密的薄层所致。可用于制造铜丝、棒、管、板、弹簧和螺栓等。

3. 铜合金装饰制品

铜合金经挤制或压制可形成不同横断面形状的型材，有空心型材和实心型材。铜合金型材也具有铝合金材类似的优点，可用于门窗的制作，尤其是以铜合金型材作骨架，以吸热玻璃、热反射玻璃、中空玻璃等为立面形成的玻璃幕墙，一改传统外墙的单一面貌，使建筑物乃至城市生辉。另外，利用铜合金板制成铜合金压型板，应用于建筑物内外墙装饰，同样使建筑物金碧辉煌、光亮耐久。

铜合金装饰制品的另一特点是源于其具有金色感，常替代稀有的、价值昂贵的金在建筑装饰中作为点缀使用。古希腊的宗教及宫殿建筑较多地采用金、铜等进行装饰、雕塑。具有传奇色彩的帕提农神庙大门为铜质镀金；古罗马的凯旋门，图拉真骑马座像都有青铜的雕饰。中国盛唐时期，宫殿建筑多以金、铜来装饰，人们认为以铜或金来装饰的建筑是高贵和权势的象征。

现代建筑装饰中，大厅门常配以铜质的把手、门锁；螺旋式楼梯扶手栏杆常选用铜质管材，踏步上附有铜质防滑条；浴缸龙头，坐便器开关，淋浴器配件，各种灯具、家具采用了制作精致、色泽光亮的铜合金制作，会在原有豪华、高贵的氛围中更增添装饰的艺术性。

8.2.4 铁艺

1. 铁艺起源

作为金属材料，铁的应用历史有几千年。铁作为黑色的金属材料，给人传统的感觉是强度高、硬度大、坚固、耐用及结构性能良好，但其色彩黑暗、光泽感不强、厚重冷酷，因而，常不为建筑装饰所利用。但是17世纪欧洲大陆发明的铁艺这种融金属感和艺术美感于一体的装饰，以其欧洲古典浪漫主义的风格和回归自然的温馨感觉，逐渐受到各阶层人们钟爱，并被迅速用于建筑装饰之中。与人们熟知的木材、陶瓷、石材、塑料等装饰材料相比，铁艺制品更具坚固、耐用、无污染、不老化、耐火、安全等优势，特别是其千姿百态、变化无穷的艺术造型，使它在众多装饰材料中以独特、高雅、浪漫的艺术风格独树一帜。铁艺自身材料和工艺的特殊品质，是其他材料无法替代的，它厚重、古朴、刚柔并重，永远令人赏心悦目。

因为铁艺源于欧洲已有几百年的历史，所以具有浓郁的欧陆风情和异国情调。它利用机器或人工锻打，把冰冷生硬的金属变成了生灵活现的实用艺术。通过各种弧线的变形和油饰工艺使铁艺产品古朴、典雅、华贵，泛适用于建筑业、装饰业、家私业、市政园林建设等方面，如门窗护栏、楼梯扶手、公共设施围栏、市场货架，以及各种铁艺家具、艺术摆设等，深受人们喜爱。

2. 铁艺的性能

(1) 安全感

目前，防盗门的生产和销售十分旺盛，铁艺大门、小门、护窗需求越来越多。铁艺在保障安全的同时，不会影响通风透光，保持了良好的视野。

(2) 装饰性

一座平常甚至丑陋的建筑，与环境严重冲突，顶部加一铁艺饰带，就能软化天际。一个碎花的铁艺护门、护栏、家具可减弱建筑与地的冲突，增加亲切感，如果有良好的花形，可引人驻足，减少主人的封闭感，这样就在实用的基础上实现了装饰性。

(3) 展示性

上乘的铁艺内含着昂贵的劳动，铁艺的应用就意味着某种无言的富贵，现在应用仍很少。

对铁艺的兴趣与鉴别力本身就展示着一种超群的情趣，展现着某种历史的回归、异国的情调或迥异的向往。

3. 铁艺的分类

铁艺按材料及加工方法分为：扁铁花、铸铁铁艺、锻造铁艺。按功能、用途通常分为：大门、楼梯、护栏、门芯、饰品、家具、灯具、招牌等。

(1) 扁铁花

以扁铁为主要材料，冷弯曲为主要工艺，手工操作或用手工机具操作。端头装饰少，造型自由度大，但材料局限性也大，截面积较大的材料使用困难，功能上达到要求，但工艺性差，装饰性差，这类铁艺为我国铁艺的基本形式。但由于成本低，目前在注重功能性、注重价格的低档次场合下仍在广泛使用。

(2) 铸铁铁艺

以灰铸钢为主要材料，铸造为主要工艺，花型多样、装饰性强，是我国铁艺第二阶段的主要形式。由于灰铸钢韧性差、易折断、易破裂，所以花型容易破裂。由于多数铸件采用砂模成型，因此表面粗糙。另一缺点是可焊性差，耐久性差，整体工程易破损，难于补救，这些缺点都需要从材料、工艺上继续提高。

(3) 锻造铁艺

以低碳钢型材为主要原材料，以表面轧花、机械弯曲、模锻为主要工艺，以手工锻造辅之。加工精度较高，产品品质好，工艺性强，装饰性强，成本、价格高，形成了标准化、批量化的锻件生产能力。生产和工程分离进行，在工程中降低了施工难度。

4. 铁艺的表面处理

铁艺制品表面处理泛指为了防止铁艺制品表面的锈蚀，消除和掩盖铁艺制品出现的不影响强度的表面缺陷，而对铁艺制品表面涂镀防锈及效果美观性装饰涂料的工艺实施过程。

(1) 铁艺制品表面的预处理

铁艺制品表面的预处理是指用机械或者化学等工艺方法来消除铁艺制品涂镀前的表面缺陷。

去锈、清除氧化皮、焊渣的主要方法有手工处理、机械处理、喷射处理、化学处理(酸洗)、电化学处理和火焰处理等方法。

除油对于铁艺制品来讲，一般可采用有机溶液、碱液、电化学等方法。

(2) 铁艺制品表面保护与装饰工艺

一般采用表面保护和装饰综合处理的方法。常用的是涂装和电镀(热镀)的方法，使铁艺制品表面形成非金属保护膜、金属保护膜或化学保护膜。

8.2.5 锌和钛锌合金

锌合金(比如由99.995%的锌加上0.003%的钛制成的钛锌合金)比相对脆弱的锌本身

强度更高。钛锌合金可焊接或钎焊，且比锌的热膨胀系数低。由于这个原因，建筑业几乎只使用钛锌合金。锌能抵御气候的影响，与铅类似，遇到空气时形成一层保护层，因而经常用于保护其他金属，例如钢、铜等。

钛锌合金板也适用于立面、屋顶排水沟及管道。锌可以被十分精确地铸造，制成精密的模件。许多锌合金都在建筑业应用，例如制作小五金的压铸锌、黄铜、镍银铜合金及钎焊的焊料。

锌的一个重要应用是用于防止钢构件腐蚀。锌抗腐蚀能力强，是由于它能形成永久性的保护层。有很多方法可以把保护层应用到钢构件外部：热浸镀锌法、电镀锌法、喷镀锌法等。锌保护层的耐久性取决于周围空气中 CO_2 的含量。

8.3 金属材料在园林工程中的应用

金属材料在园林工程中的应用，主要体现在以不锈钢为主的材料在做龙骨上的应用，以铝合金和其他金属材料在景墙、logo 墙、铁艺大门上的应用，以及以铜和仿铜合金为主的金属材料在雕塑上的应用，如图 8-4～8-19 所示。

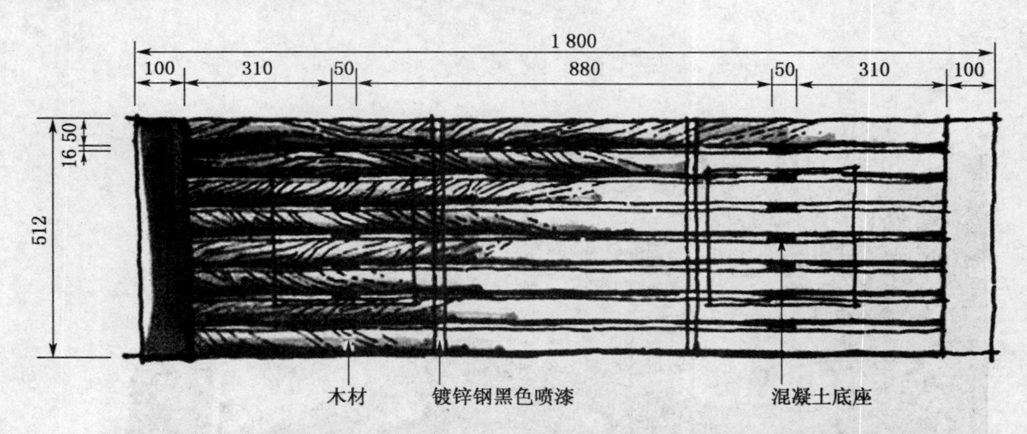

图 8-4　轻钢龙骨在木座椅施工工艺上的使用——平面上可见镀锌钢管体现的龙骨作用

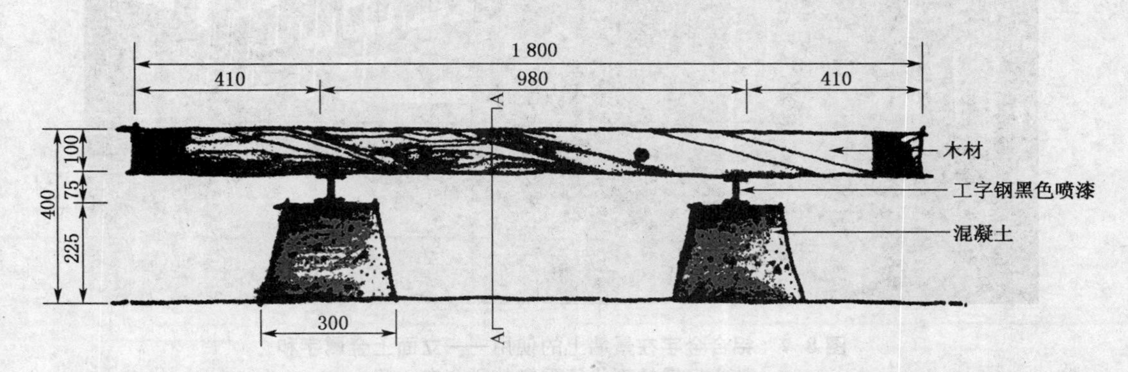

图 8-5　轻钢龙骨在木座椅施工工艺上的使用——立面上可见镀锌钢管(工字钢)体现的龙骨作用

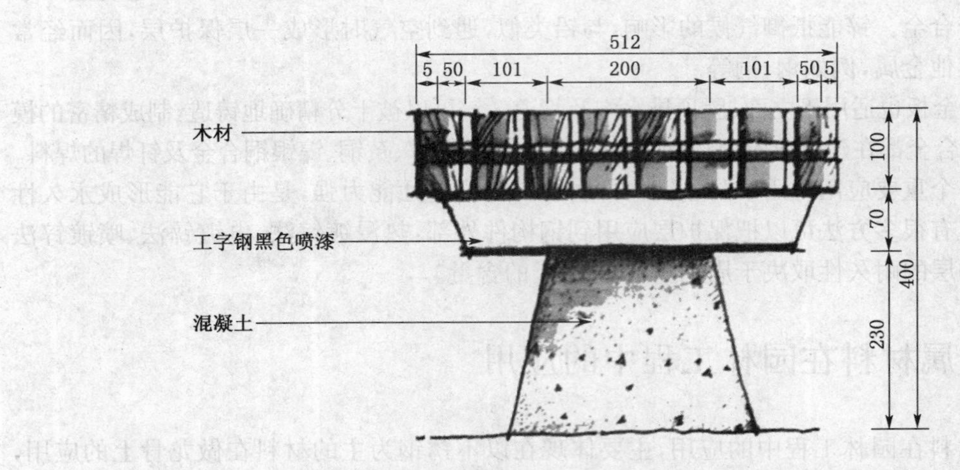

图 8-6 轻钢龙骨在木座椅施工工艺上的使用——侧立面上可见镀锌钢管(工字钢)体现的龙骨作用

图 8-7 铝合金字在景墙上的使用——立面上金属字和整个场景的现代氛围完整融合在一起

图 8-8　铝合金字在景墙上的使用——立面上铝合金字在周边空间中大气、醒目

图 8-9　铝合金字在景墙上的使用——立面上金属字与砖墙形成良好的对比和反差

图 8-10　金属材料在景墙上的使用——立面上金属 logo 牌与斑驳景墙形成良好的对比和反差

图 8-11　不锈钢在景观构筑物上的使用——空间中高大的不锈钢构筑物是视野的焦点

图 8-12 金属构架形成的长廊

图 8-13 不锈钢廊架(单臂廊架)

图 8-14 金属材料在景观建筑小品上的使用——不锈钢构筑物

图 8-15　不锈钢廊架和传统中国墙之间的搭配

图 8-16　金属材料在景观围墙上的应用——铁艺围墙

图 8-17 金属材料在雕塑上的应用——铜或铜合金(一)

图 8-18 金属材料在雕塑上的应用——铜或铜合金(二)

图 8-19　金属材料在雕塑上的应用——铜或铜合金(三)

复习思考题

1. 铝合金材料在建筑装饰工程上主要用在哪几个方面?
2. 根据铝合金的成分和工艺特点可分为哪些种类? 它们都有哪些特性?
3. 建筑装饰用铝合金制品有哪些? 它们应用于何处? 有哪些突出的优点?
4. 彩色涂层钢板有哪几种? 主要应用于何处? 有哪些优点?
5. 建筑用的龙骨主要用途是什么? 有哪些种类?
6. 简述铜合金的分类及用途。
7. 铝扣板有什么特点?
8. 怎样保养钢质楼梯和铁艺楼梯? 怎样维修铁艺楼梯扶手上的铁花断裂?
9. 怎样保养铝合金门窗?
10. 阳台的铁栏杆如何防锈?

9　木材

木材是人类最早使用的建筑材料之一。我国各地的古建筑中，不仅在屋架、梁、柱和地面使用了大量的木材，而且在技术上也有许多独到之处。这是因为木材本身具有其他材料所不具有的优点，如木材的质量轻、比强度（木材的强度与表观密度之比）高，绝缘性能好；在力学性能上有较好的弹性、塑性，能承受一定的冲击和振动荷载；在干燥环境或长期置于水中均有较好的耐久性；木材本身还具有美丽的天然花纹，给人以淳朴、古雅、亲切、温暖的质感；木材是较为理想的热工材料和吸声材料，在现代建筑装饰工程中得到了广泛应用。

木材、水泥、钢材称为建筑工程中的三大材料。但由于木材的构造的不均匀性，具有各向异性；易吸水、吸湿而引起尺寸、形状、强度等物理、力学性能的变化；长期在干湿交替环境中使用，其耐久性会下降；木材的天然疵病较多，耐火、耐蚀性能也较差：这些缺点在选用木材时应引起注意。

9.1　木材的分类与构造

9.1.1　木材的分类

1. 按树木形态分为针叶材和阔叶材

针叶材一般是指来自针叶和鳞片状叶树木的木材，为松、杉和柏木等；阔叶材是指来自树叶宽阔或比较宽阔的树木的木材。阔叶树成材年限长，材质较坚硬，强度较高，但容易变形、开裂，加工也较困难。这类树种有榆木、柞木、桦木、椴木及水曲柳等。这些树种的木材有较美观的纹理，故常用来做室内装饰和制造家具。针叶树成材年限短，材质较软，具有一定的强度。其变形小，不易开裂，加工容易，是建筑工程中主要使用的木材，多用来加工承重结构构件及门、窗等。这类树种有松树、杉树和柏树等。

2. 承重木结构用的木材，按照其材质，从好到坏可分为Ⅰ、Ⅱ、Ⅲ级

设计时应根据受力的种类进行选用：受拉或拉弯构件材质等级选用Ⅰ级；受弯或压弯构件材质等级选用Ⅱ级；受压构件及次要受弯构件材质等级选用Ⅲ级。

3. 按使用截面的不同，可分为原木、锯材和胶合材

(1) 原木

是指伐倒并除去树皮、树枝和树梢的树干。

(2) 锯材

是指由原木锯制而成的任何尺寸的成品材或半成品材。锯材又分方木、板材和规格

材。方木是指直角锯切且宽厚比小于3的，截面为矩形或正方形的锯材；板材是指宽度为厚度3倍或3倍以上的矩形锯材；规格材是指按轻型木结构设计的需要，木材截面宽度和高度按规定尺寸加工的规格化木材。

(3) 胶合材

是指以木材为原料通过胶合压制而成的柱型材和各种板材的总称。

4. 根据木材加工的特性分为硬木和软木

(1) 硬木

硬木取自阔叶树，树干通直部分一般较短，材质硬且重，强度大，纹理自然美观，质地坚实、经久耐用，是家具框架结构和面饰的主要用材。常用的有榆木、水曲柳、柞木、橡木、胡桃木、桦木、樟木、楠木、黄杨木、泡桐、紫檀、花梨木、桃花心木、色木等，这类木材较贵，使用期也长。其中，易加工的有水曲柳、泡桐、桃花心木、橡木、胡桃木，不易加工的有色木、花梨木、紫檀，易开裂的有花木、椴木，质地坚硬的有色木、樟木、紫檀、榆木。

(2) 软木

软木取自针叶树，树干通直高大，纹理平顺，材质均匀，木质较软而易于加工，故又称为软木材。表面看密度和胀缩变形小，耐腐蚀性强。软木因其质地松软，在家具中一般不能作为框架结构的用料，而常用来充当非结构部分的辅助用料，或用来加工成各种板材和人造板材。软木一般不变形、不开裂。常用软木有红松、白松、冷杉、云杉、柳桉、马尾松、柏木、油杉、落叶松、银杏、柚木、红檀木等，其中易于加工的有冷杉、红松、银杏、柳桉、白松。软木有不同的抗风化性能，许多树种还带有褐色、质硬的节子，做家具前要将节子进行虫胶处理。

9.1.2 木材的构造

研究木材构造依据采用的工具和放大倍数而分为两个层次：用肉眼或借助10倍放大镜所观察到的木材组织，为木材的宏观构造；借助于显微镜观察到的木材组织，为显微构造。

1. 木材的宏观构造

木材的三切面是由无数不同形态、不同大小、不同排列方式的细胞组成，又由于树木生长不均一，致使各种树种的木材构造极具多样性，而且物理、力学性质也不同，所以要全面了解木材构造必须从三个切面进行观察(图9-1)。

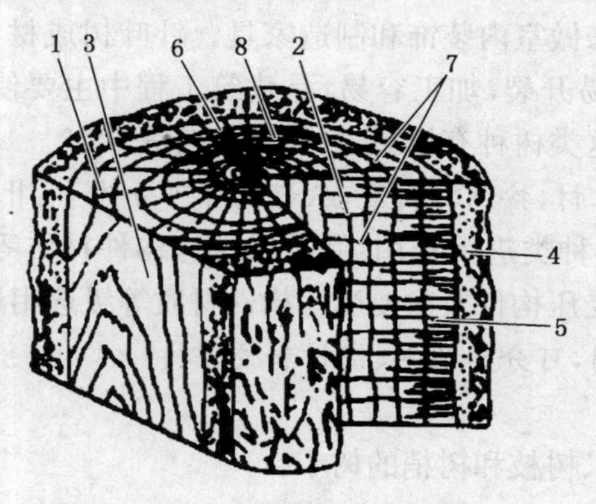

图9-1　木材的宏观构造

1—横切面；2—径切面；3—弦切面；4—树皮；
5—木质部；6—髓心；7—髓线；8—年轮
(资料来源：霍曼琳，建筑材料学，2009)

(1) 横切面

与木材纹理(树轴)垂直的切面,即树干的端面。轴向分子两端的特征和射线的宽度可在此面观察。生长轮在此面呈同心圆状;木射线呈辐射状。

(2) 径切面(顺纹方向)

径切面是指通过髓心与木射线平行的切面,或与年轮垂直的切面。此面可观察轴向分子的长度和宽度及木射线的高度和长度。生长轮在此面呈相互平行的带状。木射线也呈宽带状,可观察木射线的宽度与高度。

(3) 弦切面(顺纹方向)

不通过髓与年轮相切的切面。生长轮在此面上呈同心圆状。在此面上可观察到射线宽度与高度。

树木是由树皮、木质部和髓心等组成的。木质部是木材的主体,它包括年轮、髓心、心材和边材。靠近髓心的木质颜色较深,称为心材。心材的含水量较少,抗蚀性较强,不易变形。心材外面的部分称为边材,颜色较浅,含水量较大,易变形,抗腐蚀性能也不如心材。在力学性能上,心材和边材没有较大的差别。从横切面上可以看到髓心周围一圈圈呈同心圆分布的木质层即为年轮。在同一年轮内,颜色浅的圆环材质轮松软,是春天生长的,故称春材,又叫早材;颜色较深的部分是夏季、秋季生长的,称为夏材,又叫晚夏材。夏材在木质部所占的比例越大,木材的强度与表观密度就越大。当树种相同时,年轮稠密且均匀者,其材质较好。

髓心是树木中心内第一轮年轮组成的初生的木质部分。它的材质松软,强度低,易开裂和腐朽。从髓心呈射线状横过年轮分布的称为髓线,髓线与周围细胞连接弱,在木材干燥过程中易沿髓线开裂,对材质不利。粗大髓线的木树呈现出美丽的花纹,做装饰材料用时装饰效果较好。

2. 木质部的构造特征

(1) 边材和心材

① 定义。在成熟树干的任意高度上,处于树干横切面的边缘靠近树皮一侧的木质部,在生成后最初的数年内,薄壁细胞是有生机的,即生活的,除了起机械支持作用外,同时还参与水分输导、矿物质和营养物的运输与贮藏等作用,称为边材。

心材是指髓心与边材之间的木质部。心材的细胞已失去生机,树木随着径向生长的不断增加和木材生理的老化,心材逐渐加宽,并且颜色逐渐加深。

② 心材的形成。边材的薄壁细胞在枯死之前有一个非常旺盛的活动期,淀粉被消耗,在管孔内生成侵填体,单宁增加,其结果是薄壁细胞在枯死的同时单宁成分扩散,木材着色变为心材。总之,形成心材的过程是一个非常复杂的生物化学过程。在这个过程中,生活细胞死亡,细胞腔出现单宁、色素、树胶、树脂以及碳酸钙等沉积物,水分输导系统阻塞,材质变硬,密度增大,渗透性降低,耐久性提高。

在树干的横切面,边材及心材的面积占总面积的比率分别叫边材率和心材率。受遗传因子、立地条件、树龄、在树干中的部位等因素的影响,心材率存在显著的差异。日本扁柏、柳杉、铅笔柏的心材率分别为50%~80%、52%~70%、88%。较早形成心材的树种心材率高,如圆柏属、红豆杉属、梓属、刺槐属、檫木属和桑树属等。有些树种,如银杏、马尾松、落叶松、柿树、金丝李和青皮等,一般需要10~30年才能形成心材,心材率低。

③ 边材树种、心材树种和熟材树种。在实际工作中,通常根据心材、边材的颜色和立木

中心较边材的含水率，将木材分为以下三类。

心材树种（显心材树种）：心、边材颜色区别明显的树种叫心材树种（显心材树种），如松属、落叶松属、红豆杉属、柏木属、紫杉属等针叶树材；楝木、水曲柳、桑树、苦木、檫木、漆树、栎木、蚬木、刺槐、香椿、榉木等阔叶树材。

边材树种：心、边材颜色和含水率无明显区别的树种叫边材树种，如桦木、椴木、桤木、杨木、鹅耳枥及槭属等阔叶树材。

熟材树种（隐心材树种）：心、边材颜色无明显区别，但在立木中心较边材含水率较低，如云杉属、冷杉属、山杨、水青冈等。

有些边材树种或熟材树种，由于受真菌的侵害，树干中心部分的材色会变深，类似于心材，但在横切面上其边缘不规则，色调也不均匀，将这部分木材叫假心材或伪心材。国产阔叶树材中常见于桦木属、杨属、柳属、槭属等树种。另外，有些心材树种，如圆柏，部分心材由于真菌危害，偶尔出现材色浅的环带，与内含边材很相似，应注意区别。

(2) 生长轮、年轮、早材和晚材

① 生长轮、年轮。通过形成层的活动，在一个生长周期中所产生的次生木质部，在横切面上呈现一个围绕髓心的完整轮状结构，称为生长轮或生长层。生长轮的形成是由于外界环境变化造成木质部的不均匀生长现象。温带和寒带树木在一年里，形成层分生的次生木质部，形成后向内只生长一层，将其生长轮称为年轮。但在热带，一年间的气候变化很小，四季不分，树木在四季几乎不间断地生长，仅与雨季和旱季的交替有关，所以一年之间可能形成几个生长轮。

生长轮在不同的切面上呈不同的形状。多数树种的生长轮在横切面上呈同心圆状，如杉木、红松等；少数树种的生长轮则为不规则波浪状，如壳斗科、鹅耳枥、红豆杉、榆木等；石山树则多作偏圆形，等等。生长轮在横切面上的形状是识别木材的特征之一。生长轮在径切面上作平行条状，在弦切面上则多作 V 形或 U 形的花纹。

树木在生长季节内，由于受菌虫危害、霜、雹、火灾、干旱、气候突变等的影响，生长中断，经过一定时期以后，生长又重新开始，在同一生长周期内，形成两个或两个以上的生长轮，这种生长轮称作假年轮或伪年轮。假年轮的界线不像正常年轮那样明显，往往也不成完整的圆圈，如杉木、柏木、马尾松经常出现假年轮。

② 早材与晚材。形成层的活动受季节影响很大，温带和寒带树木在一年的早期形成的木材，或热带树木在雨季形成的木材，由于环境温度高，水分足，细胞分裂速度快，细胞壁薄，形体较大，材质较松软，材色浅，称为早材（春材）。到了温带和寒带的秋季或热带的旱季，树木的营养物质流动缓慢，形成层细胞的活动逐渐减弱，细胞分裂速度变慢并逐渐停止，形成的细胞腔小而壁厚，材色深，组织较致密，称为晚材（夏材）。在一个生长季节内由早材和晚材共同组成的一轮同心生长层，即为生长轮或年轮。在两个轮界限之间即一个年轮内早材至晚材的转变和过渡有急有缓。急剧变化者为急变，如马尾松、油松、柳杉、樟子松；反之为缓变，如华山松、红松、杉木和白皮松。

晚材在一个年轮中所占的比率称为晚材率。其计算公式为：

$$P=\frac{b}{a}\times 100\%$$

式中：P——晚材率，%；

a——相邻两个轮界线之间的宽度，cm；

b——相邻两个轮界线之间晚材的宽度，cm。

晚材率的大小可以作为衡量针叶树材和阔叶树环孔材强度大小的标志。树干横切面上的晚材率，自髓心向外逐渐增加，但达到最大限度后便开始降低。在树干高度上，晚材率自下向上逐渐降低，但到达树冠区域便停止下降。年轮宽度指在横切面上，与年轮相垂直的两个轮界线之间的宽度。年轮宽度因树种、立地条件、生长条件和树龄而异。泡桐、杨树、杉木、辐射松、臭椿和翅荚木在适宜条件下，可以形成很宽的年轮。而紫杉木、黄杨木即使在良好的生长条件下，形成的年轮也很窄。在同一株树木中，越靠近髓心年轮越宽，靠近树干基部年轮较窄，靠近树梢年轮较宽。

(3) 木射线

第一年轮组成的初生木质部分称为髓心。在木材横切面上，有许多颜色较浅，从髓心向树皮方向呈辐射状排列的组织，称为髓射线。髓射线起源于初生组织，后来由形成层再向外延伸，它从髓心穿过年轮直达内树皮，被称为初生木射线。起源于形成层的木射线，达不到髓心，称为次生木射线。木材中的射线大部分属于次生木射线。在木质部的射线称为木射线；在韧皮部的射线称为韧皮射线。射线是树木的横向组织，由薄壁细胞组成，起横向输送和贮藏养料作用。

针叶树材的木射线很细小，在肉眼及放大镜下一般看不清楚。木射线的宽度、高度和数量等在阔叶树材不同树种之间有明显区别。同一条木射线在木材的不同切面上，表现出不同的形状。在横切面上木射线呈辐射条状，显示其侧面宽度和长度；在径切面上呈线状或带状，显示其长度和高度；而在弦切面上呈短线或纺锤形状，显示其宽度和高度。观察木射线宽度和高度应以弦切面为主，其他切面为辅。

① 木射线的宽度。木射线宽度有两种表示方法：木射线的尺寸或肉眼下的明显度；最大木射线与最大管孔对比。

按木射线的尺寸或肉眼下的明显度分：

极细木射线：宽度小于 0.05 mm，肉眼下不见，木材结构非常细，如松属、柏属、桉树、杨树、柳树等。

细木射线：宽度在 0.05～0.10 mm，肉眼下可见，木材结构细，如杉木、樟木、白果（银杏）等。

中等木射线：宽度在 0.10～0.20 mm，肉眼下比较明晰，如冬青、毛八角枫、槭树等。

宽木射线：宽度在 0.20～0.40 mm，肉眼下明晰，木材结构粗，如山龙眼、密花树、梧桐、水青冈等。

极宽木射线：宽度在 0.40 mm 以上，射线很宽，肉眼下非常明晰，木材结构甚粗，如椆木、栎木等（肉眼下最明显）。

按最大木射线与最大管孔对比分：

最大木射线小于管孔直径，如楹树、格木等。

最大木射线等于管孔直径，如阿丁枫、鸭脚木等。

最大木射线大于管孔直径，如木麻黄、山龙眼、冬青、青冈属等。

② 木射线的高度

矮木射线：高度小于 2 mm，如黄杨、桦木等。

中等木射线：高度在 2～10 mm，如悬铃木、柯楠树等

高木射线：高度大于 10 mm，如桤木、麻栎等。

③ 木射线的数量。在木材横切面上覆以透明胶尺(或用低倍投影仪)，与木射线直角相交，沿生长轮方向计算 5 mm 内木射线的数量，取其平均值。

少：每 5 mm 内木射线的数量少于 25 条，如鸭脚木、刺槐等。

中：每 5 mm 内有 25～50 条木射线，如樟木、桦木等。

多：每 5 mm 内有 50～80 条木射线，如冬青、黄杨等。

甚多：每 5 mm 内木射线的数量多于 80 条，如杜英、子京、七叶树等。

④ 木射线的类型

聚合木射线：有些阔叶材在肉眼或低倍放大镜下显示出的宽木射线，实际上是由许多细木射线聚合而成，称为聚合射线，如桤木、鹅耳枥、木麻黄等。

宽木射线：宽木射线指全部由射线细胞组成的宽木射线，如山龙眼、麻栎、梧桐等。

(4) 材表

材表(材身)指紧邻树皮最里层木质部的表面，即剥去树皮的木材表面。各种树种的木材常具有独自的材表特征。材表有下面的主要特征。

平滑：材表饱满光滑。多数树种属于平滑，如茶科、木兰科的一些树种，特别是大部分针叶树材，如杉木、红松等。

槽棱：是由宽木射线折断时形成的。宽木射线如在木质部折断，材表上出现凹痕，呈槽沟状；如在韧皮部折断，则在材表上形成棱，如石栎属、青冈属、鹅耳枥属等。

棱条：由于树皮厚薄不均，树干增大过程中受树皮的压力不平衡，材表上呈起伏不定的条纹，称棱条。横断面树皮呈多边形或波浪形的材表上可以见到棱条。棱条分为大、中、小三种。棱条基部宽 2 cm 以上的称为大棱条，如槭树、石灰花楸等；棱条基部宽 1～2 cm 的称为中棱条，如广东钓樟、黄杞；梭条基部宽 1 cm 以下的称为小枝条，如拟赤杨等。

网纹：木射线的宽度略相等，且为宽或中等木射线，排列较均匀紧密，其规律形如网格的称为网纹，如山龙眼、水青冈、密花树、南桦木等。

灯纱纹(细纱纹)：细木射线在材身上较规则的排列，呈现形如汽灯纱罩的纱纹，称为灯纱纹或细纱纹，如冬青、猴欢喜、毛八角枫、鸭脚木等。

波痕：木射线或其他组织(如薄壁组织)在材身上作规律的并列(迭生)，整齐地排列在材身的同一水平面上，与木纹相垂直的细线条，称为波痕或叫叠生构造，如柿木、梧桐、黄檀等。

条纹：材身上具有明显凸起的纵向细线条，称为条纹，常见于阔叶材中的环孔材和半环孔材，如甜槠、山槐、南岭栲等。

尖刺：由不发育的短枝或休眠芽在材身上形成的刺，称为尖刺，如皂荚、柞木等。

3. 木材的显微结构

如图 9-2 所示，在显微镜下，可以看到木材是由无数的管状分子(管胞、纤维或导管)、薄壁细胞在遗传因子控制下按照一定的方式组合在一起的。细胞横断面呈四角略圆的正方形。每个细胞分为细胞壁和细胞腔两个部分，细胞壁由若干层纤维组成。细胞之间纵向联结比横向联结牢固，造成细胞纵向强度高，横向强度低。细胞之间有极小的空隙，能吸附水和渗透水分。木材的细胞壁越厚，细胞腔越小，木材越密实，强度越高，但胀缩也越大。

并且，夏材的细胞壁较春材厚。

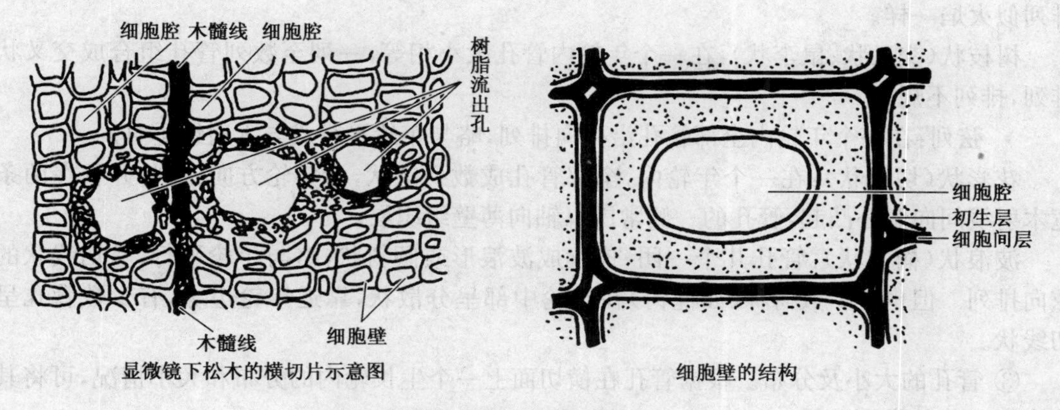

图 9-2　木材的显微结构

（资料来源：李书进，建筑材料，2010）

（1）管孔

导管是绝大多数阔叶树材所具有的轴向输导组织，在横切面上可以看到许多大小不等的孔眼，称为管孔。在纵切面上导管呈沟槽状，叫导管线。导管的直径大于其他细胞，可以凭肉眼或放大镜在横切面上观察到导管，管孔是圆形的，圆孔之间有间隙，所以具有导管的阔叶树材被称为有孔材。作为例外，我国西南地区的水青树科水青树属和台湾地区的昆栏树科昆栏树属，在宏观下看不到管孔的存在。管孔的有无是区别阔叶树材和针叶树材的重要依据。管孔的组合、分布、排列、大小、数目和内含物是识别阔叶树材的重要依据。

① 管孔的组合。管孔的组合是指相邻管孔的连接形式，常见的管孔组合有下面四种形式。

单管孔：指一个管孔周围完全被其他细胞（轴向薄壁细胞或木纤维）所包围，各个管孔单独存在，和其他管孔互不连接，如黄檀、石楠等。

径列复管孔：指两个或两个以上管孔相连成径向排列，除了在两端的管孔仍为圆形外，在中间部分的管孔则为扁平状，如枫杨、毛白杨、红楠、椴树、柠檬树等。

管孔链：指一串相邻的单管孔，呈径向排列，管孔仍保持原来的形状，如冬青、油桐等。

管孔团：指多数管孔聚集在一起，组合不规则，在晚材内呈团状，如榆木属、臭椿等。

② 管孔的排列。管孔排列指管孔在木材横切面上呈现出的排列方式。

• 星散状：在一个年轮内，管孔大多数为单管孔，呈均匀或比较均匀地分布，无明显的排列方式。

• 径列或斜列：管孔组合成径向或斜向的长行列或短行列，与木射线的方向一致或成一定角度，又分为下面五种。

溪流状（辐射状）：管孔径列，似小溪的流水一样穿过几个年轮。

Z 字形（之字形）：生长轮中管孔的斜列有时中途改变方向，每个与两个至三个互为“之”字形排列，呈“Z”字形。

“人”字形或“《”形：生长轮中管孔成“人”字形排列或成串作“《”形排列。

火焰状：在径列管孔中，早材管孔大，似火焰的基部；晚材管孔小，形状好似火舌，管孔排列似火焰一样。

树枝状(交叉状、鼠李状)：在一个年轮内管孔大小相等，一列至数列管孔组合成交叉状排列，排列不规则。

• 弦列：在一个年轮内全部管孔沿弦向排列，略与年轮平行或与木射线垂直。

花彩状(切线状)：在一个年轮内，全部管孔成数列链状，沿年轮方向排列，并且在两条宽木射线间向髓心凸起，管孔的一侧常围以轴向薄壁组织层。

波浪状(榆木状)：管孔几个一团，连续成波浪形或倾斜状，略与年轮平行，呈切线状的弦向排列。但也有少数树种(如槐树)在年轮中部呈分散状，靠近年轮边缘，有少数管孔呈切线状。

③ 管孔的大小及分布。根据管孔在横切面上一个生长轮内的分布和大小情况，可将其分为下面三种类型。

• 散孔材：指在一个生长轮内早、晚材管孔的大小没有明显区别，分布也比较均匀，如杨木、椴木、冬青、荷木、蚬木、木兰、槭木等。根据管孔的排列方式，又可分为以下几种：

星散状：如桦木、楠木、枫香等。

溪流状(辐射状)：如青冈、椆木属等。

花彩状(切线状)：如山龙眼等。

树枝状(交叉状、鼠李状)：如桂花树、鼠李等。

• 半散孔材(半环孔材)：指在一个生长轮内，早材管孔比晚材管孔稍大，从早材到晚材的管孔逐渐变小，管孔的大小界线不明显，如香樟、黄杞、核桃楸、枫杨等。

• 环孔材：指在一个生长轮内，早材管孔比晚材管孔大得多，并沿生长轮呈环状排成一列至数列，如刺楸、麻栎、刺槐、南酸枣、梓木、山槐、檫树、栗属、栎属、桑属、榆属等。根据管孔的排列方式，又可分为以下几种：

星散状：如水曲柳、香椿木、梧桐、白蜡树、檫树等。

径列(辐射状)：如蒙古栎、栓皮栎、短柄枹树等。

斜列(“人”字形或“《”字形)：如黄连木、桉树、刺楸、梓木等。

火焰状：如板栗、麻栎、栲属等。

团状：如桑木、榆木等。

波浪状(榆木状)：如榆木、榉树等。

④ 管孔的大小。在横切面内，绝大多数导管的形状为椭圆形，椭圆形的直径径向大于弦向，并且在树干内不同部位其形状和直径有所变化。但导管的大小是阔叶树材的重要特征，是阔叶树材宏观识别的特征之一。管孔大小是以弦向直径为准，分为以下五级：

• 极小：弦向直径小于 0.1 mm，肉眼下不见至略可见，放大镜下不明显至略明显，木材结构甚细，如木荷、卫矛、黄杨、山杨、樟木、桦木、桉树等。

• 小：弦向直径 0.10～0.20 mm，肉眼下可见，放大镜下明晰，木材结构细，如楠木。

• 中：弦向直径 0.20～0.30 mm，肉眼下易见至略明晰，结构中等，如核桃、黄杞木。

• 大：弦向直径 0.30～0.40 mm，肉眼下明晰，木材结构粗，如檫木、大叶桉。

• 极大：弦向直径大于 0.40 mm，肉眼下很明显，木材结构甚粗，如泡桐、麻栎等。

导管在纵切面上形成导管槽，大的沟槽深，小的沟槽浅，构成木材花纹，如水曲柳、檫树等，但管孔大小相差悬殊者，单板干燥时容易开裂，木材力学强度不均匀，管孔大的部分力学强度低。

⑤ 管孔的数目。对于散孔材，在横切面上单位面积内管孔的数目，对木材识别也有一定帮助。可分为下面的等级。

• 甚少：每 10 mm^2 内少于 12 个，如榕树。

• 少：每 10 mm^2 内有 12～30 个，如黄檀。

• 略少：每 10 mm^2 内 30～65 个，如核桃。

• 略多：每 10 mm^2 内 65～125 个，如穗子榆。

• 多：每 10 mm^2 内 125～250 个，如桦木、拟赤杨、毛赤楞。

• 甚多：每 10 mm^2 内多于 250 个，如黄杨木。

⑥ 管孔内含物。管孔内含物是指在管孔内的侵填体、树胶或其他无定形沉积物（矿物质或有机沉积物）。

• 侵填体：在某些阔叶树材的心材导管中，常含有一种泡沫状的填充物，称侵填体。在纵切面上，管孔内的侵填体常呈现亮晶晶的光泽。具有侵填体的树种很多，但只有少数树种比较发达，如刺槐、山槐、槐树、檫树、麻栎、石梓、胭脂等。侵填体多的木材，因管孔被堵塞，降低了气体和液体在木材中的渗透性，木材的天然耐久性提高，但却难进行浸渍处理和药剂蒸煮处理。

• 树胶和其他沉积物：树胶与侵填体的区别是树胶不像侵填体那样有光泽，呈不定型的褐色或红褐色的胶块，如楝科、香椿、豆科、蔷薇科。矿物质或有机沉积物为某些树种所特有，如在柚木、桃花心木、胭脂的导管中常具有白垩质的沉积物，在柚木中有磷酸钙沉积物。木材加工时，这些物质容易磨损刀具，但它提高了木材的天然耐久性。

（2）轴向薄壁组织

轴向薄壁组织是指由形成层纺锤状原始细胞分裂所形成的薄壁细胞群，即由沿树轴方向排列的薄壁细胞所构成的组织。薄壁组织是边材储存养分的生活细胞，随着边材向心材的转化，生活功能逐渐衰退，最终死亡。在木材的横切面上，薄壁组织的颜色比其他组织的颜色浅，用水润湿后更加明显。

薄壁组织在针叶树材中不发达或根本没有，仅在杉木、柏木等少数树种中存在，但用肉眼和放大镜通常不易辨别。在阔叶树材中，薄壁组织比较发达。

① 明显度。根据薄壁组织的发达程度，可以将其分为下面三类。

• 不发达：在放大镜下看不见或不明显，如木荷、枫香、母生、刺血、冬青等。

• 发达：在放大镜下可见或明显，如香樟、黄桐、枫杨、柿树等。

• 很发达：在肉眼下可见或明显，如麻栎、泡桐、梧桐、铁刀木等。

② 轴向薄壁组织的排列。根据在横切面上轴向薄壁组织与导管连生情况，将其分为离管型轴向薄壁组织和傍管型轴向薄壁组织两大类型。

a. 离管型轴向薄壁组织：离管型轴向薄壁组织指轴向薄壁组织不依附于导管周围，有下面几种排列方式。

• 星散/聚合状：在横切面上，轴向薄壁组织于木射线之间聚集成短的弦线，如大多数壳斗科树种、木麻黄属、核桃木等。

• 独立带状：在横切面上，轴向薄壁组织聚集成较长的同心圆状，或略与年轮平行的线或带，如日本血槠、蚊母树。

• 轮界状：在生长轮交界处，轴向薄壁组织沿年轮分布，单独或形成不同宽度的浅色的细线。根据轴向薄壁组织存在的部位不同，又分为轮始型和轮末型轴向薄壁组织。

轮始状：存在于年轮起点，如枫杨、柚木、黄杞。

轮未状：存在于年轮终点，如木兰科树种、杨属。

• 网状：在横切面上，聚集成短弦状或带状的薄壁组织之间的距离与木射线之间的距离基本相等，相互交织成网状，如柿树。

• 梯状：在横切面上，聚集成短弦状或带状的薄壁组织之间的距离明显比木射线之间的距离窄。

b. 傍管型轴向薄壁组织：傍管型轴向薄壁组织指排列在导管周围，将导管的一部分或全部围住，并且沿发达的一侧展开的轴向薄壁组织，有下面几种排列方式。

• 稀疏状：指围绕在导管周围的轴向薄壁组织未形成完全的鞘，或星散分布于导管的周围，如枫杨、七叶树、胡桃科、樟科。

• 帽状：指轴向薄壁组织仅聚集于导管的外侧或内侧，如枣树等。

• 环管状：指轴向薄壁组织围绕在导管周围，形成一定宽度的鞘，在木材横切面上呈圆形或卵圆形，如红楠、合欢、榅树。

• 翼状：指轴向薄壁组织围绕在导管周围并向两侧呈翼状展开，在木材横切面其形状似鸟翼或眼状，如合欢、臭椿、泡桐、苦楝。

• 聚翼状：指翼状轴向薄壁组织互相连接成不规则的弦向或斜向带，如梧桐、铁刀木、无患子、皂荚等。

• 带状：指在横切面上，轴向薄壁组织聚集成同心圆状的线或带，导管被包围在其中，如黄檀、红花羊蹄甲、榕树等。

应该注意的是，有的阔叶树材仅有一种类型的轴向薄壁组织，有的阔叶树材具有两种或两种以上的轴向薄壁组织，但在每一种树种中的分布情况是有规律的。

(3) 结构

木材的结构指构成木材细胞的大小及差异的程度。针叶树材以管胞弦向平均直径、早晚材变化缓急、晚材带大小、空隙率大小等表示。晚材带小、缓变，如竹叶松、竹柏等木材结构细致，叫细结构；晚材带大、急变的木材，如马尾松、落叶松等木材粗疏，叫粗结构。下面是针叶树材结构的分级。

很细：晚材小，早材至晚材渐变，射线细而不见，材质致密，如柏木、红豆杉等。

细：晚材小，早材至晚材渐变，射线细而可见，材质较松，如杉木、红杉、竹柏等。

中：晚材小，早材至晚材渐变或突变，射线细而可见，材质疏松，如铁杉、福建柏、黄山松等。

粗：晚材小，早材至晚材突变，树脂道直径较小，如广东松、落叶松等。

很粗：晚材带大，早材至晚材突变，树脂道直径大，如湿地松、火炬松等。

阔叶树材则以导管的弦向平均直径和数目，射线的大小等来表示。细结构是由大小相差不大的细胞组成，称为均匀结构。粗结构由各种大小差异较大的细胞组成，又称为不均匀结构。环孔材为不均匀结构，散孔材多为均匀结构。下面是阔叶树材结构的分级。

很细:管孔在肉眼下不见,在十倍放大镜下略见,射线很细或细,如笔木、卫茅等。

细:管孔在肉眼下不见,在十倍放大镜下明显,射线细,如冬青、槭木。

中:管孔在肉眼下略见,射线细,如桦木。

粗:管孔在肉眼下明显,射线细,如樟木;管孔在肉眼下不见或可见,射线宽,如水青冈。

甚粗:管孔在肉眼下很明显,射线细,如红椎;管孔大,射线宽,如水曲柳、青冈、椆木。

(4) 胞间道

胞间道指由分泌细胞围绕而成的长形细胞间隙。贮藏树脂的胞间道叫树脂道,存在于部分针叶树材中。贮藏树胶的胞间道叫树胶道,存在于部分阔叶树材中。胞间道有轴向和径向(在木射线内)之分,有的树种只有一种,有的树种则两种都有。

① 树脂道。针叶树材的轴向树脂道在木材横切面上呈浅色的小点,氧化后转为深色。轴向树脂道在木材横切面上常星散分布于早晚材交界处或晚材带中,沟道中常充满树脂。其排列情况各个生长轮互不相同,偶尔有断续切线状分布的,如云杉。在纵切面上,树脂道呈各种不同长度的深色小沟槽。径向树脂道存在于纺锤状木射线中,非常细小。

具有正常树脂道的针叶树材主要有松属、云杉属、落叶松属、黄杉属、银杉属及油杉属。前五属具有轴向与径向两种树脂道,而油杉属仅有轴向树脂道。一般松属的树脂道体积较大,数量多;落叶松属的树脂道虽然大但稀少;云杉属与黄杉属的树脂道小而少;油杉属无横向树脂道,而且轴向树脂道极稀少。轴向树脂道和横向树脂道通常互相沟通,在木材中形成树脂道网。

根据有无正常树脂道和树脂香气的大小,常把针叶树材分为三类。

脂道材:具有天然树脂道的木材,如松属、云杉属、落叶松属、黄杉属、银杉属及油杉属等。

有脂材:无正常树脂道而具有树脂香气,初伐时常有树脂流出的木材,如铁杉、杉木、柏木等。

无脂材:无树脂道又无树脂香气的木材,如银杏,鸡毛松,竹柏等。

创伤树脂道指生活的树木因受气候、损伤或生物侵袭等刺激而形成的树脂道,如冷杉、铁杉、雪松等。轴向创伤树脂道体形较大,在木材横切面上呈弦向排列,常分布于早材带内。

② 树胶道。树胶道也分为轴向树胶道和径向树胶道。油楠、青皮、坡垒等阔叶树材具有正常轴向树胶道,多数呈弦向排列,少数为单独分布,不像树脂道容易判别,而且容易与管孔混淆。漆树科的野漆、黄连木、南酸枣,五加科的鸭脚木,橄榄科的嘉榄等阔叶树材具有正常的径向树胶道,但在肉眼和放大镜下通常看不见。个别树种,如龙脑香科的黄柳桉同时具有正常的轴向和径向树胶道。

创伤树胶道的形成与创伤树脂道相似。阔叶树材通常只有轴向创伤树胶道,在木材横切面上呈长弦线状排列,肉眼下可见,如枫香、山桃仁、木棉等。

9.2 木材的性能

木材性能是指木材具有适合生产实践要求的物理、力学或技术性能,由多种指标共同决定。木材的性能由其独特的性质展现,分为物理性质和力学性质。

9.2.1 木材的物理性质

1. 密度

密度是某一物体单位体积的质量，通常以 g/cm^3 或 kg/m^3 表示。木材系多孔性物质，其外形体积由细胞壁物质及孔隙(细胞腔、胞间隙、纹孔等)构成，因而密度有木材密度和木材细胞物质密度之分。前者为木材单位体积(包括孔隙)的质量，后者为细胞壁物质(不包括孔隙)单位体积的质量。

木材密度是木材性质的一项重要指标，根据它估计木材的实际重量，推断木材的工艺性质和木材的干缩、膨胀、硬度、强度等木材物理力学性质。

木材密度以基本密度和气干密度两种最为常用。基本密度因绝干材重量和生材(或浸渍材)体积较为稳定，测定的结果准确，故适合作木材性质比较之用。在木材干燥、防腐工业中，亦具有实用性。气干密度是气干材重量与气干材体积之比，通常以含水率在 8%～20%时的木材密度为气干密度。木材气干密度为中国进行木材性质比较和生产使用的基本依据。

木材密度的大小受多种因素的影响，其主要影响因子为：木材含水率的大小、细胞壁的厚薄、年轮的宽窄、纤维比率的高低、抽提物含量的多少、树干部位和树龄、立地条件和营林措施等。中国林科院木材工业研究所根据木材气干密度(含水率 15%时)，将木材分为下面的五级(单位：g/cm^3)。

很小：≤0.350；小：0.351～0.550；中：0.551～0.750；大：0.751～0.950；很大：>0.950。

2. 含水率

木材的含水率是指木材中所含水的质量占干燥木材质量的百分数。新伐木材的含水率在 35%以上，风干木材的含水率为 15%～25%，室内干燥木材的含水率常为 8%～15%。木材中所含水分不同，对木材性质的影响也不一样。

(1) 木材中的水分

木材中的水分主要有三种，即自由水、吸附水和结合水。自由水是存在于木材细胞腔和细胞间隙中的水分，其变化只与木材的表观密度、保存性、燃烧性、干燥性等有关；吸附水是被吸附在细胞壁内细纤维间的水分，其变化是影响木材强度和胀缩变性的主要因素；结合水即为木材中的化合水，它在常温下不变化，故其对木材性质无影响。

(2) 木材的纤维饱和点

当木材中无自由水，而细胞壁内吸附水达到饱和时，这时的木材含水率称为纤维饱和点。木材的纤维饱和点随树种而异，一般介于 25%～35%，通常取其平均值，约为 30%。纤维饱和点是木材性质发生变化的转折点。

(3) 木材的平衡含水率

木材中所含的水分是随着环境的温度和湿度的变化而改变的。当木材长时间处于一定温度和湿度的环境中时，木材中的含水量最后会达到与周围环境湿度相平衡，这时木材的含水率称为平衡含水率。木材的平衡含水率随其所在地区不同而异，我国北方为 12%左右，南方约为 18%，长江流域一般为 15%。

3. 木材的湿胀与干缩变形

木材具有很显著的湿胀干缩性能。当木材的含水率在纤维饱和点以下时，随着含水率的增大，木材体积产生膨胀。当木材的含水率在纤维饱和点以上，只有自由水增减变化时，木材的体积不发生变化。

由于木材为非匀质材料，其胀缩变形各向不同，其中以弦向最大，径向次之，纵向(即顺纤维方向)最小。当木材干燥时，弦向干缩为6%～12%，径向干缩3%～6%，纵向仅为0.1%～0.35%。木材弦向胀缩变形最大，是因受管胞横向排列的髓线与周围联结较差所致。板材距髓心越远，由于其横向更接近于典型的弦向，因而干燥时收缩愈大，致使板材产生背向髓心的反翘变形。木材的湿胀干缩变形还随树种不同而异，一般来说，表观密度大、夏材含量多的木材，胀缩变形就较大。

木材显著的湿胀干缩变形，对木材的实际应用带来严重影响。干缩会造成木结构拼缝不严、接榫松弛、翘曲开裂，而湿胀又会使木材产生凸起变形。为了避免这种不利影响，最根本的措施是，在木材加工制作前预先将其进行干燥处理，使木材干燥至其含水率与将做成的木构件使用时所处环境的湿度相适应时的平衡含水率。

9.2.2 木材的力学性质——强度

1. 木材的强度

在建筑结构中，木材常用的强度有抗拉强度、抗压强度、抗弯强度和抗剪强度。由于木材的构造各向不同，致使各向强度有差异，因此木材的强度有顺纹强度和横纹强度之分。木材的顺纹强度比其横纹强度要大得多，在工程上均充分利用木材的顺纹强度。理论上，木材强度以顺纹抗拉强度为最大，其次是抗弯强度和顺纹抗压强度。但实际上，木材的顺纹抗压强度最高。这是由于木材是经数十年自然生长而成的建筑材料，其间或多或少会受到环境不利因素影响而造成一些缺陷，如木节、斜纹、夹皮、虫蛀、腐朽等，而这些缺陷对木材的抗拉强度影响极为显著，从而造成实际抗拉强度反而低于抗压强度。

当以顺纹抗拉强度为1时，木材理论上各强度大小关系见表9-1。

表9-1 木材理论上各强度大小关系

抗压强度		抗拉强度		抗弯强度	抗剪强度	
顺纹	横纹	顺纹	横纹		顺纹	横纹切断
1	1/10～1/3	2～3	1/20～1/3	3/2～2	1/7～1/3	1/2～1

(1) 木材的受拉性能

木材顺纹抗拉强度最高，而横纹抗拉强度很低，仅为顺纹抗拉强度的1/10～1/40。斜纹受拉强度介于顺纹与横纹两者之间，因而应尽量避免木材横纹受拉。木材受拉破坏前的变形很小，没有显著的塑性变形，属于脆性破坏。故《古建筑木结构维护与加固技术规范》对木材受拉除了采用较低的强度设计值外，还要求使用Ⅰ级材，对木材的缺陷给予严格限制。

(2) 木材的受压性能

木材受压时，有较好的塑性变形，可以使应力集中逐渐趋于缓和，所以局部削弱对木材受压的影响比受拉时小得多，木节、斜纹和裂缝等缺陷也较受拉时的影响缓和。木材受压时的工作性能要比受拉时可靠得多，因此对木材的选择较受拉时为宽，可采用Ⅲ级材。

两个构件利用表面互相接触传递压力叫承压。在木结构的接头和连接中常遇到承压的情况。根据木材承压的外力与木纹所成的角度不同，可分为顺纹承压、横纹承压和斜纹承压（图 9-3）。

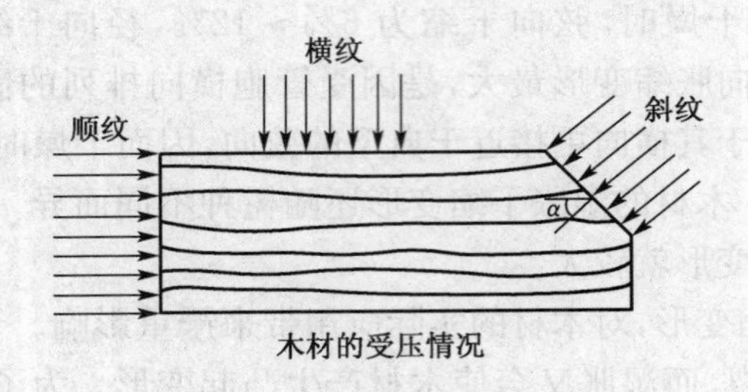

图 9-3　木材承压

（资料来源：龚少熙，新编一、二级注册结构工程师专业考试教程，2014）

① 顺纹承压。木材的顺纹承压强度略低于顺纹受压的强度，原因为：

- 承压面不可能完全平整，致使承压力分布不均匀。
- 两个构件的年轮不可能对准，一构件晚材压入另一构件早材，也使变形增大。

但是木材的顺纹承压与顺纹受压相差很小，在《木结构设计规范》中将顺纹承压与顺纹受压取同一值。

② 横纹承压。横纹承压分为局部长度承压、局部长度和局部宽度承压、全表面承压三种情况。如图 9-4(1)中(a)、(b)、(c)所示。

局部长度承压的强度较高，因为局部长度承压时，不承压部分的纤维对其受压部分的纤维变形有阻止作用。在局部长度承压中，承压面长度越小，承压强度越高。当木结构构件未承压部分的长度很短时，构件两端将出现横纹开裂现象[图 9-4(2)]，因此构造上必须保证木结构构件 l/l_1 的比值足够大，才能提高横纹承压强度。

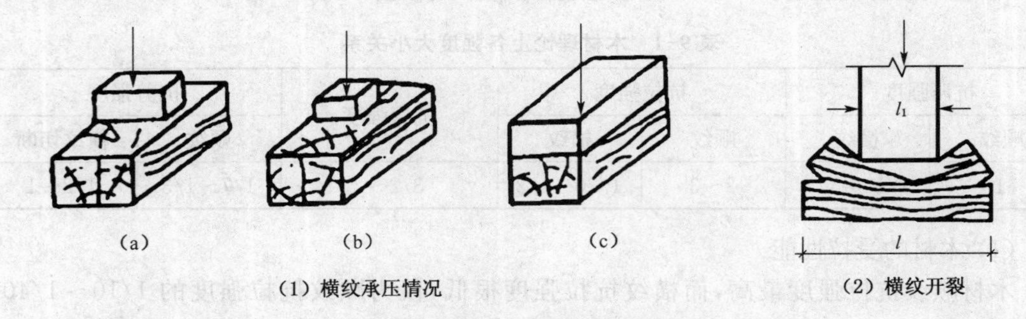

图 9-4　横纹承压情况和横纹开裂

（资料来源：徐有明主编，中国林业出版社，2006）

由于木材在横纹方向的彼此牵制作用很小，所以局部承压中不考虑在宽度方向未受力部分的影响。

木材全表面横纹承压时，变形较大，加荷至一定限度以后，由于木材细胞壁逐渐破裂被压扁，木材被压实，其变形逐渐减小直至纤维束失去稳定而破坏。横纹全表面承压强度最低。

③ 斜纹承压。斜纹承压即外力与木纹成一定角度的局部承压。斜纹承压的强度介于顺纹承压和横纹承压之间。

(3) 木材的受弯性能

木材的受弯性能如图 9-5 所示：截面应力在加载初期呈直线分布；随着荷载的增加，在截面受压区，压应力逐渐成为曲线，而受拉区内的应力仍接近直线，中和轴下移；当受压边缘纤维应力达到其强度极限值时将保持不变，此时的塑性区不断向内扩展，拉应力不断增大；边缘拉应力达到抗拉强度极限时，构件受弯破坏。《木结构设计规范》对受弯构件材质的要求介于拉、压之间，可采用Ⅱ级材。

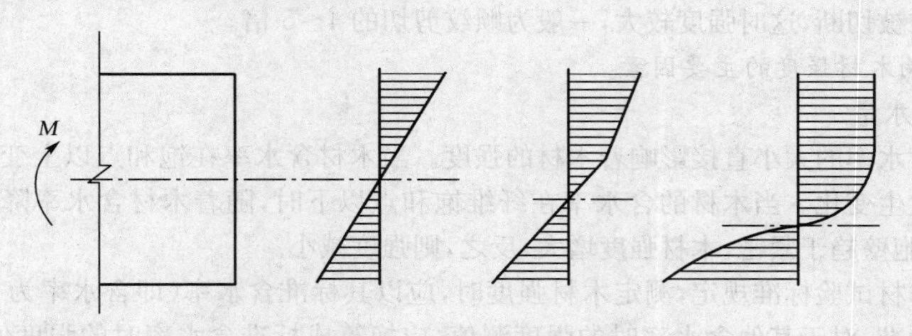

图 9-5 木材受弯性能

(资料来源：徐有明主编，中国林业出版社，2006)

(4) 木材的受剪性能

木材的受剪可分为截纹受剪、顺纹受剪和横纹受剪，如图 9-6(a)、(b)、(c)所示。截纹受剪是指剪切面垂直于木纹，木材对这种剪切的抵抗力是很大的，一般不会发生这种破坏。顺纹受剪提指作用力与木纹平行。横纹受剪是指作用力与木纹垂直。横纹剪切强度约为顺纹剪切强度的一半，而截纹剪切强度则为顺纹剪切强度的 8 倍。木结构中通常多用顺纹受剪破坏，属于脆性破坏。木材缺陷对受剪工作影响很大，特别是木材的裂缝，当裂缝与剪面重合时更加危险，常是木结构连接破坏的主要原因。由于木材的髓心处材质较易开裂，故《古建筑木结构维护与加固技术规范》规定受剪面应该避开髓心。

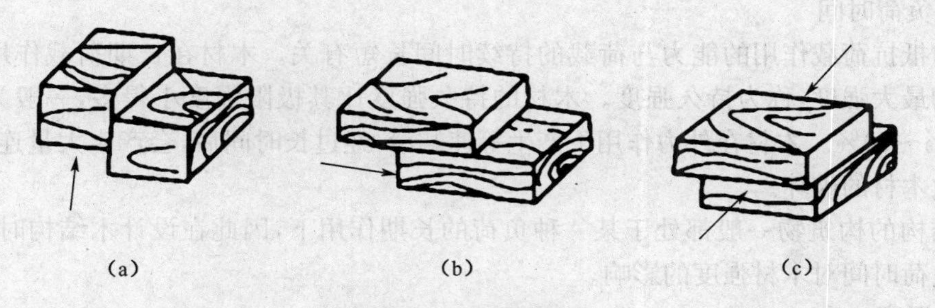

图 9-6 木材受剪情况

(资料来源：刘长荣，建筑材料基本知识，1972)

木材的强度检验是采用无疵病的木材制成标准试件，按《木材物理力学试验方法》(GB 1927—1943—91)进行测定。试验时，木材在各向上受不同外力时的破坏情况各不相同，其中顺纹受压破坏是因为细胞壁失去稳定所致，而非纤维断裂。横纹受压是因木材受力压紧后产生显著变形而造成破坏。顺纹抗拉破坏通常是因非纤维断裂而后拉断所致。木材受弯时其上部为顺纹受压，下部为顺纹抗拉，水平面内则有剪力，破坏时首先是受压区达到强度极限，产生大量变形，但这时构件仍能继续承载，当受拉区也达强度极限时，则纤维与纤维间的联结产生断裂，导致最终破坏。

木材受剪切作用时，根据作用力方向与木材纤维方向的异同，可分为顺纹剪切、横纹剪切和横纹切断三种。顺纹剪切破坏是由于纤维间联结撕裂产生纵向位移和受横纹拉力作用所致；横纹剪切破坏完全是因剪切面中纤维的横向联结被撕裂的结果；横纹切断破坏则是木材纤维被切断，这时强度较大，一般为顺纹剪切的 4～5 倍。

2. 影响木材强度的主要因素

(1) 含水量

木材含水率的大小直接影响着木材的强度。当木材含水率在饱和点以上变化时，木材的强度不发生变化。当木材的含水率在纤维饱和点以下时，随着木材含水率降低，即吸附水减少，细胞壁趋于紧密，木材强度增大，反之，则强度减小。

我国木材试验标准规定，测定木材强度时，应以其标准含水率(即含水率为 15%)时的强度测值为准，对于其他含水率时的强度测值，应换算成标准含水率时的强度值。其换算经验公式如下：

$$\sigma_{15} = \sigma_W[1 + \alpha(W - 15)]$$

式中：σ_{15}——含水率为 15%时的木材强度，MPa；

σ_W——含水率为 W(%)时的木材强度，MPa；

W——试验时的木材含水率，%；

α——木材含水率校正系数。

木材含水率校正系数，一般随着作用力和树种不同而发生变化。如木材在顺纹抗压时，所有树种木材的含水率校正系数 α 均为 0.05；当木材在顺纹抗拉时，阔叶树的含水率校正系数 α 为 0.015，针叶树的为 0；当木材在弯曲荷载作用下，所有树种木材的含水率校正系数 α 为 0.04；当木材在顺纹抗剪时，所有树种木材的含水率校正系数 α 为 0.03。

(2) 负荷时间

木材抵抗荷载作用的能力与荷载的持续时间长短有关。木材在长期荷载作用下不发生破坏的最大强度，称为持久强度。木材的持久强度比其极限强度小得多，一般为极限强度的 50%～60%。木材在外力作用下产生等速蠕滑，经过长时间后，会产生大量连续变形，从而导致木材的破坏。

木结构的构筑物一般都处于某一种负荷的长期作用下，因此在设计木结构时，应该充分考虑负荷时间对木材强度的影响。

(3) 温度

木材的强度随着环境温度的升高而降低。一般当温度由 25℃升到 50℃时，针叶树种的木材抗拉强度降低 10%～15%，其抗压强度降低 20%～24%。当木材长期处于 60℃～100℃时，木材中的水分和所含挥发物会蒸发，从而导致木材呈暗褐色，强度明显下降，变形增大。当温度超过 140℃时，木材中的纤维素发生热裂解，色渐变黑，强度显著下降。因此，长期处于高温环境的构筑物，不宜采用木结构。

（4）疵病

疵病是指木材的缺陷。木材在生长、采伐、保存过程中，在其内部和外部产生包括木节、斜纹、腐朽和虫害等缺陷，统称为疵病。一般木材或多或少都存在一些疵病，致使木材的物理力学性质受到影响。

木节分为活节、死节、松软节、腐朽节等几种。木节使木材顺纹抗拉强度显著降低，对顺纹抗压强度影响较小。在木材受横纹抗压和剪切时，木节反而增加其强度。在木节中，活节对木材的性能影响比较小。

斜纹木材是指木纤维与树轴形成一定夹角的木材。斜纹显著降低了木材的顺纹抗拉强度，对抗弯强度的影响次之，对顺纹抗压强度影响较小。裂纹、腐朽、虫害等疵病，会不同程度地造成木材构造的不连续性或破坏其组织，因此严重影响木材的力学性质，有时甚至能使木材完全失去使用价值。

木节即包被在树干中枝条的基部。木节在树干中呈尖端向着髓心的圆锥形，在成材中视节子被切割的方向可呈圆形、卵圆形、长条形或掌状[图 9-7(1)]。根据木节与树干的连生程度，木节分为活节、半活节和死节[图 9-7(2)]。与树干紧密连生的木节称为活节，与树干脱离的木节称为死节，与树干部分连生的木节称为半活节或半死节。

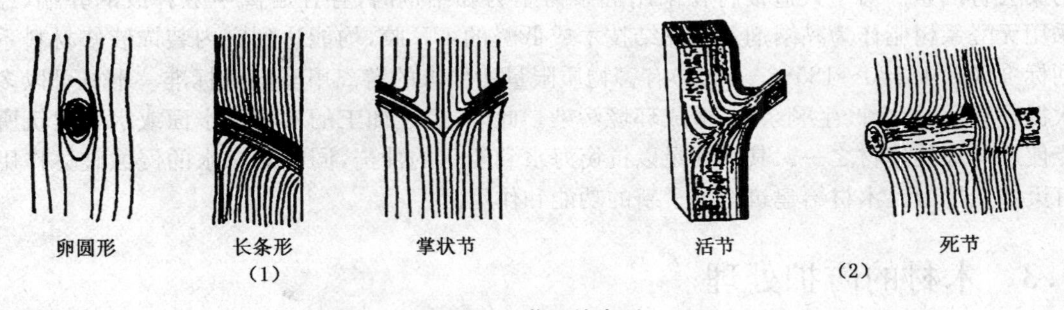

图 9-7　节子的类别

（资料来源：潘彪，木材的识别与选购，2005）

从图 9-7 节子的形成明显地看出，节子的纤维与其周围的纤维成直角或倾斜，节子周围的木材形成斜纹理，使木材纹理的走向受到干扰。节子破坏了木材密度的相对均质性，而且易于引起裂纹。节子对木材力学性质的影响取决于节子的种类、尺寸、分布及强度的性质。

木节对顺纹抗拉和顺纹抗压强度的影响，取决于节子的质地及木材因节子而形成的局部斜纹理。当斜纹理的坡度大于 1/15 时，开始影响顺纹抗压强度。木节对顺纹抗拉强度的影响大于对顺纹抗压强度的影响。

木节对抗弯强度的影响，当节子位于试样的受拉一侧时，其影响程度大于位于受压一侧的影响，尤其当节子位于受力点下受拉一侧的边缘时，其影响程度最大。当节子位于中性层时，可以增加顺纹抗剪强度。木节对抗弯强度的影响程度，除随木节的分布变化以外，还随木节尺寸而变化。

9.2.3 木材的其他优良性能

1. 具有最佳质强比

木材是四大建材中质强比最佳的材料。其抗压强度质强比、抗弯强度质强比分别是水泥和硬聚氯乙烯的数倍。因此,将木材作为建筑材料相对水泥重量可减轻到原来的1/6～1/4,这对减轻建筑的自重、减少建筑物的基础处理费和提高抗震性能是十分有效的。

2. 木材是可再生和可循环利用的节能型材料

水泥、钢材、黏土砖要经采掘、冶炼、煅烧,从而消耗大量热能,造成环境污染,而树木借助于自然界的土地、水分、阳光而生长成材,这对于保护环境和节约能源是非常重要的。木材是热的不良导体,因而,木材和木制品作为墙体材料将大幅度降低建筑的冬季取暖和夏季空调耗能。

3. 木材是绿色无公害材料

木材的加工过程只是改变形状的冷加工物理过程,不会排放大量有害气体和粉尘,使用木材不存在室内装饰装修材料系列标准(GB 18580～18588—2001)有害物质限量所指出的氯乙烯单体、可溶性重金属、混凝土外加剂释放氨、VOC有机溶剂挥发物、放射性核素等污染公害因素。对于人造板材在采用醛系树脂为黏结剂时,存在游离甲醛释放的弊端,经采用无醛系树脂作为黏结剂及自黏结技术或低醛的UF胶,均能达到室内装饰装修材料系列标准(GB 18580～18588—2001)有害物质限量所要求的游离甲醛限量标准。木材可以多次循环利用,不会产生剩余物,造成环境污染。此外,经过加工的木材是水面或水下建筑所能使用的最佳建材之一。其弹性足以抗衡海水和船只的冲击,同时对海水的侵蚀破坏作用有天然抵抗力。木材给建筑增添了新的功能和作用。

9.3 木材的防护处理

9.3.1 木材的防腐处理

1. 木材防腐原理

木材的腐朽和虫蛀是造成木结构破坏的重要原因,而木材腐朽、虫蛀的发生和发展与木腐菌及昆虫的生物学特性、木结构所处环境条件以及树种有密切关系。例如,木腐菌主要危害木结构中经常处于潮湿状态的木构件;危害木材的甲虫大多喜欢蛀入带皮和边材多的木材。我国危害木结构的白蚁种类甚多,其中以土木栖类的家白蚁、散白蚁和土栖类的黑翅土白蚁等危害最为普遍,而且严重;至于木栖类的铲头白蚁则仅限于局部地区。不同种群的白蚁对木结构蛀蚀部位和程度也不相同。此外,不同树种的木材对生物腐朽或蛀蚀抵抗性能的强弱也不同。在设计木结构时,应充分考虑菌、虫的生物学特性和其他因素,采取必要的防腐、防虫措施,使木材具有良好的保护条件,提高木结构的耐久性。

2. 木材防腐工业对节约木材、保护森林的贡献

木材防腐处理可延长木材的使用寿命,有助于保护森林资源,即使森林资源丰富的国家对木材防腐也十分重视。目前,我国木材工业正处于由利用天然林木材为主向利用人工

林木材为主的战略转变过程中，速生人工林木材将是今后我国主要的木材原料。由于速生人工林木材一般材质疏松、密度较低、易腐朽、虫蛀、霉变(蓝变)，使用寿命短，而木材防腐处理可以保护木材，延长木材的使用寿命5～6倍甚至10倍以上，减少木材由于腐朽、虫蛀引起的降等、降级、废弃而造成的浪费，还可以起到提高木材产品质量、增加木材产品功能的作用。所以，木材防腐可充分发挥我国的人工种植速生树种木材的资源优势，既可为人工林木材的充分利用开辟更广阔的市场，也将为我国木材原料转向以人工林木材为主提供有力的保证。

3. 近代木材防腐技术的研究和发展

中国木材防腐在东晋时葛洪所著《抱朴子》一书中已有记载。近代木材防腐技术是随着化学工业的发展而发展起来的。1705年法国首先发现升汞有杀菌防腐作用，但到1832年英国才在生产中加以应用。其他应用的水溶性防腐剂还有氯化锌、硫酸铜等。1836年，英国开始使用以杂酚油为代表的油质防腐剂。第一次世界大战期间，随着钢铁工业的发展，从煤焦油中分馏出特效防腐剂煤焦杂酚油，价格低廉，持久耐用，其消费量至今仍占主要地位。与此同时，防腐施工方法也由简易的涂抹法、浸泡法、冷热槽法发展到工厂化的加压蒸煮法。近年来还发展了双真空法和就地注射法，并改进了辅助防腐工艺。在木材防腐工艺中建立起来的木材防腐学，是木材加工工艺学科的一个组成部分，对防腐工业起着指导和提高的作用。

4. 防腐杀虫剂

防腐杀虫剂主要有下面几类。

(1) 水溶性防腐杀虫剂

药剂浸入木材之后，有些金属离子可与木材分子结合，有些化合物则发生复分解反应而形成难溶于水的化学成分沉积在木材内。当虫、菌分泌酶侵蚀木材时，这些成分就同时被溶化而引起虫、菌中毒甚至死亡。常用的多是铜、铬、氟、砷、硼等无机盐类的复合配方和有机氯化物的钠盐等。使用时先溶于水，然后再注入木材，但也有利用固体盐类、复合材料的扩散渗透特性直接施工的。

(2) 油溶性防腐杀虫剂

油溶性防腐杀虫剂难溶于水，可溶于油，或本身为油状化学药剂。一般情况下通过木材细胞间的纹孔穿孔底壁和胞间道浸入木材内层，填充或涂布于细胞内腔，处理后的木材不膨胀变形。适用于成型木构件的防腐蛀。常用的除煤焦杂酚油外，还有多种有机固体化合物如五氯酚、林丹、氯丹、三丁基氧化锡等。它们均可溶于(重油、轻油或丁烷等)石油产品，丁烷和某些轻油溶剂载体还能回收再用，不但经济有效，且可减少助燃危险。为了解决污染公害问题，近年在高效低毒防腐杀虫剂方面有较大发展，如8-羟基喹啉铜、灭蚁灵、合成菊酯等都已商品化。

(3) 挥发性气体防腐杀虫剂

挥发性气体防腐杀虫剂多系有机合成品，常用的有氯化苯、硫酰氟等。注入木材后徐徐挥发扩散到木材的各种组织，并能固着数年，特别适用于木杆、桩基、庭柱等建筑用材的现场处理。

(4) 触变性防腐杀虫剂

多为油和水的乳化剂。一般采用不干性，低黏度，轻、中油溶解各种油溶性防腐杀虫剂，再掺入水或水溶性防腐杀虫剂的水溶液，充分搅拌增厚而成(加有增厚剂)。这类药剂破乳前呈黏稠糊状，便于涂布或喷洒于木材表面形成厚层。当水或含药水溶液渗入木材后，含药油膜也被带入木材，其透入深度和吸收量优于“沥青浆膏”或“涂刷用无水轻油剂”。适于现场处理木结构建筑物，省工省时，是一种有发展前途的新剂型。

5. 防腐工艺

木材防腐工艺按其技术措施不同，可分为下面几种。

(1) 热力系统

利用温差或蒸腾造成真空，采取加热—冷却的措施，迫使防腐液体在常压情况下注入木材内部。常用的有热浸法和热冷槽法，前者加热后自然冷却至常温，后者将木材加热后迅速投入另一冷液容器，从而达到降温快的目的。热力系统法优点是设备简单，经济有效，缺点是加工时间较长、耗油量大，渗入药量难控制，多余溶剂不能回收。但由于操作方便，在无需严格控制药剂定额的情况下是一种可行的加工工艺。

(2) 压力系统

利用动力压差迫使液体向低压区流动的原理，采用高度液压（或真空—加压—真空）强制浸注。常用的有全注法（满细胞法）、定量法（空细胞法）、半定量法（半空细胞法）以及其他改进增效方法，频压法等。压力系统法不但可控制药量、节省油源、透入度较深、加工迅速、适于集中加工大量的干燥木材，而且也适于处理湿木材，甚至可以进行快速脱水，以提高产品质量。但设备投资较大，加工地点须固定，机动性差，环境污染也较严重。近年来发展的流动式孔压法能避免上述缺点，可满足建筑行业的需要，有发展前途。

(3) 渗透系统

渗透系统利用毛细管吸力和溶液浓度差使药剂扩散渗透，达到注射目的。其技术措施主要是采用低黏度、高浓度液体进行长期浸注。设备简单，操作安全可靠，且节约能源，用于处理湿木材的效果良好。缺点是加工时间长，浸注药剂浓度变化大，浸注效果有时不够稳定。在人烟稀少、交通不便的乡野比较适用。

(4) 触变系统

触变系统利用破乳吸附达到较大剂量触变引注的目的。主要措施是采用加厚剂使低黏度不干性油剂与水混合为油包水的乳化脂膏，以喷涂或孔注的方法使之接触材面，水被吸入木材。破乳后，油剂中的防腐杀虫剂徐徐吸入木材，从而获得浸注较深的效果。缺点是持久性较差，须定期检测、按时补充，以保证药效。在不良条件下，将触变原理运用于木材防腐杀虫，可大大提高防腐效果，适用于木构件的维修处理。

9.3.2 木材的干燥处理

1. 木材的干燥原因

在木材中含有游离水和吸附在孔壁上的吸附水。为达到与环境的含水率和使用要求的含水率平衡，木材中的多余水分必须蒸发出去。如果木材的含水率低于饱和点，再继续脱水，孔壁的吸附水就会减少，木材就开始收缩。木材是非匀质材料，收缩是不均匀的，由于它的径向和弦向收缩差异及年轮所造成的角度不同会产生歪斜变形，由于木材纹理排列不同会产生翘曲变形。而木材在干燥收缩时产生的应力又会使木材产生端裂、表裂、心裂等缺陷，影响木材使用质量。

2. 木材的干燥原理

要降低木材的含水率，须提高木材的温度，使木材中的水分蒸发和向外移动，在一定流动速度的空气中，使水分迅速地离开木材，达到干燥的目的。为了保证被干燥木材的质量，还必须控制干燥介质（如目前通常采用的湿空气）的湿度，以获得快速高质量地干燥木材的效果，这个过程叫做木材干燥。由于上述方法是利用对流传热方式，从木材的外部干燥的方法，所以又称为对流干燥。概括地说，木材干燥就是水分以蒸发或汽化的方式由木材中排出的过程。

3. 木材的干燥方法

木材干燥是保障和改善木材品质，减少木材损失、提高木材含水率的重要环节。目前，人工干燥方法有常规干燥、高温干燥、除湿干燥、太阳能干燥、真空干燥、高频与微波干燥以及烟气干燥等。在所有的人工干燥方法中，常规干燥由于具有历史悠久、技术成熟、可保障干燥质量、易实现大型工业化干燥等优点，在国内外的木材干燥工业中均占主要地位，它在我国占80%以上。

① 常规干燥是以常压湿空气作干燥介质，以蒸汽、热水、炉气或热油作热媒，间接加热空气，空气以对流方式加热木材达到干燥目的的方法。常规干燥中又以蒸汽为热媒的干燥室居多数，一般简称蒸汽干燥。

② 高温干燥与常规干燥的区别是干燥介质温度较高。其干燥介质可以是湿空气，也可以是过热蒸汽。高温干燥的优点是干燥速度快、尺寸稳定性好、周期短，但高温干燥易产生干燥缺陷，材色变深，表面硬化，不易加工。

③ 除湿干燥和常规干燥一样，也是以常压湿空气作干燥介质，空气对流加热木材。其具有节能、干燥质量好、不污染环境等优点，但除湿干燥通常温度低、干燥周期长，依靠电加热，电耗高，因而影响了它的推广应用。

④ 太阳能干燥是利用太阳辐射的热能加热空气，利用热空气在集热器与材堆间循环来干燥木材。太阳能干燥一般有温室型和集热器型两种，前者将集热器与干燥室做成一体，后者将集热器与干燥室分开布置。集热器型的太阳能干燥室布置灵活，集热器面积可以很大，相应的干燥室容量也较温室型大。太阳能虽然是清洁的廉价能源，但它是受气候影响大的间歇能源，干燥周期长，单位材积的投资较大，故太阳能干燥的推广受限。

⑤ 真空干燥是木材在大气压的条件下实施干燥，其干燥介质可以是湿空气，但多数是过热蒸汽。真空干燥时，木材内外的水蒸气压差增大，加快了木材内水分迁移速度，故其干燥速度明显高于常规干燥，通常比常规干燥快3～7倍。同时由于真空状态下水的沸点低，它可在不高的干燥温度下达到较高的干燥速率，并且干燥周期短，干燥质量好，特别适用于干燥厚的硬阔叶材。由于真空干燥系统复杂、投资大、电耗高，同时真空干燥容量一般比较小，否则难于维持真空度。

⑥ 高频干燥和微波干燥都是以湿木材作电介质，在交变电磁场的作用下使木材中的水分子高速频繁的转动，水分子之间发生摩擦而生热，使木材从内到外同时加热干燥。这两种干燥方法的特点是干燥速度快，木材内温度场均匀，残余应力小，干燥质量较好。高频与微波干燥的区别是前者的频率低、波长较长，对木材的穿透深度较深，适于干燥大断面的厚木材。微波干燥的频率比高频更高（又称超高频）但波长较短，其干燥效率比高频快，但木材的穿透深度不及高频干燥。

高频、微波干燥的优点是干燥速度很快，通常比常规干燥快几十倍甚至上百倍，其次是木材内温度均匀、干燥应力小、质量好。但这两种干燥方法的缺点是投资大、电耗高，同时若功率选择不同，功率过大或干燥工艺控制不当，易产生内裂和炭化。另外，微波干燥对厚度较大或者含水率较高的木材干燥不理想。

由于微波、高频干燥在解决大断面髓心方材的干燥时有突出的优点，而且微波与高频干燥设备已较完善，干燥工艺已逐渐成熟，它的工业应用与真空干燥比例差不多，而且通常是真空—微波、真空—高频联合干燥。

⑦ 烟气干燥是常规炉气干燥的初级阶段，一般是指土法建造的小型干燥室。优点是投资少、干燥成本低。它的主要缺点是烟尘对环境的污染严重，易发生火灾，且干燥质量不易保证，极易造成损失。

⑧ 蜡煮工艺目前在红木产业中引起广泛争议。准确来说，蜡煮工艺属于干燥工艺却又不完全是干燥工艺，它是木材干燥处理中稳定木性、防止开裂的一项工艺技术。不是每种木材都需要煮石蜡，石蜡的槽子不同，可以起到干燥木材的作用，但因为干燥的木材厚度、密度不同，所需要的槽子又不相同，所以在使用过程中的成本可能又会高一些。它目前在实木领域内的应用很少，因为技术难度相对高，仍在不断改良中。

9.3.3 木材的防火阻燃处理

木材具备许多其他材料无法代替的优良特性，但随着其的大量使用，其易燃、可燃特性也成为困扰人们的主要问题，并限制了木材的广泛应用。随着我国消防法规的日益健全和《中华人民共和国消防法》的出台，《建筑内部装修设计防火规范》(GB 50222—95，2001 年修改版）中明确规定：墙面、地面及其他装饰材料中所使用天然木材、胶合板、木地板及其他木制品均被列为 B2 级可燃材料，未经阻燃处理限制使用。根据这些规定，研究和开发阻燃材料在我国具有广阔的前景。这对减少建筑火灾的危害和减少人员的伤亡具有重要的意义。

1. 木材的燃烧过程和阻燃机理

(1) 木材的燃烧过程

木质材料是固体可燃物，由 90%的纤维素、半纤维素、木质素及 10%的浸提成分(挥发油、树脂、鞣质和其他的酚类化合物等)组成。其燃烧过程包括一系列复杂的物理化学反应;木材受热首先是水分的蒸发，其化学组成没有明显变化;温度继续升高，热分解反应加快，半纤维素开始分解，当温度达到木材的燃点范围时将产生一氧化碳、甲烷、乙烷、烷烃等，它们从木材中逸出并形成可燃性气体，此时的木质材料或自燃或被点燃，产生光和火焰，形成有焰燃烧，放出热量，这些热量又传递到未燃烧的部分，如此循环就形成了燃烧链反应。

(2) 木材阻燃机理

木质材料是一种组成复杂的高分子材料，它的热分解过程复杂。在木质材料中加入阻燃剂可以改变它的热分解过程。阻燃剂主要是通过不同的化学成分对木材的燃烧性能进行抑制，以阻止木材燃烧和火焰的传播。主要表现为：

① 阻燃处理后的木材需要更多的氧气和更高的温度才能被点燃。

② 火焰传播性。阻燃剂遇热分解吸收材料热量，降低材料温度，从而抑制火焰在材料

表面传播的能力。

③ 释热性。一些阻燃剂能够改变木材的热分解模式，抑制气相反应即可大大减少燃烧生成的热量而起到阻燃作用。

④ 发烟性。火灾中对人体构成威胁最大的是材料燃烧过程中所产生的毒性气体，有些阻燃剂有较好的消烟作用，如含铝、锌等元素的阻燃剂。这些元素的加入抑制了热量及氧气的供给，阻止了木质材料的进一步燃烧。

2. 木材阻燃剂

木材阻燃剂一般由阻燃主剂、协效剂、增稠剂、润湿剂、防腐剂、防虫剂及基料等组成。木材阻燃剂可以分为下面三类。

(1) 无机阻燃剂

无机阻燃剂主要有以下几类：

① P-N系列阻燃剂。木材用阻燃剂大多是包含磷的化学品。磷酸氢二铵和磷酸二氢铵被认为是强的阻燃剂，它们已经用于木材阻燃多年。这类阻燃剂可以降低热分解温度，增加碳的生成，减少可燃气体的产生。

② B系列阻燃剂。通热膨胀熔融、覆盖表面，隔热、隔绝空气，如硼酸和硼锌。这些阻燃剂在燃烧过程中，从材料中分解出来的水蒸气可能执行双重的功能。

③ 卤素系列阻燃剂。物理覆盖和阻断燃烧中游离基链式反应。

④ $Al(OH)_3$ 和 $Mg(OH)_2$ 等。但是，$Mg(OH)_2$ 常被用作塑料的阻燃剂，它很少用于木材产品的阻燃，另外，$Mg(OH)_2$ 作为烟雾抑制剂，也减少了木材在燃烧期间产生的烟雾量。但其来源广、价格低、阻燃性能好等特点，在胶合板材料中广泛应用。

(2) 有机阻燃剂

磷或卤素在聚合或缩聚过程中参加反应，结合到高聚物的主链或侧链中，如氯化石蜡等。这样可以抗流失，对物理力学性能也影响较小，但阻燃性能不稳定，成本高，燃烧时产生大量烟雾和有毒气体。

(3) 树脂型阻燃剂

在甲醛、尿素、双氰胺、三聚氰胺树脂制造过程中加入磷酸或P-N系列化合物，通过树脂固化形成抗流失的阻燃剂，如UDFP树脂(尿素—双氰胺—甲醛—磷酸)、MDFP树脂(三聚氰胺—双氰胺—甲醛—磷酸)以及 H_3PO_4 · DFAC胶粘剂、H_3BO_3 · MFAC胶粘剂及 H_3PO_4 · MFAC胶粘剂等。树脂型胶粘剂可以抗流失，又不影响外观颜色，价格位于无机和有机阻燃剂之间，对木材的强度影响小，耐腐蚀；缺点是阻燃效果不太理想。

理想的木材阻燃剂应具备下列条件：阻燃性能好；无毒无污染；燃烧产物烟雾少；低毒、无刺激性；吸湿性低；不腐蚀金属；不使材质劣化；不促进腐朽和虫害；不影响后加工性能；处理容易；经济、来源广泛等。

3. 木材阻燃处理方法

木材阻燃处理方法可分为物理和化学处理两大类。其实质是提高木材抗燃性能的处理技术。木材的阻燃关键在于选择合适的阻燃和合适的处理工艺。

(1) 木材物理阻燃法

物理阻燃法不使用化学试剂，也不改变木材的细胞壁、细胞腔结构和木材的成分。一是采用大断面木构件，遇火不易被点燃，燃烧时生成炭化层，可以限制热传递和木构件的进一步燃烧，同时炭化层下的木材又可以保持原有的木材强度；二是将木材与不燃的材料制成各种不燃或难燃的复合材料，如木材—金属复合板等。

(2) 化学阻燃法

化学阻燃法是一种主要的也是普遍应用的阻燃处理方法，即将具有阻燃功能的化学药剂以不同的方式注入木材表面或细胞壁、细胞腔中，或与木材的化学成分的某些基团发生化学反应从而提高木材的抗燃性能。化学阻燃法一般分为三种方法：表面涂敷、浸渍法及化学改性。

① 表面涂敷法。表面涂敷法是在加工成最终使用形状的木材表面涂刷组成剂、防火涂料、无机黏结剂及涂料，或在木材表面粘贴不燃性物质，通过保护层的隔氧、隔热作用达到阻燃的目的。该处理法施工简单，不足之处是保护层一旦遭到破坏，木材便不具备阻燃效果，同时保护层降低了木材的装饰效果。

② 浸渍法。浸渍法是在一定的压力和温度下，使阻燃剂溶液渗入到木材内部细胞中。当木材受到热作用时，阻燃剂产生一系列的物理、化学变化，降低木材热解时可燃气体的释放量及燃烧速度，从而达到阻燃的目的。具体采用何种阻燃处理方法，视对产品阻燃性能的要求(阻燃剂吸收量、阻燃剂渗透深度)、阻燃剂的性质(是否可以加热)、木材树种及规格等条件决定。

浸渍法有以下几种：

常温常压浸渍法：在常压、室温下，将木材浸渍在阻燃剂溶液中，通过含水率梯度的作用使阻燃剂溶液渗透到木材中。此方法适用于渗透性好的薄板。

常压加热浸渍法：在常压下，将木材浸渍在一定温度的阻燃剂溶液中，通过含水率梯度和温度梯度的作用使阻燃剂溶液渗透到木材中。阻燃剂及阻燃处理工艺选择合适时，此方法可处理大部分木材，并得到较高的阻燃剂吸收量。

冷—热浸渍法：在常压下，将木材先置于一定温度的阻燃剂溶液中加热，木材细胞中的空气受热膨胀，压力高于大气压之后，迅速将木材移至冷阻燃剂溶液中，由于骤然冷却，细胞中的空气收缩，出现局部真空，通过压力差及含水率梯度使阻燃溶液渗入木材中。此方法比常压加热浸渍法的阻燃处理时间短。

加压浸渍法：也称满细胞法。该方法由 Bethell J. 于 1938 年发明，适用于企业大批量的生产。要求配有真空加压设备，包括搅拌罐、储液罐、浸渍罐、真空泵、加压泵、控制系统等。在常温下，把清洁干燥的木材送入浸渍罐。先用真空泵造成负压(−0.8 MPa)，以抽出木材细胞腔内的空气，保持 30 min 后，在负压下把阻燃剂注入罐中，充满后使用加压泵将压力提高到 1.0 MPa，保持一定的时间后，卸压，第二次抽真空，抽出细胞腔内多余的阻燃剂，然后恢复大气压力，进行木材干燥。此法浸渍深度深，阻燃剂吸收量高，阻燃效果持久，而且不影响木材的后续处理。

双真空法：阻燃处理过程与满细胞法相同，区别在于加压时的压力为满细胞法的 1/10 左右(50～100 kPa)。采用加压处理法可以得到较高的阻燃剂吸收量，阻燃处理时间短、阻燃剂渗入木材的深度大。但设备投资高，阻燃处理费用高。

③ 化学改性。采用高分子化合物单体，通过加压浸注等手段注入木材内，再经核照射、高温加热等方法，引发化学单体在木材内聚合生成高分子聚合物附着在木材细胞壁和细胞腔上；或者通过高温、催化、偶联等手段使药剂的分子与木材化学成分某些官能团如羟基发

生反应，生产酯化木材、乙酰化木材、醚化木材等，这是木材综合改性处理（包括阻燃）的发展方向，这一技术一旦成功产业化将能克服目前木材阻燃处理后存在的强度降低、吸潮、不抗流失等问题。

9.3.4 设计中采用结构保护

木材的结构保护，是在设计方案中采取措施，防止水分渗入结构以确保木材干燥。主要措施有：木结构离地要有一定高度，避免雨水溅上或吸湿、浸泡；屋檐挑出足够宽度，避免屋顶雨水流到墙上；外墙饰面板背后要留通风口，使受潮部位能尽快干燥等。木材及木制板材、木制品是建筑不可缺的材料，充分发挥和利用它的优良性能能更好地为人类服务。但是，使用木材不等于不考虑国策，使用木材应遵循采伐量小于生长量的原则，摆正森林资源和社会产品原材料优化的关系，使木材得以持续利用。

9.3.5 木材的改性处理

1. 木材是弹性—塑性体

利用木材的塑性可进行有限弯曲、压缩和扭曲。如：阔叶树种榆、柞和水曲柳等木材，是制造弯曲形家具的好材料。然而单凭木材本身所固有的塑性，还满足不了对木材制品生产提出的塑性要求。国外发明了一些增塑木材的方法，即以气态氨、氨水和联氨水溶液等浸渍木材，促进木材软化，可得到新的稳定的造型。据试验，将含水率6%～7%尺寸为(20×62.3×580)mm的试件经15%联氨水溶液处理后，可用手自如的弯曲成180°弧形，而木材没有产生任何损伤，再经过加热、加压处理，使之形态持久稳定，并且木材的容积重、硬度、弯曲极限强度、弹性模量和体积稳定性均较未处理材有显著提高。

2. 木材的酸碱性质

木材的水抽提液具有一定的pH，总游离酸和酸碱缓冲容量，因而木材能平衡或抵制外界袭来的弱酸、弱碱的作用，但不能耐大量强酸、强碱的腐蚀。经过糠醇树脂处理后，木材的耐酸、耐碱性能明显提高，可用于酸碱存在的环境中。

3. 木材的硬度

木材的硬度较低，应用时容易刻痕或损伤。为此国内外研究者发明了使木材增硬或强化木材的方法。如先将木材经水煮、气蒸或化学处理使之软化，相继施以热压而制成的压缩木，其强度增加，可用于矿井锚杆取代一般矿柱：将未缩聚的树脂注入木材，加热后树脂在材内固化，从而使木材增硬。近来，国外采用金属浴法强化木材，即将木材沐浴在熔融的低熔点合金(80～100℃)中。加压浸注后，合金渗入了木材的细胞腔和空隙中，使木材的硬度和耐磨性显著提高，同时，导热性和导电性大大改善，适于应用在特殊场合。

4. 木材的声音传播

木材的传声性应用于建筑和乐器工业中。例如：伐木工敲击树干，电信工敲击电杆，铁道养路工敲击枕木以检查木材内部是否出现腐朽。以木材为原料制成各种乐器如钢琴的音板，提琴的面板，立体声共鸣箱以及月琴、琵琶等中国乐器，这些乐器的质量在颇大程度上取决于木材的声共振性。木材长期存放而“陈化”，材内一些提取物质被气化分解，从而使声学性能——共振性有所改善。但大多数乐器厂由于建筑面积和原料来源所限，尚不能保证木材“陈化”。因此近来研究将含水率 8%～9%的乐器用材置于水中或乙醚溶剂中浸提处理,萃取出一些抽提物后,使木材的容积重降低,而动态弹性模量增大,因而使声辐射常数明显提高,可用于高频乐器中,这样制作的乐器音调和谐,共振性好。

9.4 木材在园林工程中的应用

木材在园林工程上的应用,主要体现在木平台和各类木质景观建筑上的应用,以及木质材料装饰上的使用;同时在部分位置也可以使用木质作为龙骨的选择材料(图 9-8～9-22)。

图 9-8 木质平台和木坐凳以及木质构筑物

图 9-9 临水防腐木木平台

图 9-10　临水塑木木平台（高分子材料和木粉混合，有效控制木材腐朽）

图 9-11　木质特色座椅的设置

图 9-12　木栏杆的设置

图 9-13　双臂木廊架

图 9-14 木质长桥

图 9-15 木拱桥

图 9-16　木曲桥

图 9-17　现代风格木亭

图 9-18　木茅草亭

图 9-19　东南亚风格木亭

图 9-20　中国传统木质仿古亭

图 9-21　木质景观水车

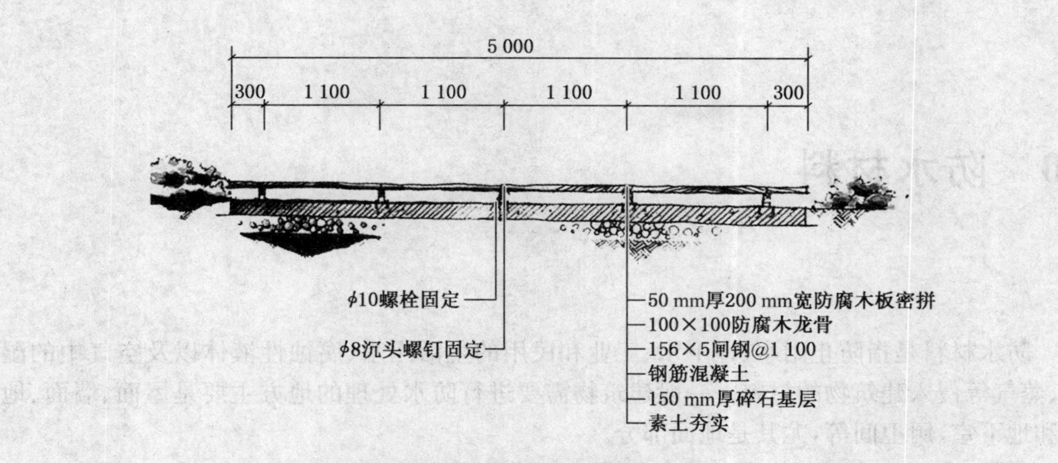

图 9-22 木平台中木龙骨的设置

复习思考题

1. 木材有几种？宏观、微观构造各如何？
2. 木材中有几种含水率说法？各对木材有什么影响？
3. 影响木材强度的因素有哪些？
4. 木材有哪些主要疵点，对木材有什么影响？
5. 木材综合利用有哪些主要产品？应用情况如何？
6. 工程上使用木材前为什么要干燥？常用的干燥方法有几种，各有什么特点？
7. 木材腐朽的原因是什么？有哪些防腐方法？
8. 木材为什么会被燃烧？
9. 试述木材防火的机理。
10. 木材防火的方法有哪些？试详细说明。

10　防水材料

防水材料是指防止雨水、地下水、工业和民用的生活用水、腐蚀性液体以及空气中的湿气、蒸气等侵入建筑物的材料。一般建筑物需要进行防水处理的地方主要是屋面、墙面、地面和地下室、厨卫间等，尤其是地面部分。

目前，我国防水材料尚无统一的分类方法和规范标准，以致人们很难按规律去认识和掌握。同时防水材料品种繁多，很难给以明确的分类，尚处于混乱无序的状态。一般按其主要原料分为：沥青类防水材料、橡胶塑料类防水材料、水泥类防水材料、金属类防水材料。按其组成、形态分为：防水涂料、防水卷材、刚性防水材料和其他防水材料。下面着重了解沥青、防水卷材和沥青密封材料。

10.1　沥青

1. 概念

沥青是外观呈黑色或黑褐色的防水防潮和防腐的有机胶结材料，在常温下呈固体、半固体或液体状态。沥青属于憎水性材料，它不透水，也几乎不溶于水、丙酮、乙醚、稀乙醇，能够溶于汽油、苯、二硫化碳、四氯化碳和三氯甲烷等有机溶液中。沥青具有良好的黏结性、塑性、不透水性和耐化学腐蚀性，并具有一定的耐老化作用。

2. 应用范围

在土木工程中，沥青是应用广泛的防水材料和防腐材料，主要应用于屋面、地面、地下结构的防水，木材、钢材的防腐。在建筑防水工程中，主要应用于制造防水涂料、卷材、油膏、胶黏剂和防锈、防腐涂料等。一般是石油沥青和煤沥青应用最多。沥青还是道路工程中应用广泛的路面结构胶结材料，它与不同组成的矿质材料按比例配合后可以建成不同结构的沥青路面，高速公路应用较为广泛。

3. 分类

在我国主要是石油沥青、煤焦沥青和天然沥青应用广泛。

(1) 石油沥青

石油沥青是石油原油或石油衍生物，经蒸馏提炼出轻质油后的残留物，或再经过加工而得到的产品。

① 组分。沥青的主要组分是油分、树脂和地沥青质。

油分：为浅黄色和红褐色的黏性液体，相对分子质量和密度最小。能够赋予沥青以流动性。

树脂：又称脂胶，为黄色至黑褐色半固体黏稠物质，相对分子质量比油分大比地沥青小，沥青脂胶中绝大部分属于中性树脂。树脂能够赋予石油沥青良好的黏性和塑性。中性树脂的含量越高，石油沥青的品质越好。

地沥青质：为深褐色以至黑色的硬而脆的不溶性固体粉末。其相对密度大于1。地沥青质是决定石油沥青热稳定性和黏性的重要组成部分，其含量越高，沥青的软化度越高，黏性越大。但沥青也越硬脆。

油分和树脂可以互溶，树脂能够浸润地沥青质，而在地沥青质的表面形成薄膜。

② 用途。根据用途不同，将石油沥青分为以下三种。

建筑石油沥青：根据国家标准规定，建筑石油沥青分为30号和15号。该沥青黏度较高，主要用于建筑工程的防水、防潮、防腐材料、胶结材料等。

道路沥青：一般情况下道路石油沥青分为200、180、140、100甲、100乙、60甲、60乙七个标号。其黏度较小，黑色，固体。具有良好的流变性、持久的黏附性、抗车辙性、抗推挤变形能力。延度40～100 cm。

专用石油沥青：主要分为1号、2号、3号，3号主要用于配置涂料。

③ 使用注意事项。建筑石油沥青的黏性较高，主要用于建筑工程。道路石油沥青的黏性较低，主要用于路面工程，其中60号沥青也可与建筑沥青掺和，应用于屋面工程。

(2) 煤沥青

① 含义。煤沥青是焦炭炼制或是制煤气时的副产品，在干馏或木材等有机物时所得到的挥发物，经冷凝而成的黏稠液体再经蒸馏加工制成的沥青。根据不同的黏度残留物，分为软煤沥青和硬煤沥青。

② 用途。用于制造涂料、沥青焦、油毛毡等，亦可作燃料及沥青炭黑的原料。其很少应用于屋面工程，但由于它的抗腐蚀性好，因而适用于地下防水工程和防腐蚀材料。

③ 使用注意事项。严格将热温度控制在180℃以下，以免造成煤沥青的有效成分损失，使煤沥青变质、发脆。煤沥青不能与石油沥青掺混使用，以免造成沉渣现象。煤沥青有毒性，在使用过程中进行劳动保护，以防止蒸气中毒。

(3) 天然沥青

① 含义。石油原油渗透到地面，其中轻质组分被蒸发，进而在日光照射下被空气中的氧气氧化，再经聚合而成为沥青矿物。按形成的环境可分为岩沥青、湖沥青、海底沥青等，岩沥青是石油不断地从地壳中冒出，存在于山体、岩石裂隙中长期蒸发凝固而形成的天然沥青。

② 组成。主要组分有树脂、沥青质等胶质。

③ 分类。分为岩沥青、湖沥青、海沥青等。

4. 主要特性

(1) 耐抗性

青川岩沥青中，氮元素以官能团形式存在，这种存在使岩沥青具有很强的浸润性和对自由氧化基的高抵抗性，特别是与集料的黏附性及抗剥离性得到明显的改善。

(2) 抗碾压

岩沥青改性剂可以有效提高沥青路面的抗车辙能力，推迟路面车辙的产生，降低车辙深度和疲劳剪切裂纹的出现。

(3) 抗老化、抗高温

天然岩沥青本身的软化点达到300℃以上，加入到基质沥青后，使其具有良好的抗高温、抗老化性能。

5. 主要危害

在我们生活中,沥青扮演着重要的角色,但由于沥青里面含有一些不一样的化学物质,给我们带来许多的危害。例如:沥青烟和粉尘可经呼吸道和污染皮肤而引起中毒,发生皮炎、视力模糊、眼结膜炎、胸闷、腹痛、心悸、头痛等症状。经科学实验证明,沥青和沥青烟中所含的3,4-苯并芘是引起皮肤癌、肺癌、胃癌和食管癌的主要原因。

① 经常接触沥青粉尘或烟气,并暴露于日光后发日光性皮肤炎。

② 沥青所致职业性痤疮主要表现为黑头粉刺、毫毛折断与毛囊炎性丘疹。本病好发于直接接触部位,如面部、指背、手背和前臂,也常常波及被沥青污染的衣裤的部位,偶发于躯干。

③ 煤焦沥青涂皮对动物体重增长的影响比石油沥青为明显,而煤焦沥青皮肤涂搽又比其烟雾吸入对动物的危害为大。

6. 改性沥青

现在技术越来越先进,随着新型化学合成材料的广泛发展,对沥青进行改性已成必然。改性沥青是掺加橡胶、树脂、高分子聚合物、磨细的橡胶粉或其他填料等外掺剂(改性剂),或采取对沥青轻度氧化加工等措施,使沥青或沥青混合料的性能得以改善制成的沥青结合料。

到目前为止,已发现许多材料对石油沥青具有不同程度的改性作用,如:热塑橡胶类有SBS、SEBS等,热塑性塑料类有APP(APAO、APO)等,合成胶类的有SBR、BR、CR等;同时发现不同的改性材料的改性效果不一样。

研究证明,以SBS 、APP(APAO、APO)作为改性沥青的工程性最好,生产的产品质量最稳定,对产品的耐老化性改善最显著。同时,以SBS或APP改性的沥青,只有在其添加量达到微观上形成的连续网状结构后,才能得到低温性能及耐久性优良的改性沥青。

(1) 使用SBS树脂改性沥青

SBS树脂是目前用量最大、使用最普遍和技术经济性能最好的沥青用高聚物。SBS改性沥青是以基质沥青为原料,加入一定比例的SBS改性剂,通过剪切、搅拌等方法使SBS均匀地分散于沥青中,同时,加入一定比例的专属稳定剂,形成SBS共混材料,利用SBS良好的物理性能对沥青作改性处理。

SBS树脂改性沥青的主要特性:耐高温、抗低温;弹性和韧性好,抗碾压能力强;不需要硫化,既节能又能够改进加工条件;具备较好的相容性,加入沥青中不会使沥青的黏度有很大的增加;对路面的抗滑和承载能力增加;减少路面因紫外线辐射而导致的沥青老化现象;减少因车辆渗漏柴油、机油和汽油而造成的破坏。这些特性大大增加了交通安全性能。

SBS树脂改性沥青对沥青性能的要求:沥青作为SBS改性的基质材料,其性能对改性效果产生重要影响。其要求具备以下几个条件:

① 有足够的芳香分以满足聚合物改性剂在沥青中溶胀、增塑、分解的需要。

② 沥青质含量不能过高,否则会导致沥青的网状结构发达,成为固态,使能够溶解SBS的芳香分饱和度减少。

③ 蜡含量不能过高,否则会影响SBS对沥青的改性作用。

④ 组分间比例恰当，一般以(沥青质+饱和度)/(芳香分+胶质)=30%左右为好。

⑤ 软化点不可过高，针入度不可过小，一般选用针入度大于 140 mm 的沥青。

(2) 使用 APP 改性沥青

APP 是无规聚丙烯的英文简称，是生产等规聚丙烯的副产物。室温下 APP 是白色的液体，无明显熔点，加热至 130℃开始变软，170℃变为黏稠液体。

聚丙烯具有优越的耐弯曲疲劳性，良好的化学稳定性，对极性有机溶性很稳定，这些都有利于 APP 的改性。可显著提高沥青的软化点，改善沥青的感温性，使感温区域变宽。同时，改善低温性，提高抗老化。

10.2 防水卷材

1. 概念

防水卷材是将沥青类或高分子类防水材料浸渍在胎体上制作成的防水材料产品，是一种可以卷曲的片状材料，在建筑工程中应用广泛。我国防水卷材使用量约占整个防水材料的 90%。

2. 主要分类

一般情况下是根据其组成材料分类，主要分为沥青防水卷材、高聚物改性沥青防水卷材和合成高分子防水卷材。还有是根据胎体的不同分为无胎体卷材、纸胎卷材、玻璃纤维胎卷材、玻璃布胎卷材和聚乙烯胎卷材。不管是哪种分类方式，其主要作用都是达成抵御外界雨水、地下水渗漏的目的。所以防水卷材主要是用于建筑墙体、屋面以及隧道、公路、垃圾填埋场等处，抵御外界雨水、地下水渗漏的一种可卷曲成卷状的柔性建材产品。

3. 主要性能

为了适应各种环境，如潮湿的、干燥的、防晒的等，在制作防水卷材时，应该考虑到其应有的特性，我国的防水卷材主要是有以下几个方面的性能。

① 耐水性。在水的作用下和被水浸润后其性能基本不变，在压力水作用下具有不透水性，常用不透水性、吸水性等指标表示。

② 温度稳定性。能耐高温低温，不发生各种如破裂、起泡、滑动等现象。即在一定温度变化下保持原有性能的能力。常用耐热度、耐热性等指标表示。

③ 高强度的承载力，延伸性，一般情况下都不会变形。

④ 柔韧性。在低温条件下保持柔韧性有利于施工工程，同时，较好的柔韧性使其材料不容易断裂。常用柔度、低温弯折性等指标表示。

4. 典型类别

通过对防水卷材性能的介绍，了解到防水卷材独特的优点，但是对于不同类型的防水卷材，又有一定的区别，现在根据一些情况分别介绍一些典型的类别。

(1) 沥青防水卷材

沥青防水卷材是用原纸、纤维毡等胎体材料浸涂沥青，表面撒布粉状、粒状或片状材料制成可卷曲的片状防水材料，属于传统的防水卷材。其特点是成本低，但拉伸强度和延伸率低，温度稳定性差，高温易流淌，低温易脆裂；耐老化性较差，使用年限短，属于低档防水卷材。

根据防水卷材的原料可分为有胎卷材、无胎卷材。有胎卷材：用厚纸、石棉布、棉麻织品等胎料浸渍石油沥青制成的卷状材料，包括油纸和油毡。无胎卷材：石棉、橡胶粉等掺入沥青材料中，经碾压制成的卷状材料。

下面以 APP 改性沥青防水卷材（Ⅱ型）为例作具体介绍。

APP 改性沥青防水卷材指以聚酯毡或玻纤毡为胎基，无规聚丙烯（APP）或聚烯烃类聚合物（APAO、APO）作改性沥青为浸涂层，两面覆以隔离材料制成的防水卷材。

不同的性能、不同的原料分类不一样。根据胎体材料不同，分为聚酯毡胎、玻纤毡胎和玻纤增强聚酯毡胎。根据上表面隔离材料不同，分为聚乙烯膜（PE）、细砂（S）和矿物粒（片）料（M）三种。根据卷材物理力学性能分为Ⅰ型和Ⅱ型。

防水卷材作为抵御雨水，防止外界水的重要材料，对其使用的材料规格和标准有一定的要求。一般情况下 APP 沥青防水卷材规格为幅宽 1 000 mm；聚酯胎卷材厚度为 3 mm 和 4 mm，玻纤胎卷材为 3 mm、4 mm 和 5 mm，每卷面积为 10 m^2（2 mm）、7.5 m^2 和 5 m^2。

（2）高分子卷材

与沥青防水卷材相比，高分子卷材是一种新型的防水卷材，属于高档防水卷材，采用单层防水体系，适合于一些防水等级要求较高、维修施工不便的防水工程。

高分子防水卷材是以合成橡胶、合成树脂或二者的共混体为基料，加入适量的化学助剂和填充剂等，采用密炼、挤出或压延等橡胶或塑料的加工工艺所制成的可卷曲片状防水材料。其主要是从 20 世纪 80 年代开始生产新型高分子卷材，三元乙丙橡胶防水卷材（EPDM）和聚氯乙烯（PVC）生产及应用量最大。

其材料特性如下：

① 拉伸强度高。拉伸强度一般都在 3 MPa 以上，最高的拉伸强度可达 10 MPa 左右，满足卷材在搬运、施工和应用的实际需要。断裂伸长率大，断裂伸长率一般都在 200%以上，最高可达 500%左右，适应结构伸缩或开裂变形的需要。

② 耐热性好。在 100℃以上温度条件下，卷材不会流淌和产生集中性气泡。

③ 匀质性好。采用工厂机械化生产，能较好地控制产品质量。

④ 耐腐蚀性能良好。耐酸、碱、盐等化学物质的侵蚀作用，具有良好的耐腐蚀性能。

⑤ 耐臭氧、耐紫外线、耐气候老化、耐久等性能好，耐老化性能优异。色泽鲜艳，可冷粘贴施工，污染小，防水效果极佳。

虽然高分子卷材与沥青卷材相比有很多的优势，但也有其不足之处，比如：黏结性差，对施工技术要求高，搭接缝多，接缝黏结不善易产生渗漏的问题；后期收缩大，大多数合成高分子防水卷材的热收缩和后期收缩均较大，常使卷材防水层产生较大内应力加速老化，或产生防水层被拉裂、搭接缝拉脱翘边等缺陷，同时其价格高等。

在高分子卷材中有一种比较特殊的系列——聚乙烯丙纶防水卷材，它除了完全具有合成高分子卷材的全部优点外，其自身最突出的特点是其表面的网状结构，使其具有了自己独特的使用性能——水泥黏结。同时因高分子复合卷材可用水泥直接黏结，因此在施工过程中不受基层含水率的影响，只要无明水即可施工。这是其他防水卷材所不具备的。

5. 防水卷材的固定系统

防水卷材是整个工程防水的第一道屏障，对整个工程起着至关重要的作用，所以了解它的固定系统至关重要。固定系统主要有以下几种：

(1) 机械固定系统

机械固定卷材防水屋面系统分为轻钢屋面机械固定系统和混凝土屋面机械固定系统。系统具有防水极佳、自重超轻、受天气影响小、极易维修、色彩丰富美观、环保等特点。构造简单，只有隔气层、保温板、防水卷材(复背衬)三个层次，系统成本低、通用性广。

(2) 胶黏固定系统

胶黏固定卷材防水屋面系统分为轻钢屋面胶粘固定系统和混凝土屋面胶粘固定系统。系统采用带背胶或涂胶的高分子 PVC/TPO 防水卷材作为屋面覆盖层。

具有防水极佳、自重超轻、保温性能好、无冷桥、不破坏基层、极易维修、色彩丰富美观、环保等特点。构造简单，只有隔气层、保温板、防水卷材(复自黏胶)三个层次。

(3) 空铺压重系统

空铺压重(松铺压重)固定屋面系统用鹅卵石、混凝土板、土砖和砂浆、铺板和支撑件重压卷材，以抵抗风荷载。具有施工简单快捷、系统成本低、保护防水层、延缓防水层老化等特点，广泛运用于停车场屋面、地下屋顶板、上人屋面等。

(4) 彩色卷材屋面系统

坡屋面系统可应用在混凝土、轻钢、木质基层上。系统具有防水极佳、自重超轻、施工快捷、极易维修、色彩丰富美观、环保等特点。结构简单，只有隔气层、保温板、防水卷材(复背衬)三个层次。可采用机械固定法、胶黏固定法施工。

6. 要求

对于特别防水卷材比如铺贴防水卷材的要求稍微严格，它的基层面(找平层)必须打扫干净，并洒水保证基层温润，屋面防水找平层应符合《屋面工程质量验收规范》(GB 50207—2012)规定，地下防水找平层应符合《地下防水工程施工及验收规范》(GBJ 208—83)规定)。

防水卷材铺贴应采用满铺法，胶黏剂涂刷在基层面上应均匀，不露底，不堆积；胶黏剂涂刷后应随即铺贴卷材，防止时间过长影响黏结质量。

铺贴防水卷材不得起皱折，不得用力拉伸卷材，边铺贴边排除卷材下面的空气和多余的胶黏剂，保证卷材与基层面以及各层卷材之间黏结密实。铺贴防水卷材的搭接宽度不得小于 100 mm。上下两层和相邻两幅卷材接缝应错开 1/3 幅度。

7. 产品选择

(1) 产品名称和外包装标志

按产品标准规定，产品外包装上应标明企业名称、产品标记，生产日期或批号、生产许可证号、贮存与运输注意事项，对于产品标记应严格按标准进行，与产品名称一致，决不能含糊其辞或标记不全及无生产标记。

(2) 注意产品价格

当前防水卷材产品竞争激烈，市场上出现很多同类的产品，甚至不加主要的材料，而是用废旧材料等来替代。故选购时注意，尽量避免挑选明显低于市场价的产品。

(3) 根据胎基识别卷材质量

一般从产品的断面上进行目测，具体方法可将选购的产品用手将其撕裂，观察断面上露出的胎基纤维，复合胎撕开后断面上有网格布的筋露出，此时就可断定该产品一定是复合胎卷材，是什么样的复合胎卷材需借助物性试验——可溶物含量检验来观察其裸露后的胎基。而单纯的聚酯胎、玻纤胎的卷材撕裂后断面仅有聚酯或玻纤的纤维露出。

10.3 沥青密封材料

1. 概念

沥青密封材料是以沥青和改性沥青材料为载体，添加软化剂、成膜剂、矿物填充剂等所组成的一种塑性或弹塑性的建筑密封材料。其主要原材料是沥青材料和改性沥青材料。

2. 性能

沥青密封材料直接决定着密封材料的技术性能好坏，其具有下面一些性能。

(1) 耐热性

耐热性就是沥青密封材料的感温性，其感温性很强，随着温度的升高而软化，强度降低，永久伸长率得到增大，以致发生流淌，造成接缝漏水。

其评价方法主要是耐热度，以℃来表示。主要表示了沥青密封材料对经受最高温度和温度变动及变动频率影响的适应性。

我国规定沥青密封材料的耐热度标准为70℃和80℃，以适应南方和北方地区使用的不同要求。

(2) 耐寒性

耐寒性是沥青密封材料在低温下适应接缝的伸缩运动的性能。沥青密封材料随温度的降低，弹性变小，延伸度降低，以至成为坚硬的脆性物质。

耐寒性是用建筑密封材料的低温柔性来进行评价的。以未破坏时的温度来表示。

我国各地对沥青密封材料的耐寒性要求不一。在制定耐寒性指标时，规定沥青密封材料的耐寒温度为零下10℃、零下20℃和零下30℃三个指标。一般对耐热度要求较高的地方，耐寒性要求也比较高；耐热度要求较低的地方，耐寒温度较低。

(3) 黏结性

黏结性是沥青密封材料的重要性能之一。它表示了沥青密封材料与其结构物的黏结能力。如果黏结不好，则易发生剥离，产生裂缝，就很难发挥出防水密封的作用。同时它的大小取决于沥青密封材料同基层之间的相互作用，其中包括物理吸附和化学吸附。

黏结性是用黏结水泥砂浆试块之间的沥青密封材料，经张拉后的延伸长度来评价的，用mm表示。

(4) 耐候性

耐候性是在人工老化试验机中进行的，老化试验机是人工模拟大自然的恶劣环境条件，加速老化的进行，用老化系数表示。老化系数是用沥青密封材料在老化前后的延伸率变化表示的。

(5) 挥发性

挥发性是用嵌填在培养皿中的沥青密封材料试样，在80℃±2℃的恒温箱内恒温5 h，用其重量减少的百分率来评价的，以挥发率越小越好。

在沥青密封材料中，含有大量的能挥发的物质，如软化剂、增塑剂、稀释剂等，都有一定的挥发速度。其挥发速度同周围的环境条件有关，在潮湿的条件下，挥发率很小，体积收缩率也小；随着存放时间的增长，挥发量也逐渐增大，体积收缩率也相应地增大。收缩大的在嵌缝后会产生裂缝，以及黏结性和耐久性降低。

(6) 保油性

对于沥青密封材料有保油性要求。保油性是表示沥青密封材料在嵌缝后，向被接触部位发生油分渗失的程度，是用滤纸土的渗油幅度和渗油张数来评价的，渗油幅度越小，渗油张数越少保油性越好。保油性在一定程度上反映了可塑性变化的情况。油分的渗出和挥发，沥青密封材料的可塑性变小，黏着性和耐久性变差，体积收缩率加大。

(7) 耐水性

在水的作用下和被水浸润后其基本性能不变，在压力水作用下具有不透水性。常用不透水性、吸水性指标表示。

(8) 施工度

施工度表示了施工时和易性的好坏，对热熔型密封材料不作施工度要求。

3. 组合成分

沥青材料和改性沥青材料是沥青密封材料的主要原材料。为了提高沥青材料的塑性、柔韧性和延伸性，常常加入软化剂或增塑剂、成膜剂和矿物填充剂等。

(1) 沥青材料

① 石油沥青。石油沥青主要决定着石油沥青密封材料的技术性能，多选用含蜡量少，树脂含量高，对成膜剂和软化剂相溶性好，针入度指数在－2～＋2之间的溶凝胶型沥青。

② 煤焦油。煤焦油同样是制备沥青密封材料的主要原料之一。它是用煤进行炼焦或制造煤气时，排出的挥发性物质经冷却而得到的副产品，为褐色至黑色的油状物。煤焦油是由极其复杂的化合物组成的，所含化合物达一万种以上，主要为芳香烃化合物。

根据煤干馏的温度不同，可分为高温煤焦油、中温煤焦油和低温煤焦油。在建筑密封材料中，以高温煤焦油应用的最多。

高温煤焦油是由煤经高温干馏而制得的黑色油状产物。干馏温度范围在800～1 200℃之间。

中温煤焦油同样是煤经干馏而得到的褐黑色油状物，干馏温度为660～750℃。中温煤焦油的比重较大，产量较大，挥发物含量较大，含烷烃、烯烃和高级酚较多，含芳香烃较少。

低温煤焦油的干馏温度在450～650℃范围之内。这种煤焦油的特点是在20℃时，比重为0.9～1.2 g/cm^3，主要成分是烷烃和环烷烃，萘和蒽含量较少，酸性油分占20%～40%，酚含量约在30%，含碳量极少。

③ 软化剂。在沥青密封材料中所用的软化剂主要有石油系软化剂、煤焦油系软化剂、松焦系软化剂和脂肪系软化剂。

石油系软化剂：石油系软化剂是石油加工过程中所得到的产物，主要有机械油、变压器油、重油和石油树脂等。它是由烷烃、环烷烃和芳香烃组成的。烷烃和环烷烃对石油沥青密封材料的软化效果较芳香烃为好。

煤焦油系软化剂：煤焦油系软化剂是由煤经干馏而制得的油状产物，主要有煤焦油、液体苯并呋喃一茚树脂等。液体苯并呋喃一茚树脂是由煤焦油的160～185℃馏分聚合而成的树脂。

松焦系软化剂:松焦系软化剂为干馏松根,松干除去松节油后的残留物,是一种高黏度的植物性焦油,属芳香族和极性化合物,含有多种酚类、松节油、松脂等。

脂肪系软化剂:脂肪系软化剂包括植物和动物的油,大多为高碳直链烃,含有不饱和双键,动物油较植物油链烃饱和程度大,主要有棉籽油、蓖麻油、菜籽油、桐油和鱼油等。

④ 增塑剂。增塑剂是增加沥青密封材料的塑性物质。它通常是沸点较高的、难挥发的液体,或低熔点固体。在沥青密封材料中使用的增塑剂应同沥青材料,改性材料有较好的相溶性,增塑效果大,耐热、耐光性好,耐寒性好,挥发性小,价廉易得。在沥青密封材料中常用的增塑剂有邻苯二甲酸二丁酯、邻苯二甲酸二辛酯、磷酸酯类、脂肪酸酯类。

⑤ 成膜剂。在沥青密封材料中可应用的成膜剂很多,大多数为含有不饱和双键的植物油和动物的油。这些油类又可根据其分子中含双键的数目不同,分为干性油、半干性油和不干性油。一般地讲,双键数目超过 6 个者为干性油,双键数目在 4～6 个之间的为半干性油,双键数目小于 4 个者为不干性油。常用的成膜剂有蓖麻油、桐油、鱼油、亚麻仁油等。

⑥ 矿物填充剂。矿物填充剂是沥青密封材料中常用的原材料之一。它可以增加体积、降低成本,对耐热性、可塑性都有一定的作用。常用的填充剂有粉状的大理石粉、滑石粉等,纤维状的石棉绒。

10.4 防水材料在园林工程中的应用

在园林工程中,防水材料的应用主要体现在水体的防水处理过程中,如图 10-1～10-4 所示。

图 10-1 丙纶防水卷材(铺贴工程中)

图 10-2 高分子自黏防水卷材(铺贴工程中)

图 10-3 土工布[铺贴工程中(一)]

图 10-4　土工布［铺贴工程中（二）］

复习思考题

1. 聚合物改性沥青防水卷材包括哪些？其特点如何？
2. SBS 树脂改性沥青对沥青性能的要求有哪些？
3. 沥青密封材料具有哪些性能？
4. 简述防水卷材的应用前景与发展趋势。

11　园林建筑工程中常见的其他材料

高分子材料是指以高分子化合物为主要组分的材料，其中有机高分子材料可分为天然的（如棉、木、橡胶、树脂、沥青等）和合成的（如合成塑料、合成纤维、合成橡胶）两种。由于合成高分子材料的原料（煤、石油、天然气等）来源广泛，化学合成效率高，产品具有多种建筑功能，以及质轻、高强、高韧、耐化学腐蚀、易加工成型等优点，已成为一种新型建筑材料，被越来越广泛地应用于建筑领域。本章主要介绍建筑上常用的合成高分子材料。

11.1　合成高分子建筑材料

11.1.1　塑料

塑料是以天然树脂或合成树脂为主要原料，在一定温度和压力下塑制成型，且在常温下保持产品形状不变的材料。

1. 塑料的基本组成

(1) 树脂

树脂是塑料中的主要组分，在单组分塑料中树脂含量接近 100%，多组分塑料中树脂的含量占 30%～70%。树脂分为天然树脂和人工合成树脂两种；在现代塑料工业中主要采用合成树脂，在塑料中，树脂不仅起着胶结其他组分的作用，而且树脂的种类、性质、数量还是决定塑料类型、性能、用途及成本的根本因素。

(2) 填料

为了改善塑料的性能，提高塑料的机械强度、硬度或耐热性，降低塑料的成本，在多组分塑料中常加入填料，其掺量为 40%～70%。填料一般为化学性质不活泼的粉状、片状或纤维状的固体物质。常用的有机填料有木粉、棉布、纸张和木材单片等，无机填料有滑石粉、石墨粉、云母、玻璃纤维等。

(3) 增塑剂

为了增加塑料的柔顺性、可塑性和减小脆性而加入的化合物称为增塑剂。增塑剂为相对分子质量小、熔点低和难挥发的有机化合物。常用的增塑剂有邻苯二甲酸二丁酯、邻苯二甲酸二辛酯、二苯甲酮、樟脑等。增塑剂能降低塑料制品的机械性能和耐热性等，所以在选择增塑剂的种类和加入量时，应根据塑料的使用性能来决定。

(4) 着色剂

加入着色剂可使塑料具有鲜艳的色彩和美丽的光泽。所选用的着色剂应色泽鲜明、分散性好、着色力强、耐热耐晒，在塑料加工过程中稳定性良好，与塑料中的其他组分不起化学反应，同时，还应不降低塑料的性能。常用的着色剂有无机染料、有机染料或颜料，有时也采用能产生荧光或磷光的颜料。

(5) 润滑剂

在塑料加工时，为降低其内摩擦和增加流动性，便于脱模和使制品表面光滑美观，可加入0.5%～1%的润滑剂。常用的润滑剂有高级脂肪酸及其盐类，如硬脂酸钙、硬脂酸镁等。

(6) 稳定剂

为防止塑料过早老化，延长塑料使用寿命，常加入少量稳定剂。塑料在热、光、氧和其他因素的长期作用下，会过早地发生降解、氧化断链、交链等现象，而使塑料性能降低，丧失机械强度，甚至不能继续使用，这种因结构不稳定而使材料变质的现象，称为老化。稳定剂应是耐水、耐油、耐化学侵蚀的物质，能与树脂相溶，并在成型过程中不发生分解。常用的稳定剂有光屏蔽剂、紫外线吸收剂、能量转移剂、热稳定剂、抗氧剂。

(7) 固化剂

固化剂的主要作用是使合成树脂中的线型分子结构交联成体型分子结构，从而使树脂具有热固性。固化剂的种类很多，通常随塑料的品种及加工条件不同而异。如环氧树脂常用的固化剂有胺类、酸酐类。热塑性酚醛树脂常用的固化剂为乌洛托品。

(8) 其他添加剂

其他添加剂是指为使塑料具有某种特定的性能或满足某种特定的要求而掺入的添加剂。如掺入发泡剂可制得泡沫塑料；掺入阻燃剂可阻滞塑料制品的燃烧，并使之具有自熄性；掺入香酯类物品，可制得长久发出香味的塑料。

2. 塑料的主要特性

塑料与传统建筑材料相比具有以下特性：

① 密度小，比强度高。塑料的密度一般为0.90～2.20 g/cm³，与木材相近，约为铝的1/2，钢的1/5，混凝土的1/3。塑料的比强度高于钢材和混凝土。例如用玻璃纤维增强的环氧树脂(俗称玻璃钢)的比强度比一般钢材高2倍左右，为轻质高强材料。

② 导热性低。导热系数小，一般为0.024～0.810 W/(m·K)，为金属的1/600～1/500，是良好的绝热保温材料。

③ 耐腐蚀性好。一般塑料对酸、碱等化学药品的耐腐蚀性均比金属材料和一些无机材料好。

④ 电绝缘性好。一般塑料都是电的不良导体，绝缘性很好。

⑤ 耐磨性好。许多塑料具有良好的耐磨损性。

⑥ 优良的装饰性。塑料可制成完全透明的制品，加入颜料或填料时，即可制得色彩鲜艳的半透明或不透明的制品。

⑦ 有良好的加工性能和施工性能。塑料可以用多种方法加工成型，且可直接进行锯、刨、钻等机械加工，并可采用胶结、铆接、焊接等方法连接。

⑧ 塑料的缺点。弹性模量较小，只有钢材的1/20～1/10；刚度差；热膨胀系数较大；耐热性差，一般只能在100℃以下长时间使用；不同品种的塑料其可燃性有很大的差异，有的点火就燃，而有的只有放在火焰中才会燃烧，当移去火焰后就自动熄灭，总体来说，塑料防火性较差，有的塑料不仅可燃，燃烧时还会产生大量的烟雾，甚至产生有毒气体；容易老化等。

3. 塑料的分类及常用品种

(1) 按热性能分类

① 热塑性塑料。热塑性塑料具有受热软化,冷却后硬化的性能,而且不起化学反应。不论加热和冷却重复多少次,这种性能均可保持。因而加工成型较方便,且具有较好的机械性能,但耐热性及刚性较差。热塑性塑料中的树脂都为线型分子结构,包括全部聚合树脂和部分缩合树脂。常用的品种有:

a. 聚乙烯(PE)塑料:聚乙烯塑料为一种产量极大,用途广泛的热塑性塑料。聚乙烯是由乙烯单体聚合而成的。聚合的压力有高压、中压和低压三种。按其密度不同可分为高密度聚乙烯、中密度聚乙烯和低密度聚乙烯三种。低密度聚乙烯较柔软,熔点、抗拉强度较低,伸长率和抗冲击性较高,适于制造防潮、防水工程中用的薄膜。高密度聚乙烯较硬,耐热性、抗裂性、抗腐蚀性较好,可制成阀门、衬套、管道、水箱、油罐或作耐腐蚀涂层等使用。聚乙烯密度较小(0.910~0.965 g/cm^3),具有良好的化学稳定性,常温下不与酸、碱作用,在有机溶剂中也不溶解。具有良好的抗水性、耐寒性,在低温下使用不发脆,但耐热性较差,在110℃以上就变得很软,故一般使用温度不超过100℃。聚乙烯很易燃烧,无自熄性,在日光照射下,聚乙烯的分子链会发生断裂,使机械性能降低。

b. 聚氯乙烯(PVC)塑料:它是一种多组分的塑料。聚氯乙烯由乙炔和氯化氢合成的氯乙烯单体聚合而成。在聚氯乙烯树脂中加入不同量的增塑剂,可制成硬质或软质制品。聚氯乙烯的密度为1.20~1.60 g/cm^3,耐水性、耐酸性、电绝缘性好,硬度和刚性都较大,有很好的阻燃性。软质聚氯乙烯塑料中含有较多增塑剂,故比较柔软并具有弹性,断裂时的延伸率较高,可制成各种板、片型材作地面材料和装修材料使用。硬质聚氯乙烯塑料不含或仅含少量的增塑剂,因而强度较高,抗风化能力和耐蚀性都很好,可制成管材及棒、板等型材,也可用作防腐蚀材料、泡沫保温材料等,或用作塑料地板、墙面板、屋面采光板、给排水管等。在铁路上还可制成钢轨与轨枕之间的缓冲垫板以及道钉下面的垫片等。

c. 聚四氟乙烯(PTFE)塑料:聚四氟乙烯是由四氟乙烯单体聚合而成的。聚四氟乙烯的密度为2.20~2.30 g/cm^3,是热塑性塑料中密度最大的。它在薄片时呈透明状,厚度增加时,便成灰白色,外观和手感都与蜡相似。它具有良好的电绝缘性,一片0.025 mm厚的薄膜能耐500 V高压,完全不燃烧,化学稳定性极好。即使在高温条件下,与浓酸、浓碱、有机溶剂及强氧化剂都不起反应,甚至在王水中煮沸几十个小时,也不发生任何变化,故又名"塑料王"。它有优良的耐高、低温能力,可在−195~250℃温度下长期使用。有极其优良的润滑性,具有非常小的摩擦系数,动、静摩擦系数均为0.04。具有突出的表面不黏性,几乎所有黏性物质都不能黏附在它表面。具有良好的耐水性、耐气候性、耐老化性,长期暴露于大气中其性能保持不变。但强度、硬度不如其他工程塑料,温度高于390℃会分解,并放出有毒气体。这种塑料主要用在对温度以及抗腐蚀性要求较高的地方,如高温输液管道、输送强腐蚀性流体的管道,制作绝缘材料、密封材料等。桥梁施工时,则利用它摩擦系数低的优点,在顶梁时作滑道用。

d. 聚甲基丙烯酸甲酯(PMMA):俗称有机玻璃,是以丙酮、氰化钠、甲醇、碳酸等为原料制成甲基丙烯酸甲酯,再经聚合而成。有机玻璃透光率很高,可达92%以上,并能透过73.5%的紫外线;质轻,密度为1.18~1.19 g/cm^3,只有无机玻璃的一半,而耐冲击强度是普通玻璃的10倍,不易碎裂;有优良的耐水性、耐候性,但耐磨性差,表面硬度较低,容易擦毛而失去光泽。可制成板材、管材等，用作屋面采光天窗、室内隔断、广告牌、浴缸等。

e. 聚酰胺(PA)塑料：俗称尼龙或锦龙，是由二元酸和二元胺、氨基酸缩聚而成。聚酰胺有优良的机械性能，抗拉强度高，冲击韧性好，坚韧耐磨；耐油性、耐候性好，有良好的消音性；有一定的耐热性，但对强酸、强碱和酚类等的抗蚀能力较差；吸水性高，热膨胀系数大。它的最大用途是制成纤维，用于居室装饰，如窗帘、地毯等；制作各种建筑小五金、家具脚轮、轴承及非油润滑的静摩擦部件等，还可喷涂于建筑五金表面作保护装饰层用，也可配制胶黏剂、涂料等。在日本新干线上用的铁路枕木，就是用炭黑填充尼龙制造的。

② 热固性塑料。在加工过程中一旦加热即行软化，然后发生化学变化，相邻的分子互相交联成体型结构而逐渐硬化，再次受热时不会再软化，也不会溶解，只会在高温下炭化。其优点是耐热性好，刚性大，受压不易变形。缺点为机械强度较低。大多数缩合树脂制得的塑料均是热固性的。常用的品种有：

a. 酚醛(PF)塑料：它是一种最常用的，也是最古老的塑料，俗称电木或胶木。用苯酚(或甲酚、二甲酚)与甲醛(浓度为37%～40%的水溶液)缩聚可得到酚醛树脂。由于所用苯酚与甲醛的配合比不同和催化剂的类型不同，可以得到热塑性和热固性两类酚醛树脂。热塑性树脂分子为线型结构，虽经长时间加热也不会硬化，使用时需加入适量的固化剂才能交联成不溶、不熔的固体。热固性树脂虽属线型结构，但在逐渐提高温度的情况下，分子间会相互发生交联，最后形成不溶、不熔的固体。酚醛树脂具有较大的刚性和强度，耐热、耐磨、耐腐蚀，具有良好的电绝缘性。难燃且具有自熄性，但色暗、性脆。酚醛树脂用途很广，可制成层压塑料、泡沫塑料、蜂窝夹层塑料、酚醛压模塑料等，用作电工器材、装饰材料、隔音隔热材料。酚醛树脂还可配制油漆、胶黏剂、涂料、防腐蚀用胶泥等。

b. 有机硅(SI)塑料：有机硅树脂是以硅氧键相连接的高分子聚合物，具有优良的耐高温(500～600℃)和耐水性，有良好的电绝缘性、防火性，抗腐能力很强，黏结力高，可用于黏结金属材料与非金属材料。有机硅树脂根据结构和相对分子质量的不同，分为硅油和硅树脂两种。低分子线型的硅油是由二甲基二氯硅烷水解得到的，体型硅树脂由二甲基二氯硅烷和一甲基三氯硅烷的混合物经水解制得。硅油常用作清漆、润滑油、消泡剂、塑料制品和家具的抛光剂。硅树脂用玻璃纤维、石英粉或云母等填料增强，可制成耐热、耐水、耐腐及电绝缘性能均好的模压塑料或层压塑料制品，还可用作黏结剂、防水涂料、混凝土外加剂等。

c. 脲醛(UF)塑料：又称电玉。脲醛树脂由尿素与甲醛缩聚而成。低相对分子质量的脲醛树脂呈液态，溶于水和某些有机溶剂，常用作胶黏剂、涂料等。高相对分子质量的脲醛树脂为无色、无味、无毒的白色固体，黏结强度高，着色性好，有一定的耐菌性，可自熄，但耐水性较差，更不耐沸水，耐热性较低。用它生产的胶合板、刨花板、纤维板等，可作装饰材料。若经发泡处理可制得闭孔型硬质泡沫塑料，可作填充性的保温绝热材料。脲醛树脂还可配制油漆、涂料、胶黏剂等。

(2) 按应用范围分类

① 通用塑料。指产量大、用途广、价格低的一类塑料。主要包括五大品种，即聚烯烃(包括聚乙烯、聚丙烯、聚丁烯及各种烯烃的共聚物)、聚氯乙烯、聚苯乙烯、酚醛塑料和氨基塑料。这类塑料虽说品种只有五个，但产量却占塑料总产量的3/4以上。

② 工程塑料。指综合性能好(如机械性能、电性能、耐高低温性能等)，能作为工程材料和代替金属制造各种设备和零件的塑料。主要品种有ABS、聚酰胺、聚碳酸酯、聚甲醛塑

料等。

③ 特种塑料。指具有特种性能和特种用途的塑料。如有机硅树脂、导磁塑料、离子交换树脂等。

(3) 按增强类型分类

增强塑料(RP)是用纤维、织物或者片状材料增强的塑料。它是将合成树脂浸涂于纤维或片状材料经加工成型制得的。用片状材料增强的塑料称为层压塑料。增强塑料的机械强度远高于一般塑料,可用作装饰材料、轻质结构材料和电绝缘材料。增强塑料主要有以下几种:

a. 玻璃纤维增强塑料(GRP):俗称玻璃钢,它是以热固性或热塑性树脂胶结玻璃纤维或玻璃布而制成的一种轻质高强的塑料。常用的热固性树脂有不饱和聚酯树脂、环氧树脂、酚醛树脂、有机硅树脂等。常用的热塑性树脂有聚乙烯、聚丙烯、聚酰胺等。使用最多的是不饱和聚酯树脂。

玻璃钢的性能主要取决于所用树脂的种类、纤维的性能和相对含量,以及它们之间结合的情况等。合成树脂和纤维的相对含量,随玻璃钢的品种不同而有所差异,一般合成树脂含量占总质量的30%~40%。由于合成树脂本身的强度远低于玻璃纤维的强度,故合成树脂仅起胶黏作用,而荷载主要由纤维承担。合成树脂与纤维强度愈高,则玻璃钢的强度愈大,纤维对强度影响更为明显。玻璃钢是用纤维或玻璃布为加筋材料,故不同于一般塑料,具有明显的方向性。就玻璃钢的力学性能而言,玻璃布层与层之间的强度较低,而沿玻璃布方向的强度较高。玻璃钢为各向异性材料。玻璃钢的密度为1.5~2.0 g/cm^3,是钢的1/4。抗拉强度超过碳素钢,比强度与高级合金钢相近,是一种轻质高强材料。玻璃钢具有耐热、耐腐、绝缘、抗冻、耐久等一系列优点,但刚度较差,容易产生较大变形,有时还会出现分层现象,耐磨性差;可应用于航空、宇航及高压容器,在工程上常用作建筑结构材料、屋面采光材料、墙体围护材料、门窗框架和卫生用具等。

除用玻璃纤维增强材料之外,近年来又发展了采用性能更优越的碳纤维、硼纤维、氧化锆纤维和晶须(纤维状晶体)作增强材料,使其纤维增强塑料的性能更优异,可用于飞机及宇宙航行方面的结构或零部件等。

b. 蜂窝塑料:以塑料板或金属薄板、胶合板为两侧面板,中间夹有格子(蜂窝)夹层,用氨基树脂或环氧树脂将夹层紧密黏合在两片面板之间而制成的轻质板材,性能好且质量轻,可制作隔墙板、门板、地板以及家具等。

c. 增强塑料薄膜:它是用玻璃纤维或尼龙纤维网络做成的塑料薄膜,可用来建造临时性的或可拆迁的大跨度充气结构的仓库和房屋等。

11.1.2 橡胶

橡胶分为天然橡胶、合成橡胶和再生橡胶三类。橡胶是一种有机高分子弹性化合物。它的相对分子质量一般都在几十万以上,甚至达到一百万左右。它具有高弹性,在外力作用下,很容易发生极大的形变,外力去除后,又恢复到原来的状态。它有极高的可挠性、耐磨性、绝缘性、不透水性和不透气性,因而用途非常广泛。

1. 天然橡胶

天然橡胶的主要成分是异戊二烯的高聚物。它采自橡胶植物(如三叶橡胶树、杜仲树、橡胶草)的浆汁,在浆汁中加入少量醋酸、氯化锌或氟硅酸钠即凝固。凝固体经压制后成为生橡胶。天然生橡胶常温下弹性很大,低于10℃时逐渐结晶变硬。耐拉伸,伸长率约为12倍。电绝缘性良好。在光及氧的作用下会逐渐老化。易溶于汽油、苯、二硫化碳及卤烃等溶剂,但不溶于水、酒精、丙酮及乙酸乙酯。由于生橡胶性软,遇热变黏,又易老化而失去弹性,易溶于油及有机溶剂,为克服这些缺点,常在生橡胶里面加硫,经硫化处理得到软质橡胶(熟橡胶)。若用30%～40%的硫,得到的是硬质橡胶。橡胶经硫化后,其强度、变形能力和耐久性均有提高,但可塑性降低。

天然橡胶一般作为橡胶制品的原料,配制胶黏剂和制作橡胶基防水材料等。

2. 合成橡胶

天然橡胶的年产量有限,远远不能满足日益发展的需要,因而合成橡胶工业得到了迅速的发展。合成橡胶主要是二烯烃的高聚物,它的综合性能虽不如天然橡胶,但它也具有某些天然橡胶所不具备的特性,加上原料来源较广,因此目前广泛使用的是合成橡胶。按其性能和用途,合成橡胶可分为:

① 丁苯橡胶(SBR)。它是目前产量最大、应用最广的合成橡胶。丁苯橡胶是丁二烯与苯二烯的共聚物,为浅黄褐色的弹性体,具有优良的绝缘性,在弹性、耐磨性和抗老化性方面均超过天然橡胶,溶解性与天然橡胶相似,但耐热性、耐寒性、耐挠曲性和可塑性较天然橡胶差,脆化温度为−50℃,最高使用温度为80～100℃。能与天然橡胶混合使用。丁苯橡胶用于制造汽车的内外胎、运输带和各种硬质橡胶制品。

② TN橡胶(NBR)。TN橡胶是丁二烯和丙烯腈的共聚物,为淡黄色的弹性体,密度随丙烯腈含量增加而增大。耐热性、耐油性较天然橡胶好,抗臭氧能力强。但耐寒性不如天然橡胶和丁苯橡胶,且成本较高。丁腈橡胶为一种耐油橡胶,可用来制造输油胶管、油料容器的衬里和密封胶垫,制造输送温度达140℃的各种物料输送带和减震零件等。

③ 氯丁橡胶(CR)。氯丁橡胶是由氯丁二烯聚合而成的,为黑色或琥珀色的弹性体,它的物理机械性能和天然橡胶相似,耐老化、耐臭氧、耐候性、耐油性、耐化学腐蚀性及耐热性比天然橡胶好。耐燃性好,黏结力较高,最高使用温度为120～150℃。用氯丁橡胶可制造各种模型制品、胶布制品、电缆、电线和胶黏剂等。

④ 丁基橡胶(ⅡR)。也称异丁橡胶。丁基橡胶是以异丁烯与少量异戊二烯为单体,在低温下(−95℃)聚合的共聚物。它为无色的弹性体,透气性为天然橡胶的1/20～1/10,它是耐化学腐蚀、耐老化、不透气性和绝缘性最好的橡胶,且耐热性好,吸水率小,抗撕裂性能好。但在常温下弹性较小,只有天然橡胶的1/4,黏性较差,难与其他橡胶混用。丁基橡胶耐寒性较好,脆化温度为−79℃,最高使用温度为150℃。可用于制造汽车内胎、气囊等不透气制品,也可制作电气绝缘制品、化工设备衬里等,还可用作浅色或彩色橡胶制品。

另外,还有乙丙橡胶、硅橡胶(硅有机橡胶)、氟橡胶等多种合成橡胶。乙丙橡胶密度仅为0.85 g/cm^3 左右,为最轻的橡胶;硅橡胶(硅有机橡胶)无毒、无味,能耐300℃高温,可用于食品工业的耐高温制品、医用人造心脏、人造血管等。氟橡胶具有耐高温、耐油及耐多种化学药品侵蚀的特性,用在现代航空、宇宙航行等尖端科学技术上。

3. 再生橡胶

再生橡胶是以废旧橡胶制品和橡胶工业生产的边角废料为原料,经再生处理而得到具有一定生橡胶性能的弹性体材料。再生处理主要是脱硫。脱硫并不是把橡胶中的硫磺分离出来，而是通过高温使橡胶产生氧化解聚，使大体型网状橡胶分子结构适度地氧化解聚，变成大量的小体型网状结构和少量链状物。这样虽破坏了原橡胶的部分弹性，但却获得部分黏性和塑性。再生橡胶价格低，大量用作轮胎垫带、橡胶配件等，还可与沥青等制作沥青再生油毡，用于屋面、地下防水层等。

11.2 绝热、吸声材料

绝热材料指对热流具有显著阻抗性的材料或材料复合体，是保温材料和隔热材料的总称：保温即防止室内热量的散失，而隔热是防止外部热量的进入。在建筑工程中，对于处于寒冷地区的建筑物，为保持室内温度的恒定、减少热量的损失，要求围护结构具有良好的保温性能，而对于炎热夏季使用空调的建筑物则要求围护结构具有良好的隔热性能。

11.2.1 常用的绝热材料

绝热材料按其化学组成，可分为无机、有机、复合三大类型。

无机绝热材料是用矿物质原材料制成的，常呈纤维状、松散粒状和多孔状，可制成板、片、卷材或有套管型制品。有机绝热材料是用有机原材料（各种树脂、软木、木丝、刨花等）制成。一般说来，无机绝热材料的表观密度大，不易腐蚀，耐高温；而有机绝热材料吸湿性大，不耐久，不耐高温，只能用于低温绝热。

1. 无机保温隔热材料

（1）石棉及其制品

石棉为常见的保温隔热材料，是一种纤维状无机结晶材料，石棉纤维具有极高的抗拉强度，并具有耐高温、耐腐蚀、绝热、绝缘等优良特性，是一种优质绝热材料。通常将其加工成石棉粉、石棉板、石棉毡等制品，用于热表面绝热及防火覆盖。

（2）矿棉及其制品

岩棉和矿渣棉统称为矿棉。岩棉是由玄武岩、火山岩等矿物在冲天炉或电炉中熔化后，用压缩空气喷吹法或离心法制成；矿渣棉是以工业废料矿渣为主要原料，熔融后，用高速离心法或压缩空气喷吹法制成的一种棉丝状的纤维材料。矿棉具有质轻、不燃、绝热和电绝缘等性能，且原料来源广，成本较低，可制成矿棉板、矿棉保温带、矿棉管壳等。

矿棉用于建筑保温大体可包括墙体保温、屋面保温和地面保温等几个方面。其中墙体保温最为重要，可采用现场复合墙体和工厂预制复合墙体两种形式。矿棉复合墙体的推广对我国尤其是“三北”地区的建筑节能具有重要的意义。

（3）膨胀珍珠岩及其制品

珍珠岩是一种酸性火山玻璃质岩石，内部含有3%～6%的结合水，当受高温作用时，玻璃质由固态软化为黏稠状态，内部水则由液态变为一定压力的水蒸气向外扩散，使黏稠的玻璃质不断膨胀，当迅速冷却达到软化温度以下时就形成一种多孔结构的物质，称为膨胀珍珠岩。其具有表观密度轻、导热系数低、化学稳定性好、使用温度范围广、吸湿能力小，且无毒、无味、吸声等特点，占我国保温材料年产量的一半左右，是国内使用最为广泛的一类轻质保温材料。

(4) 膨胀蛭石及其制品

膨胀蛭石是由天然矿物蛭石，经烘干、破碎、焙烧(850～1 000℃)，在短时间内体积急剧膨胀(6～20 倍)而成的一种金黄色或灰白色的颗粒状材料，具有表观密度小、导热系数小、防火、防腐、化学性能稳定、无毒无味等特点，因而是一种优良的保温、隔热建筑材料。在建筑领域内，膨胀蛭石的应用方式和方法与膨胀珍珠岩相同，除用作保温绝热填充材料外，还可用胶结材料将膨胀蛭石胶结在一起制成膨胀蛭石制品，如水泥膨胀蛭石制品、水玻璃膨胀蛭石制品等。

(5) 泡沫玻璃

泡沫玻璃是以天然玻璃或人工玻璃碎料和发泡剂配制成的混合物，经高温煅烧而得到的一种内部多孔的块状绝热材料。玻璃质原料在加热软化或熔融冷却时，具有很高的黏度，此时引入发泡剂，体系内有气体产生，使黏流体发生膨胀，冷却固化后，便形成微孔结构。泡沫玻璃具有均匀的微孔结构，孔隙率高达 80%～90%，且多为封闭气孔，因此，具有良好的防水抗渗性、不透气性、耐热性、抗冻性、防火性和耐腐蚀性。大多数绝热材料都具有吸水透湿性，随着时间的增长，其绝热效果也会降低，而泡沫玻璃的导热系数则长期稳定，不因环境影响发生改变。实践证明，泡沫玻璃在使用 20 年后，其性能没有任何改变。同时，其使用温度较宽，其工作温度一般在－200～430℃，这也是其他材料无法替代的。

(6) 玻璃棉及其制品

玻璃棉是以石灰石、萤石等天然矿物和岩石为主要原料，在玻璃窑炉中熔化后，经喷制而成的。建筑业中常用的玻璃棉分为两种，即普通玻璃棉和超细玻璃棉。普通玻璃棉的纤维长度一般为 50～150 mm，直径为 12 μm，而超细玻璃棉细得多，一般在 4 μm 以下，其外观洁白如棉，可用来制作玻璃棉毡、玻璃棉板、玻璃棉套管及一些异型制品。我国的玻璃棉制品较少应用于建筑保温，主要原因是生产成本较高，在较长一段时间内，建筑保温仍会以矿棉及其他保温材料为主体。

2. 有机保温绝热材料

(1) 泡沫塑料

泡沫塑料是高分子化合物或聚合物的一种，是以各种树脂为基料，加入各种辅助料经加热发泡制得的轻质、保温、隔热、吸声、防震材料。由于这类材料造价高，且具有可燃性，因此应用上受到一定的限制。今后随着这类材料性能的改善，将向着高效、多功能方向发展。

(2) 碳化软木板和植物纤维复合板

碳化软木板是以一种软木橡树的外皮为原料，经适当破碎后再在模型中成型，在 300℃左右热处理而成。由于软木树皮层中含有无数树脂包含的气泡，所以成为理想的保温、绝热、吸声材料，且具有不透水、无味、无毒等特性，并且有弹性，柔和耐用，不起火焰只能阴燃。植物纤维复合板是以植物纤维为主要材料加入胶结料和填料而制成：如木丝板是以木材下脚料制成的木丝，加入硅酸钠溶液及普通硅酸盐水泥混合，经成型、冷压、养护、干燥而制成。甘蔗板是以甘蔗渣为原料，经过蒸制、加压、干燥等工序制成的一种轻质、吸声、保温材料。

3. 反射型保温绝热材料

我国建筑工程的保温绝热，目前普遍采用的是利用多孔保温材料和在围护结构中设置普通空气层的方法来解决。但在围护结构较薄的情况下，仅利用上述方法来解决保温隔热问题是较为困难的，反射型保温绝热材料为解决上述问题提供了一条新途径。如铝箔波形纸保温隔热板，它是以波形纸板为基层，铝箔作为面层经加工而制成的，具有保温隔热性能、防潮性能，吸声效果好，且质量轻、成本低，可固定在钢筋混凝土屋面板下及木屋架下作保温隔热天棚用，也可以设置在复合墙体内，作为冷藏室、恒温室及其他类似房间的保温隔热墙体使用。

11.2.2 吸声材料

1. 多孔吸声材料

多孔吸声材料的构造特征是，材料从表到里具有大量内外连通的微小间隙和连续气泡，有一定的通气性。这些结构特征和隔热材料的结构特征有区别，隔热材料要求有封闭的微孔。当声波入射到多孔材料表面时，声波顺着微孔进入材料内部，引起孔隙内的空气振动，由于空气与孔壁的摩擦，空气的黏滞阻力使振动空气的动能不断转化成微孔热能，从而使声能衰减。在空气绝热压缩时，空气与孔壁间热交换，由于热传导的作用，也会使声能转化为热能。

凡是符合多孔吸声材料构造特征的，都可以当成多孔吸声材料来利用。目前，市场上出售的多孔吸声材料品种很多。有呈松散状的超细玻璃棉、矿棉、海草、麻绒等；有的已加工成毡状或板状材料，如玻璃棉毡、半穿孔吸声装饰纤维板、软质木纤维板、木丝板；另外还有微孔吸声砖、矿渣膨胀珍珠岩吸声砖、泡沫玻璃等。

2. 薄膜、薄板共振吸声结构

皮革、人造革、塑料薄膜等材料因具有不透气、柔软、受张拉时有弹性等特点，将其固定在框架上，背后留有一定的空气层，即构成薄膜共振吸声结构。某些薄板固定在框架上后，也能与其后面的空气层构成薄板共振吸声结构，当声波入射到薄膜、薄板结构时，声波的频率与薄膜、薄板的固有频率接近时，膜、板产生剧烈振动，由于膜、板内部和龙骨间摩擦损耗，使声能转变为机械运动，最后转变为热能，从而达到吸声的目的。由于低频声波比高频声波容易使薄膜、薄板产生振动，所以薄膜、薄板吸声结构是一种很有效的低频吸声结构。

3. 共振吸声结构

共振吸声结构又称共振器，它形似一个瓶子，结构中间封闭有一定体积的空腔，并通过有一定深度的小孔与声场相联系。受外力激荡时，空腔内的空气会按一定的共振频率振动，此时开口颈部的空气分子在声波作用下，像活塞一样往复振动，因摩擦而消耗声能，起到吸声的效果。如腔口蒙一层细布或疏松的棉絮，可有助于加宽吸声频率范围和提高吸声量。也可同时用几种不同共振频率的共振器，加宽和提高共振频率范围内的吸声量。共振吸声结构在厅堂建筑中应用极广。

4. 穿孔板组合共振吸声结构

在各种穿孔板、狭缝板背后设置空气形成吸声结构，也属于空腔共振吸声结构，其原理同共振器相似，它们相当于若干个共振器并列在一起，这类结构取材方便，并有较好的装饰效果，所以使用广泛。穿孔板具有适合于中频的吸声特性。穿孔板还受其板厚、孔径、穿孔率、孔距、背后空气层厚度的影响，它们会改变穿孔板的主要吸声频率范围和共振频率。若穿孔板背后空气层还填有多孔吸声材料的话，则吸声效果更好。

5. 帘幕

纺织品中除了帆布一类因流阻很大、透气性差而具有膜状材料的性质以外. 大都具有多孔材料的吸声性能，只是由于它的厚度一般较薄，仅靠纺织品本身作为吸声材料使用得不到大的吸声效果。如果帘幕、窗帘等离开墙面和窗玻璃有一定的距离，恰如多孔材料背后设置了空气层，尽管没有完全封闭，对高中频甚至低频的声波都具有一定的吸声作用。

6. 空间吸声体

空间吸声体是一种悬挂于室内的吸声结构。它与一般吸声结构的区别在于：它不是与顶棚、墙体等壁面组成吸声结构，而是自成体系。空间吸声体常用形式有平板状、圆柱状、圆锥状等，它可以根据不同的使用场合和具体条件，因地制宜地设计成各种形状，既能获得良好的声学效果，又能获得建筑艺术效果。

11.3 玻璃

玻璃，从它应用于建筑就使人类的居住环境有了极大的改善。如今，随着人们对建筑物的功能和适用性要求的不断提高以及玻璃生产加工技术的不断发展，出现了许多性能优良的功能玻璃制品，它们在控制光线、调节温度、防止噪声、艺术装饰等方面的出色表现，使得玻璃成为现代建筑不可缺少的一种重要材料。可以预见，随着人类环保意识的不断增强，具备遮阳、保暖、采光、装饰、节能、隔声等多功能型，具备去污、防霉、自洁净、杀菌、净化环境和光电转化等生态环境型，具备自诊断、自适应、自修补等智能机敏型的建筑玻璃将成为建筑玻璃材料的发展主流。

11.3.1 普通平板玻璃及其应用

普通平板玻璃是未经进一步加工的钠钙硅酸盐质平板玻璃制品。其透光率为85%～90%，也称单光玻璃、净片玻璃，是建筑工程中用量最大的玻璃，也是生产多种其他玻璃制品的基础材料，故又称原片玻璃。它主要用于一般建筑的门窗，起透光、保温、隔声、挡风雨等作用。

1. 普通平板玻璃的生产、分类和规格

普通平板玻璃的成型均采用机械拉制的方法，常用的有垂直引上法和浮法。垂直引上法是我国生产玻璃的传统方法，它是将红热的玻璃液通过槽转向上引拉成玻璃板带，再经急冷而成。其主要缺点是产品易产生波纹和波筋。浮法是现代玻璃生产最常用、最先进的一种方法，生产过程是在锡槽中完成的。高温玻璃液通过溢流回流到锡液表面上，在重力及表面张力的作用下，玻璃液摊成玻璃带，向锡槽尾部延伸，经抛光、拉薄、硬化和冷却后退火而成。这种生产工艺具有产量高、产品规格大、品种多、质量好的优点，正逐步取代其他生产方法，是目前世界生产平板玻璃最先进的方法。按生产工艺的不同，普通平板玻璃可分为拉引法玻璃和浮法玻璃两种。

2. 技术要求

根据国家标准，拉引法玻璃、浮法玻璃的透光率不得低于表 11-1 的要求。

表 11-1 拉引法玻璃、浮法玻璃的透光率

品种	玻璃厚度(mm)									
	2	3	4	5	6	8	10	12	15	19
拉引法玻璃(%)	88	87	86	84						
浮法玻璃(%)	89	88	87	86	84	82	81	78	76	72

按其外观质量划分成优等品、一等品、合格品三个级别，各级玻璃均不允许有裂口存在。

3. 应用、储运

大部分普通平板玻璃被直接用作各级各类建筑的采光材料，还有一部分作为深加工玻璃制品的基础原料用于制作各种功能各异的玻璃制品。

普通平板玻璃是采用木箱或集装箱(架)包装，在储存运输时，必须箱盖向上，垂直立放，并需注意防潮、防雨，存放在不结露的房间内。

11.3.2 深加工玻璃制品及其应用

玻璃的深加工制品是指将普通平板玻璃经加工制成具有某些特殊性能的玻璃。玻璃的深加工品种繁多，功能各异，广泛用于建筑物以及日常生活中。建筑中使用的玻璃深加工制品主要有下面一些品种。

1. 安全玻璃

玻璃是脆性材料，当外力超过一定值后即碎裂成具有尖锐棱角的碎片，破坏时几乎没有塑性变形。为减少玻璃的脆性，提高其强度，通常对普通玻璃进行增强处理，或与其他材料复合，或采用特殊成分加入等方法来加以改进。经过增强改性后的玻璃称为安全玻璃。常用的安全玻璃有钢化玻璃、夹层玻璃和夹丝玻璃。

(1) 钢化玻璃

钢化玻璃又称强化玻璃，按钢化原理不同分为物理钢化和化学钢化两种。经过物理(淬火)或化学(离子交换)钢化处理的玻璃，可使玻璃表面层产生的残余压缩应力为 70～180 MPa，而使玻璃的抗折强度、抗冲击性、热稳定性大幅提高。物理钢化玻璃破碎时，不像普通玻璃那样形成尖锐的碎片，而是形成较圆滑的微粒状，有利于人身安全，因此，可用作高层建筑物的门窗、幕墙、隔墙、桌面玻璃、炉门上的观察窗以及汽车风挡、电视屏幕等。

(2) 夹层玻璃

夹层玻璃系两片或多片玻璃之间嵌夹透明塑料薄片，经加热、加压黏合而成。生产夹层玻璃的原片可采用一等品的拉引法平板玻璃或浮法玻璃，也可为钢化玻璃、夹丝抛光玻璃、吸热玻璃、热反射玻璃或彩色玻璃等，玻璃厚度可为 2 mm、3 mm、5 mm、6 mm、8 mm。夹层玻璃的层数有 3 层、5 层、7 层，最多可达 9 层，达 9 层时则一般子弹不易穿透，称为防弹玻璃。

夹层玻璃按形状可分为平面和曲面两类。按抗冲击性、抗穿透性可分 L1 和 L2 两类。按夹层玻璃的特性分为多个品种:如破碎时能保持能见度的减薄型,可减少日照量和眩光的遮阳型,通电后保持表面干燥的电热型,防弹型,玻璃纤维增强型,报警型,防紫外线型以及隔声夹层玻璃等。夹层玻璃的抗冲击性能比平板玻璃高几倍,破碎时只产生辐射状裂纹而不分离成碎片,不致伤人。它还具有耐久、耐热、耐湿、耐寒和隔音等性能,适用于有特殊安全要求的建筑物的门窗、隔墙,工业厂房的天窗和某些水下工程等。

(3) 夹丝玻璃

夹丝玻璃是将平板玻璃加热到红热软化状态,再将预热处理的金属丝(网)压入玻璃中而制成。夹丝玻璃的表面可以是压花或磨光的,颜色可以是无色透明或彩色的。与普通平板玻璃相比,它的耐冲击性和耐热性好,在外力作用和温度剧变时,破而不散,而且具有防火、防盗功能。

夹丝玻璃适用于公共建筑的阳台、楼梯、电梯间、走廊、厂房天窗和各种采光屋顶。

2. 温控和光控玻璃

(1) 吸热玻璃

吸热玻璃是能吸收大量红外线辐射能并保持较高可见光透过率的平板玻璃。

生产吸热玻璃的方法有两种:一种是在普通钠钙硅酸盐玻璃的原料中加入一定量的有吸热性能的着色剂,如氧化铁、氧化钴以及硒等;另一种是在平板玻璃表面喷镀一层或多层金属或金属氧化物薄膜而制成。吸热玻璃的颜色有灰色、茶色、蓝色、绿色、古铜色、青铜色、粉红色和金黄色等。我国目前主要生产前三种颜色的吸热玻璃,厚度有 2 mm、3 mm、5 mm、6 mm 四种规格。

吸热玻璃与普通平板玻璃相比能吸收更多太阳辐射热,减轻太阳光的强度,具有反眩效果,而且能吸收一定的紫外线。

由于上述特点,吸热玻璃已广泛用于建筑物的门窗、外墙以及用作车、船挡风玻璃等,起到隔热、防眩、采光及装饰等作用。它还可以按不同用途进行加工,制成磨光、夹层、镜面及中空玻璃。在外部围护结构中,用它配制彩色玻璃窗;在室内装饰中,用以镶嵌玻璃隔断,装饰家具,增加美感。

由于吸热玻璃两侧温差较大,热应力较高,易发生热炸裂,使用时应使窗帘、百叶窗等远离玻璃表面,以利通风散热。

(2) 热反射玻璃

热反射玻璃是具有较高的热反射能力而又保持良好透光性的平板玻璃,它是采用热解、真空蒸镀和阴极溅射等方法,在玻璃表面涂以金、银、铝、铬、镍、铁等金属或金属氧化物薄膜,或采用电浮法等离子交换方法,以金属离子置换玻璃表层原有离子而形成热反射膜。热反射玻璃也称镜面玻璃,有金色、茶色、灰色、紫色、褐色、青铜色和浅蓝色等。

热反射玻璃具有良好的隔热性能,热反射率高,反射率达到 30%以上,而普通玻璃仅 7%~8%。6 mm 厚浮法玻璃的总反射热为 16%,同样条件下,吸热玻璃的总反射热为 40%,而热反射玻璃则可达 61%,因而常用它制成中空玻璃或夹层玻璃以增加其绝热性能。镀金属膜的热反射玻璃还有单向透像的作用,即白天能在室内看到室外景物,而室外却看不到室内的景象。

热反射玻璃主要用于有绝热要求的建筑物门窗、玻璃幕墙、汽车和轮船的玻璃等。

(3) 中空玻璃

中空玻璃是将两片或多片平板玻璃相互间隔 6～12 mm 镶于边框中，且四周加以密封，间隔空腔中充填干燥空气或惰性气体，也可在框底放置干燥剂。为获得更好的声控、光控和隔热等效果，还可充以各种能漫射光线的材料、电介质等。

中空玻璃可以根据要求，选用各种不同性能和规格的玻璃原片，如浮法玻璃、钢化玻璃、夹层玻璃、夹丝玻璃、压花玻璃、彩色玻璃、热反射玻璃等制成。中空玻璃往往具有良好的绝热、隔声效果，而且露点低、自重轻(仅为相同面积混凝土墙的 1/30～1/16)，适用于需要采暖、空调、防止噪声、防止结露，以及需要无直射阳光和特殊光的建筑物，如住宅、学校、医院、旅馆、商店、恒温恒湿的实验室以及工厂的门窗、天窗和玻璃幕墙等。目前已研制出在两片玻璃板的真空间放置支承物以承受大气压力的真空玻璃，其保温隔热性优于中空玻璃。

(4) 自洁净玻璃

自洁净玻璃是一种新型的生态环保型玻璃制品，从表面上看与普通玻璃并无差别，但是通过在普通玻璃表面镀上一层纳米 TiO_2 晶体的透明涂层后，玻璃在紫外光照射下会表现出光催化活性、光诱导超亲水性和杀菌的功能。通过光催化活性可以迅速将附着在玻璃表面的有机污物分解成无机物而实现自洁净，而光诱导超亲水性会使水的接触角在 5°以下而使玻璃表面不易挂住水珠，从而隔断油污与 TiO_2 薄膜表面的直接接触，保持玻璃的自身洁净。

自洁净玻璃可应用于高档建筑的室内浴镜、卫生间整容镜、高层建筑物的幕墙、照明玻璃、汽车玻璃等，用自洁净玻璃制成的玻璃幕墙可长久保持清洁明亮、光彩照人，并大大减少保洁费用。

3. 结构玻璃

结构玻璃是作为建筑物中的墙体材料或地面材料使用，包括玻璃幕墙、玻璃砖、异型玻璃和仿石玻璃等。

(1) 玻璃幕墙

所谓幕墙建筑，是用一种薄而轻的建筑材料把建筑物的四周围起来代替墙壁。作为幕墙的材料不承受建筑物荷载，只起围护作用，它或悬挂或嵌入建筑物的金属框架内。目前多用玻璃作幕墙。使用玻璃幕墙代替非透明的墙壁，使建筑物具有现代化的气息，更具有轻快感，从而营造出一种积极向上的空间气氛。

(2) 玻璃砖

玻璃砖有实心和空心两类，它们均具有透光不透视的特点。空心玻璃砖又有单腔和双腔两种，都具有较好的绝热、隔声效果，而且双腔玻璃砖的绝热隔声性能更佳，它在建筑上的应用更广泛。

实心玻璃砖用机械压制方法成型。空心玻璃砖则用箱式模具压制成箱形玻璃元件，再将两块箱形玻璃加热熔接成整体的空心砖，中间充以干燥空气，再经退火、涂饰侧面而成。

玻璃砖具有透光不透视、保温隔音、密封性强、不透灰、不结露、能短期隔断火焰、抗压耐磨、光洁明亮、图案精美、化学稳定性强等特点。玻璃砖主要用作建筑物的透光墙体，如建筑物隔墙、淋浴隔断、门厅、通道等。某些特殊建筑为了防火，或严格控制室内温度、湿度等要求，不允许开窗，使用玻璃砖既可满足上述要求，又解决了室内采光问题。

(3) 异型玻璃

异型玻璃是近年新发展起来的一种新型建筑玻璃,它是采用硅酸盐玻璃,通过压延法、浇注法和辊压法等生产工艺制成,为大型长条玻璃构件。

异型玻璃有无色的和彩色的、配筋的和不配筋的、表面带花纹的和不带花纹的、夹丝的和不夹丝的以及涂层的等多种。其外形主要有槽形、波形、箱形、肋形、三角形、Z 形和 V 形等。异型玻璃有良好的透光、隔热、隔音和机械强度等优良性能,主要用作建筑物外部竖向非承重的围护结构,也可用作内隔墙、天窗、透光屋面、阳台和走廊的围护屏壁以及月台、遮雨棚等。

4. 饰面玻璃

饰面玻璃是指用于建筑物表面装饰的玻璃制品,包括板材和砖材,主要品种如下:

(1) 玻璃锦砖

玻璃锦砖又称玻璃马赛克或玻璃纸皮石,它是含有未熔融的微小晶体(主要是石英)的乳浊状半透明玻璃质材料,是一种小规格的饰面玻璃制品。其一般尺寸为 20 mm×20 mm、30 mm×30 mm、40 mm×40 mm,厚 4~6 mm,背面有槽纹,有利于与基面黏结。为便于施工,出厂前将玻璃锦砖按设计图案反贴在牛皮纸上,贴成 305.5 mm×305.0 mm 见方,称为一联。

玻璃锦砖颜色绚丽,有透明、半透明、不透明三种。它的化学稳定性、急冷急热稳定性好,雨天能自洗,经久常新,吸水率小,抗冻性好,不变色,不积尘,而且成本低,是一种良好的外墙装饰材料。

(2) 压花玻璃

压花玻璃是将熔融的玻璃在急冷中通过带图案花纹的辊轴滚压而成的制品。可一面压花,也可两面压花。压花玻璃分普通压花玻璃、真空冷膜压花玻璃和彩色膜压花玻璃三种,一般规格为 800 mm×700 mm×3 mm。

压花玻璃具有透光不透视的特点,这是由于其表面凹凸不平,当光线通过时产生漫射,因此,从玻璃的一面看另一面物体时,物像模糊不清。压花玻璃表面有各种图案花纹,具有一定的艺术装饰效果,多用于办公室、会议室、浴室、卫生间以及公共场所分离室的门窗和隔断等处,使用时应将花纹朝向室内。

(3) 磨砂玻璃

磨砂玻璃又称毛玻璃,指经研磨、喷砂或氢氟酸溶蚀等加工,使表面(单面或双面)成为均匀粗糙的平板玻璃。其特点是透光不透视,且光线不刺眼,用于要求透光而不透视的部位,如建筑物的卫生间、浴室、办公室等的门窗及隔断,也可作黑板或灯罩。

(4) 镭射玻璃

镭射玻璃是以玻璃为基材的新一代建筑装饰材料,其特征在于经特种工艺处理,玻璃背面出现全息或其他几何光栅,在光源照射下,形成物理衍射分光而出现艳丽的七色光,且在同一感光点或感光面上会因光线入射角的不同而出现色彩变化,使被装饰物显得华贵高雅,富丽堂皇。镭射玻璃的颜色有银白、蓝、灰、紫、红等多种。按其结构有单层和夹层之分。镭射玻璃适用于酒店、宾馆和各种商业、文化、娱乐设施的装饰。用作内外墙、柱面、地面、桌面、台面、幕墙、隔断、屏风等。使用时应注意当用于地面时应采用钢化玻璃夹层光栅玻璃。

11.4 建筑涂料

1. 建筑涂料概述

涂料是指涂敷于物体表面，能与物体表面黏结在一起，并能形成连续性膜层来实现其保护功能、装饰功能及其他特殊功能的材料。

涂料最早是以天然树脂、天然植物油（如亚麻子油、桐油、松香、生漆等）作为主要原料，因此习惯上被称作为“油漆”。但是随着石油化学工业的发展，人工合成树脂以品质、数量上的绝对优势逐步取代了天然树脂、植物油，成为涂料的主要原料，“油漆”一词已不能代表这类物质的确切含义，故常将之统称为“涂料”。

建筑涂料是指用于建筑物（墙面和地面）的涂料，建筑涂料以其多样的品种、丰富的色彩、良好的质感满足各种不同的要求。同时，由于建筑涂料还具有施工方便、高效且方式多样（刷涂、辊涂、喷涂、弹涂）、易于维修更新、自重小、造价低，可在各种复杂墙面作业的优点，成为建筑上一种很有发展前途的装饰材料。

由于全球范围内环保意识的加强，具有环保适用性的绿色涂料将成为世界环保型涂料的主流产品。

2. 建筑材料的分类

建筑涂料品种繁多，主要有以下几种分类方法：

① 按在建筑上的使用部位分类，可分为内墙涂料、外墙涂料、顶棚涂料、地面涂料、门窗涂料等。

② 按涂料的特殊功能分类，可分为防火涂料、防水涂料、防腐涂料、防霉涂料、弹性涂料、变色涂料、保温涂料。

③ 按主要成膜物质的化学组成分类，可分为有机高分子涂料（包括溶剂型涂料、水溶性涂料、乳液型涂料）、无机涂料，以及无机、有机复合涂料。

④ 按涂膜厚度、形状与质感分类，厚度小于 1 mm 的建筑涂料称为薄质涂料，涂膜厚度为 1～5 mm 的为厚质涂料。按涂膜形状与质感可分为平壁状涂层涂料、砂壁状涂层涂料、凹凸立体花纹涂料。

实际上，建筑涂料分类时，常常将上述的分类结合在一起使用。如合成树脂乳液内外墙涂料、水溶性内墙涂料、合成树脂乳液砂壁状涂料等。

3. 常用建筑涂料的种类

(1) 聚酯酸乙烯乳胶漆

聚酯酸乙烯乳胶漆属于合成树脂乳液型内墙涂料，是以聚酯酸乙烯乳液为主要成膜物质，加入适量着色颜料、填料和其他助剂经研磨、分散、混合均匀而制成的一种乳胶型涂料。该涂料无毒无味，不易燃烧，涂膜细腻、平滑、色彩鲜艳，涂膜透气性好、装饰效果良好，价格适中，施工方便，耐水、耐碱性及耐候性优于聚乙烯醇系内墙涂料，但较其他共聚乳液差，主要作为住宅、一般公用建筑等的中档内墙涂料使用。不直接用于室外，若加入石英粉、水泥等可制成地面涂料，尤其适于水泥旧地坪的翻修。

(2) 多彩内墙涂料

多彩内墙涂料简称多彩涂料，是目前国内外流行的高档内墙涂料。目前生产的多彩涂料主要是水包油型(即水为分散介质,合成树脂为分散相),较其他三种类型(油包水型、油包油型、水包水型)储存稳定性好,应用也最广泛。水包油型多彩涂料分散相为多种主要成膜物质配合颜料及助剂等混合而成,分散介质为含稳定剂、乳化剂的水。两相界面稳定互不相溶,且不同基料间亦不互溶,即形成在水中均匀分散、肉眼可见的不同颜色基料微粒的稳定悬浮体状态,涂装后显出具有立体质感的多彩花纹涂层。

多彩涂料色彩丰富,图案变化多样,立体感强,装饰效果好,具有良好的耐水性、耐油性、耐碱性、耐洗刷性、较好的透气性,且对基层适应性强,是一种可用于建筑物内墙、顶棚的水泥混凝土、砂浆、石膏板、木材、钢板、铝板等多种基面的高档建筑涂料。

(3) 彩色砂壁状外墙涂料

彩色砂壁状外墙涂料又称彩砂涂料,是以合成树脂乳液(一般为苯乙烯、丙烯酸酯共聚乳液或纯丙烯酸酯共聚乳液)为主要成膜物质配合彩色骨料(粒径小于 2 mm 的彩色砂粒、彩色陶瓷料等)或石粉构成主体,外加增稠剂及各种助剂配制而成的粗面厚质涂料。

彩色砂壁状外墙涂料由于采用高温烧结的彩色砂粒、彩色陶瓷或天然带色石屑为骨料,涂层具有丰富的色彩和质感,同时由于丙烯酸酯在大气中及紫外光照射下不易发生断链、分解或氧化等化学变化,因此,其保色性、耐候性比其他类型的外墙涂料有较大的提高。当采用不同的施工工艺时,可获得仿大理石、仿花岗石质感与色彩的涂层,又被称仿石涂料、石艺漆。彩色砂壁状建筑涂料主要用于办公楼、商店等公用建筑的外墙面,是一种良好的装饰保护性外墙涂料。

(4) 聚氨酯系地面涂料

聚氨酯是聚氨基甲酸酯的简称。聚氨酯地面涂料分薄质罩面涂料与厚质弹性地面涂料两类。前者主要用于木质地板或其他地面的罩面上光;后者用于刷涂水泥地面,能在地面形成无缝且具有弹性的耐磨涂层,因此称为弹性地面涂料。

聚氨酯弹性地面涂料是以聚氨酯为基料的双组分常温固化型的橡胶类溶剂型涂料。甲组分是聚氨酯预聚体,乙组分由固化剂、颜料、填料及助剂按一定比例混合、研磨均匀制成。两组分在施工应用时按一定比例搅拌均匀后,即可在地面上涂刷。涂层固化是靠甲、乙组分反应、交联后而形成具有一定弹性的彩色涂层。该涂料与水泥、木材、金属、陶瓷等地面的黏结力强,整体性好,且弹性变形能力大,不会因地基开裂、裂纹而导致涂层的开裂。它色彩丰富,可涂成各种颜色,也可在地面做成各种图案;耐磨性很好,且耐油、耐水、耐酸、耐碱,是化工车间较为理想的地面材料;其重涂性好,便于维修,但施工相对较复杂。原材料具有毒性,施工中应注意通风、防火及劳动保护。聚氨酯地面涂料固化后,具有一定的弹性,且可加入少量的发泡剂形成含有适量泡沫的涂层。因此,步感舒适,适用于高级住宅、会议室、手术室、放映厅等的地面,但价格较贵。

(5) 绿色涂料

综合考虑各种类型的涂料,在施工和使用过程中能够造成室内空气质量下降以及有可能含有影响人体健康的有害物质的特点,《室内装饰装修材料内墙涂料中有害物质限量》(GB 18582—2008)对 VOC、游离甲醛、可溶性重金属(铅、镉、铬、汞)及苯、甲苯、乙苯、二甲苯含量作了严格限制,认为合成树脂乳液水性涂料相对于有机溶剂型涂料来说,有机挥发物极少,是典型的绿色涂料。水溶性涂料由于含有未反应完全的游离甲醛在涂刷及养护过程中逐渐释放出来,会对人体造成危害,属于淘汰产品。目前,绿色生态类涂料的研制和开发正加快进行并初具规模，如引入纳米技术的改性内墙涂料、杀菌性建筑涂料等。

复习思考题

1. 简述塑料各组成成分对性能的影响。
2. 什么叫热塑性塑料、热固性塑料？
3. 试列举几种常用的绝热材料，并指出它们各自的用处。
4. 何谓吸声材料？何谓材料的吸声系数？
5. 试列举几种常用的吸声材料和吸声结构。
6. 热反射玻璃和吸热玻璃有何不同？
7. 常用建筑涂料有哪些？试简述其特性及用途。

12 园林建筑材料美学原理

园林建筑材料美学是园林建筑造型美的一个重要方面，人们通过视觉和触觉，感知和联想来体会园林建筑材料的美。"如果在探索或创造美的时候，我们忽略了事物的材料，而仅仅注意它们的形式，我们就坐失提高效果的良机。因为不论形式可以带来什么愉悦，材料也许早已提供了。材料效果是形式效果的基础，它把形式效果的力量提高得更高了"。材料的性能、质感、肌理和色彩是构成环境的物质因素。从系统论的角度看，任何人造环境都是一个由各种材料以一定的结构和形式组合起来的具有相应功能的系统。材料、结构、形式和功能是空间环境不可缺少的属性，它们各从不同侧面规定，制约并构成了一个完整的环境。材料是空间环境的物质承担者。人们在长期的生活实践中，发现了自然中所存在的物质美的因素。我国春秋时期著名的《考工记》中的"审曲面势，以饬五材，以辨民器"就是强调先要审度多种材料的曲直势态，根据它们固存的物质特性来进行加工，方能制成自己所需之物。《考工记》提出了生产劳动的四个条件：天时、地气、材美、工巧，认为优良的材料是人们制作、生产的前提。《荀子》中也提到金属工艺要"刑范正，金锡美，工治巧，火齐得"，其中"金锡美"就是材料美的具体化。

园林建筑材料的美与材料本身的组成、性质、表面结构及使用状态有关系，它通过材料本身的表面特征，即色彩、光泽、肌理、质地、形态等特点表现出来。

12.1 园林建筑材料的色彩美感

色彩是一种传递审美信息的中介，有其特定的暗示功能，不同的色彩能使人心理上产生不同的情感。色彩既影响着人们的心理又受人的心理影响。材料是色彩的载体，色彩不可能游离材料而存在，色彩有衬托材料质感的作用。材料的色彩主要是指以其色相、明度、纯度的不同变化和对比在人的审美活动中产生了种种心理效应。色彩的统一和变化是其艺术表现的主要特点。所以，充分合理运用建筑材料的色彩对创造符合当地人文的、优美而动人且具有特定艺术特色的园林建筑至关重要。

园林建筑材料色彩的影响因素主要涵盖两个方面，首先是其客观的光影，另一方面则是人类认知的主观识别。换言之，物质色彩其实是融合主客观多方面的因素的产物，其呈现的颜色也最终体现出其在自然光下的本色即固有色彩，以及在人工照明下所呈现出的更加丰富的色彩。在这个意义上来讲，园林建筑材料自身的属性、外在光线的影响以及人类视觉系统的主观感受这三者紧密结合，将会在根本上影响到使用者对于园林建筑色彩的感知。光线对于建筑材料色彩的不同效果如图 12-1 所示。

图 12-1 光线对于建筑材料色彩的不同效果

（资料来源：于澎，传统建筑材料在当代环境艺术设计中的运用与研究，硕士学位论文，2013）

园林建筑材料的色彩可分为下面三类。

(1) 材料的固有色彩或材料的自然色彩

材料的固有色彩或材料的自然色彩是园林建筑设计中的重要因素，设计中必须充分发挥材料固有色彩的美感属性，而不能削弱和影响材料色彩美感功能的发挥，应运用对比、点缀等手法去加强材料固有色彩的美感功能，丰富其表现力。木材的自然色彩如图 12-2 所示。

图 12-2 木材的自然色彩

（资料来源：江湘云，设计材料与工艺，2008）

(2) 材料的人为色彩

根据园林建筑设计的需要，对材料进行造色处理，以调节材料本色，强化和烘托材料的色彩美感。在造色中，色彩的明度、纯度、色相可随需要任意推定，但材料的自然肌理美感不能受影响，只能加强，否则就失去了材料的肌理美感作用，是得不偿失的做法。

孤立的材料色彩是不能产生强烈的美感作用的，只有运用色彩规律将材料色彩进行组合和协调,才会产生明度对比、色相对比和面积效应以及冷暖效应等现象,突出和丰富材料的色彩表现力。木材的人为色彩如图 12-3 所示。

图 12-3　木材的人为色彩
(资料来源:江湘云,设计材料与工艺,2008)

(3) 环境色

园林建筑材质的颜色会受到光线环境的影响,人们所看到的建筑色彩除了建筑材料自身,也包括其所处的环境。也就是说,我们很难将某一建筑的自身属性与其所处环境严格区分。正如建筑学家鲁道夫・阿恩海姆所言,一种色彩会在不同的背景之下呈现出完全不同的状态。在这个意义上来讲,一种颜色所呈现出的这种状态一方面受制于其自身属性,另一方面也会受到周围环境的作用。

12.2　园林建筑材料的肌理美感

肌理是天然材料自身的组织结构或人工材料的人为组织设计而形成的,在视觉或触觉上可感受到的一种表面材质效果。在界定材料肌理形态的时候,通常将其自身形态和纹理涵盖其中,而纹理的界定模式一般情况下是基于粗糙和光滑之中。传统模式下,对于肌理的判定往往与外部光线密不可分,即当表面材质越好的材料其反射程度就会越高,进而使观者觉得其表面肌理光洁;而表面材质相对粗糙,就会使其整体的反射状态分散,进而让观者感觉到亲切与原始,渗透出较为浓郁的历史底蕴。很多传统园林建筑材料往往都具有这种特性。

任何材料表面都有其特定的肌理形态,不同的肌理具有不同的审美品格和个性,会对心理反应产生不同的影响。有的肌理粗狂、坚实、厚重、刚劲,有的肌理细腻、轻盈、柔和、通透。即使是同一类型的材料,不同品种也有微妙的肌理变化,不同树种的木材具有细肌、粗肌、直木理、角木理、波纹木理、螺旋木理、交替木理和不规则木理等千变万化的肌理特征。因而,园林建筑材料的肌理美感,是园林建筑设计过程中的重要因素,在园林建筑中具有极大的艺术表现力。

(1) 根据材料表面形态的构造特征,肌理可分成自然肌理和人工肌理

① 自然肌理。材料自身所固有的肌理特征,这一肌理通常是建筑材料的第一层肌肤,并由于受大自然的天然影响,形成形态各异的外部纹理。它包括天然材料的自然形态肌理(如天然木、石材等)。这种不尽相同的纹理组织,能够创造出一种极具视觉冲击力的自然之美,特别是在能够将其有效运用于较为适合的建筑空间时,再配合与之相吻合的外部光线与环境,就会呈现出建筑材料自身最大的美感。传统园林建筑中使用的石、砖、木等都有自身独特肌理形式。如木材的木纹、石材的纹理、砖的质感纹理等。这些纹理本身就是美丽的图案,具有一定的艺术效果。自然肌理突出材料的材质美,价值性强,以“自然”为贵。木材的自然肌理如图 12-4 所示。

图 12-4　木材的自然肌理

(资料来源:江湘云,设计材料与工艺,2008)

② 人工肌理。材料自身非固有的肌理形式,这种肌理主要是缘于后天的人工设计,是通常运用喷、涂、镀、贴面等手段,改变材料原有的表面材质特征,形成一种新的表面材质特征,以满足设计的多样性和经济性,在园林建筑设计中被广泛应用。再造肌理突出材料的工艺美,技巧性强,以“新”为贵。

材料肌理还带给人以知觉方面的某种感受,可以通过视觉得到的肌理感受,无需用手摸就能感受到的肌理,如木材、石材表面的纹理。

(2) 影响材料肌理视觉效果的因素

① 光影的影响作用。这一作用通常会对园林建筑材料表面形成强烈的影响作用。例如在光线较为充足的条件下,材质的纹理就会相对清晰地体现出来。进而给予人良好的外部感受,特别是纹理的宽度、深度和圆滑度等方面都能够对最终的视觉效果深刻作用并有效突显。这种作用越强烈,就会使其表面的整体性逐步减弱,甚至被分割为若干色块。而与之相反,当这种作用并不明显时,就会使得其纹理效果较为含蓄,最终突显出更加完整的整体色块。与此同时,不同粒度元素混合程度也会影响到材质的观感,这主要是由于外部光线会在粒度大小的均匀程度上突显出来,而其自身颜色的光影混合作用就影响到最终的视觉效果。不同颗粒大小的感觉在根本上是均衡的,颗粒大小越不均匀就越会反映出更加自然的粗糙感,进而形成较为丰富的色彩对比。

② 色彩的影响。这种影响通常是缘于其基本质感,部分情况下可以增强色彩效果,而

在特殊情况下也有可能会产生反作用。与此同时，由于传统建筑材料通常较为粗糙，进而使其更多地呈现出漫反射状态，并最终造成材料的颜色较之其他更加浓重。

③ 观察距离的远近。在科学实验中，如将表面肌理均匀的材料放在显微镜下，其最终的纹理变化却呈现出巨大的差异，这就好比在高空俯瞰城市，整体的建筑就会变成不同的节点，进而形成不同的地表肌理。在这个意义上来讲，在建筑学理念的研究过程中，只有结合观察距离的变化才能对材料肌理形成有效的处理模式，即必须预先设定好观察距离才能够最终形成良好的材质选择。

12.3 园林建筑材料的光泽美感

人类对材料的认识，大都依靠不同角度的光线。光是造就各种材料美的先决条件，材料离开了光，就不能充分显现出本身的美感。光的角度、强弱、颜色都是影响各种材料美的因素。光不仅使材料呈现出各种颜色，还会使材料呈现不同的光泽度。光泽是材料表面反射光的空间分布，它主要由人的视觉来感受。

光泽是材料的表面特性之一，它也是材料的重要装饰性能。高光泽的材料具有很高的观赏性，同时在灯光的配合下，能对空间环境的装饰效果起到强化、点缀和烘托的作用。材料的光泽美感主要通过视觉感受而获得在心理、生理方面的反应，引起某种情感，产生某种联想，从而形成审美体验。

根据材料受光特征可分为透光材料和反光材料。

1. 透光材料

透光材料受光后能被光线直接透射，呈透明或半透明状。这类材料常以反映身后的景物来削弱自身的特性，给人以轻盈、明快、开阔的感觉。

透光材料的动人之处在于它的晶莹，在于它的可见性与阻隔性的心理不平衡状态，以一定数量叠加时，其透光性减弱，但形成一种层层叠叠像水一样的朦胧美。

许多材料都有透明特性，对于这些材料可通过工艺手段实现半透明或不透明，利用材料不同程度的透明效果呈现出丰富的表现力。同时，透明材料一般都具有光折射现象，因此，利用这一特性可对透明材料进行雕琢，从而获得变幻的效果。

2. 反光材料

反光材料受光后按反光特征不同可分为定向反光材料和漫反光材料。

定向反光是指光线在反射时带有某种明显的规律性。定向反光材料一般表面光滑、不透明，受光后明暗对比强烈，高光反光明显，如抛光大理石面、金属抛光面、塑料光洁面、釉面砖等。这类材料因反射周围景物，自身的材料特性一般较难全面反映，给人以生动、活泼的感觉。

漫反光是指光线在反射时反射光呈 360°方向扩散。漫反光材料通常不透明，表面粗糙，且表面颗粒组织无规律，受光后明暗转折层次丰富，高光反光微弱，为无光或亚光，如毛石面、木质面、混凝土面、橡胶和一般塑料面等，这类材料则以反映自身材料特性为主，给人以质朴、柔和、含蓄、安静、平稳的感觉。

反光材料的反光特征可用光洁度来表示。光洁度主要指材料表面的光洁程度。材料的表面可以从树皮的粗糙表面一直到光洁的镜面，利用光洁度的变化可创造出丰富的视觉、触觉及心理感受。光滑表面给人以洁净、清凉、人造、轻等印象,而粗糙表面给人以温暖、人性、可靠、凝重、天然、较脏的印象。

12.4 园林建筑材料的质地美感

质地通常指的是某种材料的结构性质,是通过人的触觉感知,产生的一定的心理感受,是材质经过视觉处理后产生的一种心理现象。材质是光和色呈现的基体,它某些表面特征,如色彩、肌理等,可以直接作用于人的感官,成为环境的形式因素,也通常影响到色光的寒暖感和深浅变化,由视觉引发的联觉是普遍的,如大理石光洁的表面会感到坚硬,不易接近却很有力度感,应用在银行、保险公司、市政厅等建筑的厅堂里,使人易产生稳定感、安定感及信任感,是一个充满对比的空间:虚实、曲直、明暗。选用材料包括型钢、木材、黑色花岗岩等,都是通过材料的视觉效果表达出来的。而草麻、棉织品和编织品等则使人引起温暖、舒适和柔软的联想,设计中适当运用联觉现象加强效果是一种行之有效的方法。在室外,材料的质地感觉也能够引发联觉效应,像博物馆、纪念馆之类的建筑,在外观选材上就会根据建筑的性质而决定材料的质感,使其与建筑本身性格相符,并以此材料的观感传递特定的信息。此外,借助材料本身素质的表现力,有利于调节室内的空间感和实物的体量感,材料表面的肌理组织、形状变化、疏密和自然的风韵,也颇富装饰效果的情趣。

因此,园林建筑材料的美感除在色彩、肌理、光泽上体现出来外,材料的质地也是材料美感体现的一个方面,并且是一个重要的方面。材料的质地美是材料本身的固有特征所引起的一种赏心悦目的心理综合感受,具有较强的感情色彩。例如:在徽派建筑中,室内结构构件多采用的是木材,木材给人一种温暖而富有人情味的感觉,可以让人感到轻松、舒适。木材的表面刷一层清漆,增加其耐久性同时起到了美化的效果。而石材花岗岩就会给人一种坚硬、冰冷的感觉,体会到的是一种坚固、庄重、深沉的情感。有的花岗岩会经过打磨处理,富有光泽,用在需要的地方。而徽派建筑使用的青砖,给人一种质地细腻、亲切的感受。青砖和青瓦都是亚光的,给人一种古朴典雅的感觉。

园林建筑材料质地美还可以通过不同质地的建筑材料的不同组合来体现。一方面可以突出材料自身的质地特性,另一方面通过质地变化和明暗程度来最终体现出建筑自身的显著特性。由于在具体的建筑材料选择过程中可以形成多样化的组合,进而使得不同的设计者得以透过对于园林建筑的差异理解和对美的不同倾向,在具体的操作过程中体现出自身的设计理念。

(1) 相同材质的组合

这种组合模式通常是缘于相同质地的材料。如木材与石材、皮毛和丝绸等天然材料的协调统一,体现出更加环保和亲近自然的特性,还可以在其设计过程中通过材料的同质感突显出整体的协调统一。与此同时,一些并非天然的建筑材料由于其设计理念蕴含着较强的科技含量,进而也可以在相互配合当中体现出现代社会的特制。比如玻璃和钢的组合,就会在这种设计当中充分突显出工业社会的发展特性,进而形成一种现代科技的深层次美感。与此同时,在一些材料轻重、冷暖和触感的层面,也可以充分挖掘出同质材料之间的协调统一。

(2) 不同材质的组合

在这种设计理念的组合之下，由于不同材质的强烈反差，使得整体的建筑设计呈现出更加突出的视觉冲击力。如石材与金属板的混搭，就体现出自然与人工要素的巨大差异，进而通过较为厚重的传统材质与相对轻盈的现代建筑材料的对比来表现全新的设计理念。

因而，在园林建筑材料组合模式中，设计者可以从多角度入手来体现出不同材料之间的相互作用。并由此发现，在具体的园林建筑设计理念中，多种材质的相互混合使用常常能形成较为鲜明的艺术特色，进一步展现出园林建筑材料质地美。

在园林建筑设计工作中，设计人员通过充分地使用各种不同建筑材料的个性，并且以技术和艺术手段进行组合，从而形成了如今风格多样、造型新颖、结构迥异的园林建筑。在这个过程中，建筑材料的美学特性，也就是材料的色彩、肌理、光泽、质地美学在整个工作中发挥着至关重要的作用。园林建筑材料带给人们不同的美学感受。例如，材料颜色的不同给人们心灵感觉也不尽相同，其中主要表现在冰冷、温暖、黑暗和光明等方面。材料的搭配与材料个性之间也有着密切的关系，科学、合理的搭配不仅表达出材料本身的美观色彩，而且给人以舒心、温馨的感受。因此，在从事园林建筑设计过程中，需要根据不同的情况、不同的环境、不同的习俗选择出适合的材料，从而营造出满足居民需求的园林建筑。

13　园林建筑材料应用案例

13.1　石材

国内外许多著名的古建筑，如埃及的金字塔，古罗马斗兽场，比萨斜塔，河北省的赵州桥，还有许多著名的雕塑，如人民英雄纪念碑等所用的材料都是天然材料。重质致密的块状石材，可用于砌筑基础、桥涵、护坡、挡土墙、沟渠等砌体工程；散粒状石料，如碎石、砾石、砂等被广泛用作混凝土骨料；轻质精加工的各种饰面石材，用于室内外墙面、地面、柱面、台阶等处的装饰工程中。

案例 13-1：Moledo 的住宅

Moledo 的住宅位于葡萄牙波尔图，由埃德瓦尔多·苏特·德·毛拉设计。尽管规模不大，但花费了 7 年的时间才建成。住宅中大量精美细致的石雕像是从周围环境中挖掘出来，使该住宅的设计特别引人注目。

在地势险峻的地方，有几处被破坏的石墙被保留下来并得到了重建。在较低的山坡上残存的部分被坚实的石墙围城阶梯状。在斜坡上，住宅本身仅用主墙面上的一个遮蔽洞口来表现。保留的结构和房屋周围的三边石砌结构使用了同样的技术，这些都是对废墟中古老的石雕外观的反映。所有的墙看起来都是直接砌成的（实际是使用了少量的灰浆胶结），并且在大石块的结合处填充小石块来保持墙体的“平衡”。这种已经使用了好几个世纪的技术，在这些巨大的结构物之间，有了一种微妙的平衡。

在山坡上较高的地方，住宅的后面，通过对岩石的精心挖掘，使得琢石面好像自然地降到了地面的标高处。一道玻璃状的隔板，将这些岩石同生活面隔离开来，这些隔墙在石墙和岩石的包围区域形成了一个盒子状的容器，由于住宅的纵向填有玻璃状的隔板，在穿过房屋的进深到岩石墙之间。

石材应用的常见问题：

（1）锈斑与吐黄现象

天然石材内部的铁被侵入石材表面的空气中的二氧化碳和水接触氧化，透过石材毛细孔排出，从而形成黄斑。这种情况可用强力清洗剂加以清除，而不能用双氧水或腐蚀性强酸。防止锈斑再生最有效的方法是除锈后即做防护处理，可以杜绝水分再渗入石材内部导致锈斑再生。

（2）污染斑

污染斑主要是因为包装、存放和运输不合理，遇到下雨或外界水分接触，包装材料渗出物的污染所致。或者是加工过程中表面附有金属物质或在锯割过程中表面残留有铁屑，如果未冲洗干净，长期存放，金属物质或铁屑在空气中形成的铁锈就会附于石材表面。

(3) 色斑及水斑现象

色斑及水斑现象最容易发生在白色浅色石材上。由于这一类石材是中酸性岩浆岩，结晶程度较高，且晶体之间的微裂隙丰富，吸水率较高，各种金属矿物含量也较高。在应用过程中，遇到水分子氧化就会产生此现象。

13.2 水玻璃

水玻璃即硅酸钠，俗称泡花碱，是一种水溶性硅酸盐的混合物。水玻璃是无色或略带色、透明或半透明的黏稠状液体，能溶于水，遇酸分解，其无水物为无定形的玻璃状物质，无嗅无味，不燃不爆，有碱性。

水玻璃可以用于建筑物表面以提高其抗风化能力；加入颜料和填料，还有装饰作用。水玻璃可以配制各种装饰涂料，用于内外墙装饰工程。水玻璃可与多种硫酸盐配制多矾防水剂，掺入水泥浆中用于堵漏洞、缝隙等局部抢修，具有速凝和抗渗作用。水玻璃中碱可激发矿渣的活性，用水玻璃矿渣配制的砂浆硬化不收缩，可用于修补砖墙裂缝，也可配制成碱矿渣水泥，具有较广的应用前景。水玻璃加适量氟硅酸钠及耐热粉料和骨料可配制成耐热砂浆或混凝土。水玻璃与氟硅酸钠掺加耐酸粉料和骨料可配制耐酸砂浆和混凝土。水玻璃与氯化钙溶液分别压入土壤中后相遇会发生反应生成硅酸凝胶，包裹土壤颗粒，填充空隙，吸水膨胀可以防止水分透过，加固土壤。

13.3 钢材

近年来，钢结构建筑相比于砖混结构建筑在环保、节能、高效、工厂化生产等方面具有明显优势。深圳高 325 m 的地王大厦，上海浦东高 421 m 的金茂大厦，北京的京广中心、鸟巢、央视新大楼、水立方等大型建筑都采用了钢结构，北京、上海、山东、辽宁、内蒙古等地已开始进行钢结构住宅试点。高层钢结构建筑屡见不鲜。21 世纪是金属结构的世纪，钢结构将成为新建筑时代的脊梁。人类自 17 世纪 70 年代开始使用生铁，19 世纪初开始使用熟铁建造桥梁和房屋，钢结构发展的历史要比钢筋混凝土结构发展的历史悠久，它的生命力也是越来越强。

案例 13-2：亚洲最大钢结构植物馆

2013 年 1 月 23 日，中国青岛世园会植物馆主体封顶，外形规划设计为树叶形状。植物馆工程位于天水路以北，百果山森林公园内，占地面积 2.44 hm^2，总建筑面积 22 749 m^2，其中，地上建筑面积 13 522 m^2，地下建筑面积 9 227 m^2，是亚洲最大的钢结构植物馆之一，工程总造价为 2.93 亿元。

因其外形为树叶形状，共所需钢结构约 3 000 t，拼装杆件 14 000 多根，特制玻璃 15 000 多块，因此施工难度大，工序极其严格。结构现场拼接及焊接任务特别重，吊装难度特别大，仅现场拼接的钢结构焊缝总长度就约有 17 000 m，相当于 10 000 t 常规钢结构工程的焊接量。

案例13-3:巴黎埃菲尔铁塔

埃菲尔铁塔是一座于1889年建成位于法国巴黎战神广场上的镂空结构铁塔,高300 m,天线高24 m,总高324 m。该塔塔身为钢架镂空结构,有海拔57 m、115 m和274 m的三层平台可供游览,第四层平台海拔300 m,设气象站。顶部架有天线,为巴黎电视中心。从地面到塔顶装有电梯和阶梯,有710级阶梯。

据了解,铁塔使用了1 500多根巨型预制梁架、150万颗铆钉、12 000个钢铁铸件,总重7 000 t,由250个工人花了17个月建成。

案例13-4:旧金山金门大桥

金门大桥横跨南北,将旧金山市与Marin县连接起来。花费四年多时间修建的这座桥是世界上最漂亮的结构之一。它已不是世界上最长的悬索桥,但它却是最著名的。

金门大桥的巨大桥塔高227 m,每根钢索重6 412 t,由27 000根钢丝绞成。1933年1月始建,1937年5月首次建成通车。钢塔耸立在大桥南北两侧,高342 m,其中高出水面部分为227 m,相当于一座70层高的建筑物。塔的顶端用两根直径各为92.7 cm、重24 500 t的钢缆相连,钢缆中点下垂,几乎接近桥身,钢缆和桥身之间用一根根细钢绳连接起来。资料显示,钢塔之间的大桥跨度达1 280 m,为世界所建大桥中罕见的单孔长跨距大吊桥之一。

除此之外,具体的例子还有我国20世纪初建造的松花江钢桁桥、黄河大桥、上海国际饭店等就采用了钢结构;新中国成立后,我国民用高层建筑钢结构发展速度进一步加快,全国十几幢高层钢结构建筑中北京就占了六幢:京广中心(208 m高)、京城大厦(182 m高)、国贸中心(155.2 m高)、长富宫饭店(90.9 m高)、香格里拉饭店(82.7 m高)、中国工商银行总行(48.3 m高),还有国家大剧院工程。全国上百个大小机场都将设计采用钢结构等。

13.4 木材

木材结构多用在民用和中小型工业厂房的屋盖中。木屋盖结构包括木屋架、支撑系统、吊顶、挂瓦条及屋面板等。两千多年前汉墓砖画上已经有院落建筑的表现,明清最宏大的建筑群——紫禁城也采用了复杂的围合形式。

案例13-5:山西应县木塔

应县木塔全名为佛宫寺释迦塔,位于山西省应县县城内西北角的佛宫寺院内,是佛宫寺的主体建筑。建于辽清宁二年(1056年),金明昌六年(1195年)增修完毕。它是我国现存最古老最高大的纯木结构楼阁式建筑,是我国古建筑中的瑰宝,世界木结构建筑的典范。

案例13-6:故宫

故宫坐落于北京城的中心,占地1 087亩,约合72万m^2,是明、清两代的皇宫,也是世界上现存最大、最完整的古代木结构建筑群。它集中体现了中华民族的建筑传统和独特风格。

故宫始建于1406年,是明代永乐皇帝由南京迁都北京时所建的宫城。从总体布局上说,它可分为前后两部分,即所谓的外朝和内庭。外朝以太和、中和、保和三大殿为中心,文华殿、武英殿作为两翼，为行使朝政的主要场所。内庭由乾清宫、交泰殿、坤宁宫和东西六宫构成，为皇室的生活居住区。按四根柱为一间的传统进行计算，共有近万间之多，建筑面积约 15 万 m^2。

宫殿群由紫禁城围护，城高 10 m，外又围以 52 m 宽的护城河。整座城开有东西南北四座城门，南门为午门、北门为玄（神）武门，东门为东华门、西门为西华门。城的四角各建有一座角楼。每座角楼各有九梁、十八柱、七十二脊，结构复杂，式样奇特，为古建筑中罕见的杰作。

午门是故宫的正门，在城墙墩台上建有一组建筑。正中是宽九间的庑殿顶重檐大殿，两侧有联檐通脊的殿阁伸展而出，四隅各有一个高大的角亭。这一组建筑称五凤楼，巍峨壮丽、气势浑厚。进午门，经过一个大庭院，再过金水桥，入太和门，即是外朝的三大殿，太和在前，中和居中，保和在后，依次建筑在一个呈工字形的高大基台上。基台高 8.13 m，分三层，用汉白玉砌筑而成。每层当中都有石雕御路，边上都装饰有栏板、望柱和龙头。据统计，有透雕栏板 1 414 块，刻有云龙翔风图案的望柱 1 460 根，龙头 1 138 个。这些石雕装饰，反映了中国传统建筑独特风格的装饰艺术。同时，在结构功能上又起着排水的作用。栏板下，以及望校上伸出的龙头口中，都刻有小洞口。每当下雨，水由龙头流出，恰似千龙喷水，蔚为大观。

太和殿又称金銮殿，是皇帝发布政令和举行大典的场所。殿高 35.05 m，宽 63.96 m，深 37.20 m，是故宫最大的建筑，也是现存全国最大的木构建筑。它的结构集中体现了中国传统木构建筑的特点。即，先在栓础上立木柱，柱上架大梁，梁上立小矮柱（瓜柱），再架上一层较短的梁；自大梁而上可以通过小柱重叠几层梁，逐层加高，每层的梁逐层缩短，形成重檐；在最上层立脊瓜柱，在两组构架之间横搭檩枋；在檩上铺木椽，椽上铺木板（望板），板上苫灰背瓷瓦；由于梁架逐层加高，小梁逐层缩短，从而形成斜坡式的屋面；屋檐出挑则采用斗拱承接，既可承重，又可增添装饰效果，是中国传统建筑的又一大特色。太和殿即采用这种结构，用 73 根大木柱支承梁架形成重檐庑殿式屋顶，上檐斗拱出跳单翘三重昂九踩，下檐为单翘重昂七踩。整座建筑庄严雄伟，富丽堂皇，起着显示皇权至尊的效果。

与外朝要求宏伟壮丽、庭院开阔明显不同，作为帝后生活居住区的内庭呈现庭院深邃的特征，东西六宫各自成一体，排列井然。又有后苑御花园，幽美恬静，可供游乐。

整个故宫的布局，以午门至神武门作中轴，呈对称性排列。中轴线向南延伸至天安门，向北延伸至景山，恰与北京古城的中轴线相重合。登上景山，眺望故宫，飞檐重叠，琉璃连片，壮丽辉煌，气象万千，堪称中国传统建筑之瑰宝。

13.5 玻璃

无论是幕墙、天幕及特殊造景，结构玻璃已是建筑技术、建筑功能、建筑艺术的综合体。改变过去着重用玻璃来表现门、窗、建筑形式的传统手法，人们更多地利用玻璃透明的特性，追求建筑物内外空间的流畅。有别于传统玻璃崁进结构骨架，人们可透过玻璃清楚地看到整个点支式五金结构系统支撑玻璃，其独特绝佳的透光性增加建筑物的光影变化。玻璃结构可运用于建筑外围护墙的防风、遮雨、隔热、防杂讯、防空气渗透等使用机能，并与装饰功能融洽地结合。

案例13-7:国家大剧院

国家大剧院由法国建筑师保罗·安德鲁主持设计,设计方为法国巴黎机场公司,是亚洲最大的剧院综合体。

国家大剧院外部为钢结构壳体呈半椭球形,平面投影东西方向长轴长度为212.20 m,南北方向短轴长度为143.64 m,建筑物高度为46.285 m,比人民大会堂略低3.32 m,基础最深部分达到−32.5 m,有10层楼那么高。国家大剧院壳体由18 000多块钛金属板拼接而成,面积超过3万m^2,18 000多块钛金属板中,只有4块形状完全一样。钛金属板经过特殊氧化处理,其表面金属光泽极具质感,且15年不变颜色。中部为渐开式玻璃幕墙,由1 200多块超白玻璃巧妙拼接而成。椭球壳体外环绕人工湖,湖面面积达3.55万m^2,各种通道和入口都设在水面下。行人需从一条80 m长的水下通道进入演出大厅。

国家大剧院造型新颖、前卫,构思独特,是传统与现代、浪漫与现实的结合。

案例13-8:玻璃走廊

美国大峡谷玻璃走廊,挑战人类心理的极限高度。它宽约3 m,中间的1 m多是透明玻璃,左右两侧的边道呈半透明,供不敢走在玻璃上的游客使用。整个建筑从飞鹰岩向外延伸出21 m,距大峡谷谷底约1 200 m。为进一步强化支撑,天空步道本身是用7.62 cm(3英寸)厚热处理强化玻璃(半钢化玻璃)建造,并以约1.5 m高玻璃墙围住。在挑战游客心理的同时又完成建筑史上的一抹宏笔。

在我国,可与美国大峡谷玻璃走廊齐名的便是张家界天门山的玻璃栈道。玻璃台伸出栈道长约5 m,专供游人拍照,是横跨峡谷的木质吊桥后打造的又一试胆力作。为了让游客零瑕疵地透过玻璃桥看到美丽的风景,上桥的游客均要求戴上鞋套,以保持玻璃桥的透明和干净。玻璃栈道的刺激震撼,因而有了东方“天空之路”的美誉。

13.6 竹材

竹材作为建筑材料使用的历史很长,在传统的竹建筑材料中,一般直接利用原竹。由于原竹的竹径、竹材材性变异性较大,一般只适用于比较简单的低档民宅和临时性房屋的建造,尖削度小的竹种,用于建筑脚手架等。当前比较先进的竹材利用技术是竹材重组技术,即可将原竹重组成各种高强度板方材和型材,用于高档房屋的建造。竹材在建筑行业的应用主要有以下几方面:基柱、建筑推架、脚手架、地面材料、屋面料、墙壁、桁架、室内装饰、竹水管、竹筋混凝土等。

案例13-9:傣家竹楼

竹楼是傣家的标志民居。主要指两层或以上的竹结构楼房,属于中国南方“干阑式建筑”的一种,根据用途及造型差异,可分为宾馆楼、餐酒茶楼、观景楼及景致楼等,非常适用于旅游景区的观赏、住宿、餐饮等,绿色环保,贴近自然。竹楼主要分布在中国云南的西双版纳和德宏州的傣族、基诺族等民族地区。由于傣族竹楼的代表性,又称傣家竹楼。

案例13-10:Simon Velez在德国汉诺威世博会设计的哥伦比亚馆

著名的哥伦比亚传统建筑设计的建筑师Simon Velez运用生态工艺以及先进的技术建

造房子。最著名的作品是2000年德国汉诺威世博会上的哥伦比亚馆。该馆以质轻、易运输的竹子为建材,用水泥灌注强化增加其牵引力,柱头所需的铜栓是从旧的锁或废弃的钥匙熔解铸成的。这些竹子要生长4～5年才能架起这样的一个展览馆,竹子砍伐之后要经过两个星期的处理,以免虫蛀或发霉,而用这样高的竹子架起的墙面几乎和使用钢筋为建材的墙面一样,可以承载相同的重量。建成后无论从内结构还是外结构都取得了令人震惊的视觉效果,成为可持续建筑的里程碑之一。

13.7 石膏

石膏作为最古老的建筑装饰材料之一,可调节室内温度和湿度,尤其是加工工艺简单,并具有能耗较低、质量轻、凝结快、放射性低、隔声、隔热、耐火性能好等许多优良特性,为世界许多发达国家的材料科学工作者所喜爱,并具有悠久的使用与发展历史。

据有关资料介绍,我国的古长城,在砌筑时就使用了石膏作为砌筑灰浆。国外已知的最古老的石膏应用实例为位于德国的小亚细亚的卡塔尔·许克城的装饰壁画,该壁画的基底用石膏抹灰,年代约为公元前9000年。从以色列出土的文物可知,公元前7000年的那个时代,石膏多用于地板抹面。埃及人和希腊人利用纯石膏和石膏—砂—石灰的混合物作壁画的基底。著名的古埃及大金字塔的石材缝隙和灰浆抹面等装饰使用石膏胶凝材料;古罗马的许多古代宏伟建筑,也采用了石灰石膏作为胶凝材料进行砌筑。埃及人的石膏制造技术逐渐向外传播,巴勒斯坦建筑物的许多外墙是用石膏岩石砌成的,它的缝则是用石膏砂浆填满的。大约在公元前400年,石膏的应用传到了希腊,罗马人后来承袭了希腊人的技术,罗马人通过对欧洲的征战将他们的技术带到了中欧和北欧。但是,石膏的制造和应用的科学与知识在罗马人从中欧撤退后消失了,直到21世纪石膏才再一次在中欧和北欧被频繁地应用。那时,人们通过在罗马人统治时代建造的建筑物中发现:罗马人在石膏中掺入了麦秆或马毛使石膏得到了增强,这些石膏制品用于桁架墙。在中世纪的德国,石膏主要用来做石膏砂浆面层、墙壁、墓葬和纪念碑的装饰以及各种建筑部件的线脚。

另外,石膏还作用陶瓷模具(石膏本身也可以烧制成陶瓷)、雕塑艺术品、装饰石膏制品及其他小型雕刻品、装饰花饰和各种装饰浮雕的模具等。

参考文献

[1] 杨彦克. 建筑材料[M]. 成都:西南交通大学出版社,2013.
[2] 武佩牛. 园林建筑材料与构造[M]. 北京:中国建筑工业出版社,2007.
[3] 何向玲. 园林建筑构造与材料[M]. 北京:中国建筑工业出版社,2008.
[4] 陈宝璠. 建筑装饰材料[M]. 北京:中国建材工业出版社,2009.
[5] 王聚颜. 商品木材归类的探讨[J]. 陕西林业科技,1979(4).
[6] 王东旭. 木材与建筑[J]. 山西建筑,2005,31(12).
[7] 杨芳,胡成功. 浅谈木材防腐处理[J]. 内蒙古民族大学学报,2007,13(5).
[8] 王正平,王坚. 木材阻燃处理工艺[J]. 应用科技,2003,30(9).
[9] 王莹. 浅说科学利用木材[J]. 自贡师范高等专科学校学报,2002,17(4).
[10] 纪士斌. 建筑材料[M]. 北京:清华大学出版社,2008.
[11] 王禹. 室内外饰面材料审美异同[D]. 重庆:重庆大学,2010.
[12] 郭帅. 徽派建筑材料表达[D]. 广州:华南理工大学,2013.
[13] 初晓,张伟玲. 试论建筑设计中的材质美学[J]. 科技致富向导,2014(18).
[14] 陈林. 论建筑材料的艺术表现[J]. 四川建筑,2005,25(3).
[15] 于澎. 传统建筑材料在当代环境艺术设计中的运用与研究[D]. 长沙:湖南师范大学,2013.
[16] 江湘芸,刘建华. 设计材料与工艺[M]. 北京:机械工业出版社,2008.
[17] 李文利. 建筑材料[M]. 北京:中国建材工业出版社,2004.
[18] 符芳. 建筑材料[M]. 南京:东南大学出版社,2001.
[19] 林祖宏. 建筑材料[M]. 北京:北京大学出版社,2008.
[20] 云南工业大学. 建筑材料[M]. 重庆:重庆大学出版社,1995.
[21] 杨杰. 中国石材[M]. 北京:中国建材工业出版社,1994.
[22] 南京林学院木材学教学小组. 木材学. 1961.
[23] 程道腴,郑武辉. 玻璃学[M]. 台北:徐氏基金会,1979.
[24] 文益民. 园林建筑材料与构造[M]. 北京:机械工业出版社,2011.
[25] 赵岱. 园林工程材料应用[M]. 南京:江苏人民出版社,2011.
[26] 徐峰. 涂膜防水材料与应用[M]. 北京:化学工业出版社,2008.
[27] 刘尚乐. 沥青密封材料[J]. 中国建筑防水,1986(2).
[28] 孔宪明,刘国祥. 我国改性沥青防水材料的应用[J]. 新型建筑材料,2005(12).
[29] 张洋. 装饰装修材料[M]. 北京:中国建材工业出版社,2006.
[30] JGJT 98 砌筑砂浆配合比设计规程[S].

[31] 戴永祥. 新型混凝土材料在建筑工程中的应用分析[J]. 山西建筑，2014，40(18).

[32] 王雪，孙可伟. 废砖资源化综合利用研究[J]. 中国资源综合利用，2008(10).

[33] 鄢朝勇，叶建军. 用固体废弃物配制生态建筑砂浆的试验研究[J]. 混凝土，2012(9).

[34] 鄢朝勇，叶建军. 绿色建筑砂浆的研究与探讨[J]. 混凝土，2010(3).

[35] 黄春文. 绿色建筑砂浆发展现状[J]. 福建建设科技，2012(5).

[36] 普连仙，郝明. 新型环保建材及其应用[J]. 建材发展导向，2014(12).

[37] 洪钟，江晨晖. 新型混凝土技术与建筑节能[J]. 建筑技术，2014，45(1).